计算机科学概论

Computer Science: An Overview

聂永萍 冯潇 主编
张林 王利 副主编

人 民 邮 电 出 版 社
北 京

图书在版编目（CIP）数据

计算机科学概论 / 聂永萍，冯潇主编. -- 2版. --
北京 ：人民邮电出版社，2014.8(2017.8重印)
21世纪高等学校计算机规划教材. 高校系列
ISBN 978-7-115-35799-1

Ⅰ. ①计… Ⅱ. ①聂… ②冯… Ⅲ. ①计算机科学－
高等学校－教材 Ⅳ. ①TP3

中国版本图书馆CIP数据核字(2014)第114491号

内 容 提 要

本书是根据“教育部非计算机专业计算机基础课程教学指导分委员会”提出的《关于进一步加强高校计算机基础教学的意见》要求，同时根据我校的实际情况编写的。全书共分9章，主要内容包括：计算机基础概述、计算机编码、计算机系统组成、程序设计初步、操作系统基础、数据库应用基础、网络技术基础、多媒体技术、信息安全基础等。

本书密切结合“大学计算机基础”课程的基本教学要求，结合计算机软件和硬件的最新技术；结构严谨，层次分明，叙述准确。本书可作为高等院校各专业“大学计算机基础”课程的教材，也可作为计算机技术培训用书和计算机爱好者自学用书。

◆ 主 编 聂永萍 冯 潇
副 主 编 张 林 王 利
责任编辑 刘 博
责任印制 彭志环 焦志炜

◆ 人民邮电出版社出版发行 北京市丰台区成寿寺路11号
邮编 100164 电子邮件 315@ptpress.com.cn
网址 http://www.ptpress.com.cn
固安县铭成印刷有限公司印刷

◆ 开本：787×1092 1/16
印张：14.75 2014年8月第2版
字数：385千字 2017年8月河北第4次印刷

定价：36.00元

读者服务热线：(010) 81055256 印装质量热线：(010) 81055316
反盗版热线：(010) 81055315
广告经营许可证：京东工商广登字 20170147 号

前　言

随着科学技术的迅速发展和计算机的普及教育，计算机技术已飞速向应用的深度和广度发展。掌握计算机技术就如同有了一把打开信息时代大门的金钥匙。为了适应信息时代的要求，使高等院校计算机基础教学跃上一个新台阶，目前各高校将大学计算机基础设置为各专业大学生必修的一门计算机基础课程。它是其他计算机相关课程的前导和基础课。因此，本教材的编写充分反映本学科领域的最新科技成果；通过对教学内容的基础性、科学性和前沿性的研究，实现教育与科研的有效结合；通过教材的编写，调整学生的知识结构和能力素质，体现当前高等教育改革发展的新形势、新技术和新目标。由于计算机基础课的很多内容都与信息技术有关，因此本书结合了 Internet 有关知识的介绍，结合了数据库、多媒体等课程，这样可以进一步提高学生对信息作用的认识，培养学生对信息处理和利用的能力。在教学模式和方法上，通过对计算机课程教学过程的设计，使学生在学习的过程中逐步体会到什么是信息化社会的学习模式。

本书是大学计算机基础的教学用书，目的是使学生了解计算机的历史、发展和现状，掌握计算机的基本知识和工作原理，熟练掌握计算机的基本操作技能，培养学生的计算机文化意识和网络及多媒体的使用常识。本书内容突出基础性，为学生后继课程打下基础。使学生在有了一定的计算机基础知识上，能够较为全面、系统地掌握计算机软硬件技术和网络技术的基本概念，学习相关算法设计基础和数据库技术，了解软件设计与信息处理的基本过程。本书用简明易懂的语言论述了计算机的基本操作，并配有例题和练习。除了有详细讲解之外，还采用例题的方式介绍其使用方法。通过本书的学习，学生可以快速提高计算机的操作水平。

本书组织结构合理、内容新颖、实践性强，重点强调基础知识理论，同时又突出实用性。教材内容循序渐进，由浅入深，选用各种类型且内容丰富的应用实例，并附有形式多样的习题。教材表现形式多样化，为方便读者学习，教材采用相关的电子教案、网络课件、试题库等作为辅助教学手段。本书的编写，遵循了“深入浅出”和“言简意明”的原则论述基本原理与使用方法，以实例分析的方式阐述具体的操作过程，使读者从一般理论知识到实际应用有一个全面的认识。

全书共分 9 章，第 1 章主要介绍了计算机的历史、基本知识和基本概念。第 2 章介绍了信息在计算机中的表示形式和编码。第 3 章介绍了计算机硬件的组成和工作原理。第 4 章介绍了程序设计思想、编程的方法、算法的求解和描述。第 5 章介绍了操作系统的基本概念和功能。第 6 章介绍了数据库技术相关术语，数据库的发展、分类、特点以及数据描述和数据模型。第 7 章介绍了计算机网络的基本知识，涉及常见的网络硬件、网络协议、网络分类和网络软件等。本章还涵盖因特网和局域网的基本知识，拨号上网的软硬件安装操作过程，并介绍了如何上网查询资料和申请、收发电子邮件。第 8 章介绍了多媒体概念、多媒体技术的应用和发展；多媒体音视频概述与关键技术以及多媒体素材的制作。第 9 章介绍了信息安全的基本常识。本书在教学中既可以整体学习又可以按模块分单元学习。

随着计算机技术的不断发展，各高校对计算机的教育改革也在不断深入，新的教育体系正在逐步形成。由于编者水平有限，书中难免有不妥和错误，恳请各位读者和专家批评指正。

为方便教学，本书配有电子教案，如有需要请到重庆邮电大学网站或人民邮电出版社教学服务与资源网（www.ptpedu.com.cn）上免费下载。

目录

第 1 章 计算机概述

1.1 信息技术

信息技术（Information Technology，IT），是主要用于管理和处理信息所采用的各种技术的总称。它主要是应用计算机科学和通信技术来设计、开发、安装和实施信息系统及应用软件。它也常被称为信息和通信技术（Information and Communication Technology，ICT）。信息技术主要包括传感技术、计算机技术和通信技术。信息技术的研究包括科学、技术、工程以及管理等学科，以及学科在信息的管理、传递和处理中的应用及其相互作用。

1.1.1 数据与信息

人类以能够想象得到的各种符号对人类的生活进行着记录，如远古时期的结绳记事和洞穴岩画等，这些用于记录的符号就是数据。数据本身没有意义，它是对事实、概念或指令的一种客观表达形式。它存储在媒介物上，可以被人工或自动化装置进行加工、处理和交换。因此，数据是被记录下来的可以鉴别的符号，它可以通过语言、文字、符号、图形、声音、光和电等来记录客观事物的存在状态。例如，数字“01234”、英文字母“Hello”、汉字“我爱中国”等都是数据。

广义地讲，信息是经过加工的数据，是可以用于通信的知识，它能对接收者的行为产生影响，对接收者的决策具有非常重要的价值。狭义地讲，按照美国著名科学家香农（C.E.Shannon）给出的定义：“信息是用来消除随机不确定性的东西。”这个定义不仅被沿用至今，而且揭示了信息的内在含义。

正确理解数据和信息二者的关系很重要：数据只是对客观事物的一种符号描述，本身不具备任何意义；而信息则是数据加工处理以后的东西。因此，可以说数据是信息的“原材料”，而信息则是数据加工后的“产品”。例如，我们输入计算机中的文字，在计算机内部只是一系列由“0”和“1”构成的二进制数据。对于计算机而言，这些仅仅是数据，是没有任何实际意义的。而对于我们人类来讲，一旦这些数据经过一系列加工处理以后，通过显示器输出给用户，这些符号就变成了有意义的信息。

信息技术的应用包括计算机硬件和软件，网络和通信技术，应用软件开发工具等。计算机和互联网普及以来，人们日益普遍的使用计算机来生产、处理、交换和传播各种形式的信息（如书籍、商业文件、报刊、唱片、电影、电视节目、语音、图形和影像等）。要正确理解什么是信息技术，先来了解几个相关的概念。

1.1.2 信息时代与数字化

数字时代的到来，让信息就像空气一样，充塞在人们生活的每个角落：数字地球、数字校园、数字城市、数字战场等名词纷纷涌现出来。对于“数字化”的理解，通常也有广义和狭义之分。广义的数字化，实际是指信息经过数字化处理的广泛应用。随着信息技术发展越来越迅速，信息业务也无所不在。例如，收看全球新闻和影视节目，收听最新流行音乐，了解股票行情，召开电话会议，上网冲浪/购物，进行电子办公，开展远程教育，等等。这些业务的发展已经改变了人们的生活方式，并把个人生活带入了多姿多彩的数字化时代。而狭义的数字化，则是指由数字信号（数码）取代模拟信号来表征、处理、存储、传输各种信息的过程。

在计算机科学领域内，我们又可以将“数字化”理解为将许多复杂多变的信息转变为可以度量的数字、数据，再以这些数字、数据建立起适当的数字化模型，把它们转变为一系列二进制代码，引入计算机内部，进行统一处理。数字化是数字计算机的基础，若没有数字化技术，就没有当今的计算机，这是因为数字计算机的一切运算和功能都是用数字来完成的。数字化将任何连续变化的输入（如图画的线条或声音信号）转化为一串分离的单元，在计算机中用“0”和“1”表示。

人类社会是从低级到高级逐步发展起来的。社会起初的发展依赖于各种资源，依赖于水、土地、动植物等物质。这奠定了人类文明的基础，从而形成了原始的农业社会。其后，由于科技革命的推动，尤其是蒸汽机的发明和广泛应用，人类社会进入了工业社会。能源成为影响工业社会发展的重要因素。随着新科技革命的发生，尤其是计算机的发明和广泛应用，社会再向前发展；跨过工业化阶段以后，社会对信息的依赖性逐步增加，人类社会进入了一个崭新的时代。

人们通常用最具代表性的生产工具来代表一个历史时期，如石器时代、青铜器时代、铁器时代、蒸汽时代和电气时代。如果用这种思维模式来观察我们当前的这个历史时期会发现，自从计算机出现和逐步普及以来，信息对整个社会的影响逐步被提高到一个绝对重要的地位。信息量、信息传播的速度、信息处理的速度，以及社会应用信息的程度等都以几何级数在增长。因此，可以说人类社会已经从电气时代走向了信息时代。

1.2 计算机的发展

在西欧，由中世纪进入文艺复兴时期的社会大变革，大大促进了自然科学技术的发展，人们长期被神权压抑的创造力得到空前释放。其中制造一台能帮助人进行计算的机器，就是最耀眼的思想火花之一。从那时起，一个又一个科学家为把这一思想火花变成引导人类进入自由王国的火炬而不懈努力。但限于当时的科技总体水平，大都失败了，这就是拓荒者的共同命运——往往见不到丰硕的果实。后人在享用这甜美的时候，应该能从中品出一些汗水与泪水的滋味……

1.2.1 电子计算机的诞生（1946—1958）

在这之前的计算机，都是基于机械运行方式。追根溯源，最古老的计算设备是公元前 2600 年中国人发明的算盘。尽管有个别产品开始引入一些电学内容，却都是从属于机械的，还没有进入计算机的灵活逻辑运算领域。而在这之后，随着电子技术的飞速发展，计算机就开始了由机械时代向电子时代的过渡，电子越来越成为计算机的主体，机械越来越成为从属，二者的地位发生了变化，计算机也开始了质的转变。这一过渡时期发生的主要事件有：

1937 年：英国剑桥大学的 Alan M. Turing（1912—1954）出版了他的论文，并提出了被后人称之为“图灵机”的数学模型。

1939 年：二次世界大战开始，军事需要大大促进了计算机技术的发展。

1940 年 1 月：Bell 实验室的 Samuel Williams 和 Stibitz 制造成功了一个能进行复杂运算的计算机。这一计算机大量使用了继电器，借鉴了一些电话技术，并采用了先进的编码技术。

1946 年 2 月：美国陆军为了计算兵器的弹道，由美国宾夕法尼亚大学摩尔电子工程学校的约翰·莫奇利（John Mauchly）和约翰·埃克特（J.Presper Eckert）等共同研制出了世界上的第一台电子计算机 ENIAC（见图 1.1），全称是“电子数字积分器和计算器（Electronic Numerical Integrator and Calculator）”，从此人类社会迈进了一个新的里程。

图 1.1　世界上第一台电子计算机 ENIAC

1946 年 6 月：宾夕法尼亚大学的美籍匈牙利数学家冯·诺依曼（John von Neumann）研制出了世界上第二台计算机 EDVAC。与 ENIAC 相比，它有两个重要改进：一是采用二进制；二是把程序和数据存入计算机内部。冯·诺依曼为现代计算机在体系结构和工作原理上奠定了基础。时至今日，当今的计算机依然遵循的是冯·诺依曼提出的计算机体系结构。

1.2.2　晶体管计算机的发展（1958—1964）

真空管时代的计算机尽管已经步入了现代计算机的范畴，但其体积之大、能耗之高、故障之多、价格之贵大大制约了它的普及应用。直到晶体管被发明出来，电子计算机才找到了腾飞的起点，一发而不可收。

1947 年 Bell 实验室的 William B. Shockley、John Bardeen 和 Walter H. Brattain 发明了晶体管，开辟了电子时代新纪元。晶体管的发明大大促进了计算机的发展。1948 年，晶体管代替了体积庞大的电子管，电子设备的体积不断减小。晶体管在计算机中使用，晶体管和磁芯存储器导致了第二代计算机的产生。它的主存储器均采用磁芯存储器，磁鼓和磁盘开始用作主要的外存储器，程序设计使用了更接近于人类自然语言的高级程序设计语言，计算机的应用领域也从科学计算扩展到了事务处理、工程设计等多个方面。第二代计算机体积小、速度快、功耗低、性能更稳定。首先使用晶体管技术的是早期的超级计算机，主要用于原子科学的大量数据处理，这些机器价格昂贵，生产数量极少。

1956 年美国贝尔实验室建成世界上第一台晶体管计算机 TRADIC（见图 1.2），开始了第二代计算机的发展。

1960 年，出现了一些成功地用在商业领域、大学和政府部门的第二代计算机。第二代计算机用晶体管代替了电子管，还具备了现代计算机的一些部件：打印机、磁带、磁盘、内存和操作系统等。计算机中存储的程序使得计算机有很好的适应性，可以更有效地用于商业用途。在这一时期出现了更高级的 COBOL（Common Business Oriented Language）和 FORTRAN（Formula Translator）等语言，以单词、语句和数学公式代替了二进制机器码，使计算机编程变得更容易。新的职业（程序员、分析员和计算机系统专家）和整个软件产业由此诞生。

图 1.2　第二代晶体管计算机

1.2.3　集成电路计算机（1964—1971）

尽管晶体管的采用大大缩小了计算机的体积、降低了价格、减少了故障，但离人们的要求仍差很远，而且各行业对计算机也产生了较大的需求，生产能力更强、更轻便、更便宜的计算机便成了当务之急。集成电路的发明正如“及时雨”，当春乃发生。其高度的集成性，不仅仅使设备体积得以减小，更使速度加快，故障减少。人们开始制造革命性的微处理器。计算机技术经过多年的积累，终于驶上了用硅铺就的高速公路。

1964—1972 年间的计算机一般被称为第三代计算机。它们大量使用集成电路，典型的机型是 IBM360 系列。

第三代计算机采用中小规模的集成电路块代替了晶体管等分立元件，半导体存储器逐步取代了磁芯存储器的主存储器地位，磁盘成了不可缺少的辅助存储器，计算机也进入了产品标准化、模块化、系列化的发展时期，计算机的管理、使用方式也由手工操作完全改变为自动管理，使计算机的使用效率显著提高。

1964 年研制出计算机历史上最成功的机型之一 IBM S/360（见图 1.3）。S/360 极强的通用性适用于各方面的用户，它具有“360 度”全方位的特点，并因此得名。IBM 为此投入了 50 亿美元的研发费用，远远超过制造原子弹的 20 亿美元。IBM360 成为第三代电脑的标志性产品。

图 1.3　第三代计算机的标志性产品 IBM S/360

虽然晶体管比起电子管是一个明显的进步，但晶体管还是会产生大量的热量，这会损害计算机内部的敏感部分。1958 年美国著名的德州仪器公司的工程师 Jack Kilby 发明了集成电路（IC），将三种电子元件结合到一片小小的硅片上。科学家使更多的元件集成到单一的半导体芯片上。于是，计算机变得更小，功耗更低，速度更快。这一时期的发展还包括使用了操作系统，使得计算机在中心程序的控制协调下可以同时运行许多不同的程序。

1.2.4　大规模集成电路计算机（1972—）

1972 年以后的计算机习惯上被称为第四代计算机。第四代计算机使用大规模和超大规模集成电路，主存储器均采用半导体存储器，主要的外存储器是磁带、磁盘、光盘。微处理器和微型计算机诞生，多媒体技术和网络技术的广泛应用，让计算机深入到了社会的各个领域。

出现集成电路后，唯一的发展方向是扩大规模。大规模集成电路（LSI）可以在一个芯片上容纳几百个元件。到了 20 世纪 80 年代，超大规模集成电路（VLSI）在一个芯片上容纳了几十万个元件，后来的超大规模集成电路（ULSI）将数字扩充到了百万级。可以在硬币大小的芯片上容纳如此数量的元件使得计算机的体积和价格不断下降，而功能和可靠性不断增强。

20 世纪 70 年代中期，计算机制造商开始将计算机带给普通消费者，这时的小型机带有友好界面的软件包，供非专业人员使用的程序和最受欢迎的字处理和电子表格程序。这一领域的先锋有 Commodore、Radio Shack 和 Apple Computers 等。

1981 年，IBM 推出个人计算机（PC）用于家庭、办公室和学校。20 世纪 80 年代个人计算机的竞争使得价格不断下跌，微机的拥有量不断增加，计算机继续缩小体积，从桌上到膝上再到掌上。与 IBM PC 竞争的 Apple Macintosh 系列于 1984 年推出，Macintosh 提供了友好的图形界面，用户可以用鼠标方便地操作。

第四代计算机功能更强，体积更小。人们开始怀疑计算机能否继续缩小，特别是发热量问题能否解决？人们开始探讨第五代计算机的开发。

1972 年 C 语言被开发完成，其主要设计者是 UNIX 系统的开发者之一 Dennis Ritche。这是一种非常强大的语言和开发系统软件，特别受人喜爱。

1.2.5　计算机技术渐入辉煌

在这之前，计算机技术主要集中在大型机和小型机领域发展，但随着超大规模集成电路和微处理器技术的进步，计算机进入寻常百姓家的技术障碍已被层层突破。特别是从 Intel 发布其面向个人机的微处理器 8080 之后，这一浪潮便汹涌澎湃起来，同时也涌现了一大批信息时代的弄潮儿，如乔布斯、比尔·盖茨等，至今他们对计算机产业的发展还起着举足轻重的作用。在此时段，互联网技术、多媒体技术也得到了空前的发展，计算机真正开始改变人们的生活。

1979 年，IBM 公司不甘于眼看着个人计算机市场被苹果等电脑公司占有，决定也开发自己的个人计算机，为了尽快地推出自己的产品，他们的大量工作是与第三方合作完成的，其中微软公司就承担了其操作系统的开发工作。很快他们便在 1981 年 8 月 12 日推出了 IBM-PC。但同时也为微软后来的崛起，施足了肥料。

1980 年“只要有 1 MB 内存就足够 DOS 尽情表演了。”微软公司开发 DOS 初期时说。今天来听这句话有何感想呢？

1980 年 10 月，MS-DOS/PC-DOS 的开发工作开始了。但微软并没有自己独立的操作系统，他们买来别人的操作系统并加以改进。但 IBM 测试时竟发现有 300 个 BUG。于是他们又继续改进，最初的 DOS1.0 有 4 000 行汇编程序。

1981 年，Xerox 开始致力于图形用户界面、图标、菜单和定位设备（如鼠标）的研制，其研究成果为苹果所借鉴。而苹果电脑公司后来又指控微软剽窃了他们的设计，开发了 Windows 系列软件。

1981 年 Intel 发布的 80186/80188 芯片，很少被人使用，因为其寄存器与其他设备不兼容。但其采用了直接存储器访问技术和时间片分时技术。

1981 年 8 月 12 日，IBM 发布了其个人计算机，售价 2 880 美元。该机有 64 KB 内存、单色显示器、可选的盒式磁带驱动器、两个 160 KB 单面软盘驱动器。这台机器取得了比预想的还要大的成功。

1.2.6　未来计算机

计算机技术是世界上发展最快的科学技术之一，产品不断升级换代。当前计算机正朝着巨型化、微型化、智能化、网络化等方向发展，计算机本身的性能越来越优越，应用范围也越来越广泛，从而使计算机成为工作、学习和生活中必不可少的工具。

1．计算机技术的发展特点

（1）多极化

如今，个人计算机已席卷全球，但由于计算机应用的不断深入，对巨型机、大型机的需求也稳步增长，巨型、大型、小型、微型机各有自己的应用领域，形成了一种多极化的形势。如巨型计算机主要应用于天文、气象、地质、核反应、航天飞机和卫星轨道计算等尖端科学技术领域和国防事业领域，它标志着一个国家计算机技术的发展水平。目前运算速度从每秒几百亿次到上万亿次的巨型计算机已经投入运行，并正在研制更高速的巨型机。

（2）智能化

智能化使计算机具有模拟人的感觉和思维过程的能力，使计算机成为智能计算机。这也是目前正在研制的新一代计算机要实现的目标。智能化的研究包括模式识别、图像识别、自然语言的生成和理解、博弈、定理自动证明、自动程序设计、专家系统、学习系统和智能机器人等。目前，已研制出多种具有人的部分智能的机器人。

（3）网络化

网络化是计算机发展的又一个重要趋势。从单机走向联网是计算机应用发展的必然结果。所谓计算机网络化，是指用现代通信技术和计算机技术把分布在不同地点的计算机互联起来，组成一个规模大、功能强、可以互相通信的网络结构。网络化的目的是使网络中的软件、硬件和数据等资源能被网络上的用户共享。目前，大到世界范围的通信网，小到实验室内部的局域网已经很普及，因特网（Internet）已经连接包括我国在内的 150 多个国家和地区。由于计算机网络实现了多种资源的共享和处理，提高了资源的使用效率，因而深受广大用户的欢迎，得到了越来越广泛的应用。

（4）多媒体

多媒体计算机是当前计算机领域中最引人注目的高新技术之一。多媒体计算机就是利用计算机技术、通信技术和大众传播技术，来综合处理多种媒体信息的计算机。这些信息包括文本、视频、图像、图形、声音、文字等。多媒体技术使多种信息建立了有机联系，并集成为一个具有人机交互性的系统。多媒体计算机将真正改善人机界面，使计算机朝着人类接受和处理信息的最自然的方式发展。

2. 未来计算机的类型

（1）量子计算机

量子计算机是一类遵循量子力学规律进行高速数学和逻辑运算、存储及处理的量子物理设备，当某个设备是由量子元件组装，处理和计算的是量子信息，运行的是量子算法时，它就是量子计算机。

（2）神经网络计算机

人脑总体运行速度相当于每秒 1000 万亿次的电脑功能，可把生物大脑神经网络看做一个大规模并行处理的、紧密耦合的、能自行重组的计算网络。从大脑工作的模型中抽取计算机设计模型，用许多处理机模仿人脑的神经元机构，将信息存储在神经元之间的联络中，并采用大量的并行分布式网络就构成了神经网络计算机。

（3）化学、生物计算机

在运行机理上，化学计算机以化学制品中的微观碳分子作信息载体，来实现信息的传输与存储。DNA 分子在酶的作用下可以把某基因代码通过生物化学反应转变为另一种基因代码，转变前的基因代码可以作为输入数据，反应后的基因代码可以作为运算结果，利用这一过程可以制成新型的生物计算机。生物计算机最大的优点是生物芯片的蛋白质具有生物活性，能够跟人体的组织结合在一起，特别是可以和人的大脑和神经系统有机的连接，使人机接口自然吻合，免除了繁琐的人机对话，这样，生物计算机就可以听人指挥，成为人脑的外延或扩充部分，还能够从人体的细胞中吸收营养来补充能量，不要任何外界的能源，由于生物计算机的蛋白质分子具有自我组合的能力，从而使生物计算机具有自调节能力、自修复能力和自再生能力，更易于模拟人类大脑的功能。现今科学家已研制出了许多生物计算机的主要部件—生物芯片。

（4）光计算机

光计算机是用光子代替半导体芯片中的电子，以光互连来代替导线制成数字计算机。与电的特性相比光具有无法比拟的各种优点：光计算机是“光”导计算机，光在光介质中以许多个波长不同或波长相同而振动方向不同的光波传输，不存在寄生电阻、电容、电感和电子相互作用问题，光器件有无电位差，因此光计算机的信息在传输中畸变或失真小，可在同一条狭窄的通道中传输数量大得难以置信的数据。

（5）能识别自然语言的计算机

未来的计算机将在模式识别、语言处理、句式分析和语义分析的综合处理能力上获得重大突破。它可以识别孤立单词、连续单词、连续语言和特定或非特定对象的自然语言（包括口语）。今后，人类将越来越多地同机器对话。他们将向个人计算机“口授”信件，同洗衣机“讨论”保护衣物的程序，或者用语言“制服”不听话的录音机。键盘和鼠标的时代将渐渐结束。

（6）高速超导计算机

高速超导计算机的耗电仅为半导体器件计算机的几千分之一，它执行一条指令只需十亿分之一秒，比半导体元件快几十倍。以目前的技术制造出的超导计算机的集成电路芯片只有 3～5 mm^2 大小。

（7）分子计算机

分子计算机正在酝酿。美国惠普公司和加州大学在 1999 年 7 月 16 日宣布，已成功研制出分子计算机中的逻辑门电路，其线宽只有几个原子直径之和，分子计算机的运算速度是目前计算机的 1 000 亿倍，最终将取代硅芯片计算机。

1.3 计算机的特点

1. 运算速度快

当今计算机系统的运算速度已达到每秒万亿次，微机也可达每秒亿次以上，使大量复杂的科学计算问题得以解决。例如：卫星轨道的计算、大型水坝的计算、24 小时天气预报的计算等，过去人工计算需要几年、几十年，而现在用计算机只需几天甚至几分钟就可完成。

2. 计算精度高

科学技术的发展特别是尖端科学技术的发展，需要高度精确的计算。计算机控制的导弹之所以能准确地击中预定的目标，是与计算机的精确计算分不开的。一般计算机可以有十几位甚至几十位（二进制）有效数字，计算精度可由千分之几到百万分之几，是任何计算工具所望尘莫及的。

3. 有记忆和逻辑判断能力

随着计算机存储容量的不断增大，可存储记忆的信息越来越多。计算机不仅能进行计算，而且能把参加运算的数据、程序以及中间结果和最后结果保存起来，以供用户随时调用；还可以对各种信息（如语言、文字、图形、图像、音乐等）通过编码技术进行算术运算和逻辑运算，甚至进行推理和证明。

4. 有自动控制能力

计算机内部操作是根据人们事先编好的程序自动控制进行的。用户根据解题需要，事先设计好运行步骤与程序，计算机十分严格地按程序规定的步骤操作，整个过程不需人工干预。这是计算机最突出的特点。

5. 可靠性高

随着微电子技术和计算机技术的发展，现代电子计算机连续无故障运行时间可达到几十万小时以上，具有极高的可靠性。例如，安装在宇宙飞船上的计算机可以连续几年时间可靠地运行。计算机应用在管理中也具有很高的可靠性，而人却很容易因疲劳而出错。另外，计算机对于不同问题的解决，只是执行的程序不同，因而具有很强的稳定性和通用性。用同一台计算机能解决各种问题，应用于不同的领域。

微型计算机除了具有上述特点外，还具有体积小、重量轻、耗电少、维护方便、可靠性高、易操作、功能强、使用灵活、价格便宜等特点。计算机还能代替人做许多复杂繁重的工作。

1.4 计算机的分类

电子计算机从总体上来说分为模拟计算机和数字计算机两大类。

电子模拟计算机中，“模拟”就是相似的意思。模拟计算机的特点是数值由连续量来表示，运算过程也是连续的。

电子数字计算机是在算盘的基础上发展起来的，是用数字来表示数量的大小。数字计算机的主要特点是按位运算，并且不连续地跳动计算。

数字计算机根据计算机的效率、速度、价格、运行的经济性和适应性来划分，可以有两种分类方法：按照 1989 年由 IEEE 科学巨型机委员会提出的运算速度分类法，可分为巨型机、大型机、小型机、工作站和微型计算机；按照所处理的数据类型则可分为模拟计算机、数字计算机和混合型计算机等。

1．巨型机

巨型机有极高的速度、极大的容量。用于国防尖端技术、空间技术、大范围长期性天气预报、石油勘探等方面。目前这类机器的运算速度可达每秒百亿次。这类计算机在技术上朝两个方向发展：一是开发高性能器件，特别是缩短时钟周期，提高单机性能。二是采用多处理器结构，构成超并行计算机，通常由 100 台以上的处理器组成超并行巨型计算机系统，它们同时解算一个课题，来达到高速运算的目的。

2011 年 6 月 21 日，国际 TOP500 组织宣布，日本超级计算机“京”（K computer，见图 1.4）以每秒 8 162 万亿次运算速度成为当时全球最快的超级计算机。

图 1.4　日本超级计算机

2013 年 6 月 17 日，国际 TOP500 组织公布了最新全球超级计算机 500 强排行榜榜单，中国国防科学技术大学研制的“天河二号”（见图 1.5）以每秒 33.86 千万亿次的浮点运算速度，成为全球最快的超级计算机。此次是继天河一号之后，中国超级计算机再次夺冠。天河二号超级计算机系统峰值计算速度可达每秒 5.49 亿亿次，持续计算速度也可达每秒 3.39 亿亿次双精度浮点运算。

图 1.5　天河二号计算机

2. 大型通用机

这类计算机具有极强的综合处理能力和极大的性能覆盖面。在一台大型机中可以使用几十台微机或微机芯片，用以完成特定的操作。可同时支持上万个用户，可支持几十个大型数据库。主要应用在政府部门、银行、大公司、大企业等。

3. 小型机

小型机的机器规模小、结构简单、设计周期短，便于及时采用先进工艺技术，软件开发成本低，易于操作维护。它们已广泛应用于工业自动控制、大型分析仪器、测量设备、企业管理、大学和科研机构等领域，也可以作为大型与巨型计算机系统的辅助计算机。近年来，小型机的发展也引人注目。特别是 RISC（Reduced Instruction Set Computer 缩减指令系统计算机）体系结构，顾名思义是指令系统简化、缩小了的计算机，而过去的计算机则统属于 CISC（Complex Instruction Set Computer，复杂指令系统计算机）。

RISC 的思想是把那些很少使用的复杂指令用子程序来取代，将整个指令系统限制在数量甚少的基本指令范围内，并且绝大多数指令的执行都只占一个时钟周期，甚至更少，优化编译器，从而提高机器的整体性能。

4. 微型机

微型机技术在近 10 年内发展速度迅猛，平均每 2～3 个月就有新产品出现，1～2 年产品就更新换代一次，平均每 2 年芯片的集成度可提高一倍，性能提高一倍，价格降低一半。

目前其发展速度还有加快的趋势。微型机已经应用于办公自动化、数据库管理、图像识别、语音识别、专家系统，多媒体技术等领域，并且开始成为城镇家庭的一种常规电器。

1.5 计算机的应用

进入 21 世纪以来，计算机技术作为科技的先导技术之一得到了飞速发展，超级并行计算机技术、高速网络技术、多媒体技术、人工智能技术等相互渗透，改变了人们使用计算机的方式，从而使计算机几乎渗透到人类生产和生活的各个领域，对生产和生活都有极其重要的影响。计算机的应用范围归纳起来主要有以下 6 个方面。

1. 科学计算

科学计算亦称数值计算，是指用计算机完成科学研究和工程技术中所提出的数学问题。计算机作为一种计算工具，科学计算是它最早的应用领域，也是计算机最重要的应用之一。在科学技术和工程设计中存在着大量的各类数字计算，如求解几百乃至上千阶的线性方程组、大型矩阵运算等。这些问题广泛出现在导弹实验、卫星发射、灾情预测等领域，其特点是数据量大、计算工作复杂。在数学、物理、化学、天文等众多学科的科学研究中，经常遇到许多数学问题，这些问题用传统的计算工具是难以完成的，有时人工计算需要几个月、几年，而且不能保证计算准确，使用计算机则只需要几天、几小时甚至几分钟就可以精确地解决。所以，计算机是发展现代尖端科学技术必不可少的重要工具。

2. 数据处理

数据处理又称信息处理，它是指信息的收集、分类、整理、加工、存储等一系列活动的总称。所谓信息是指可被人类感受的声音、图像、文字、符号、语言等。数据处理还可以指在计算机上加工那些非科技工程方面的计算，管理和操纵任何形式的数据资料。其特点是要处理的原始数据量大，而运算比较简单，有大量的逻辑与判断运算。

据统计，目前在计算机应用中，数据处理所占的比重最大。其应用领域十分广泛，如人口统计、办公自动化、企业管理、邮政业务、机票订购、情报检索、图书管理、医疗诊断等。

3. 过程控制

过程控制亦称实时控制，是用计算机实时采集数据，按最佳值迅速对控制对象进行自动控制或采用自动调节。利用计算机进行过程控制，不仅大大提高了控制的自动化水平，而且大大提高了控制的及时性和准确性。

过程控制的特点是及时收集并检测数据，按最佳值调节控制对象。在电力、机械制造、化工、冶金、交通等部门采用过程控制，可以提高劳动生产效率、产品质量、自动化水平和控制精确度，减少生产成本，减轻劳动强度。在军事上，可使用计算机实时控制导弹根据目标的移动情况修正飞行姿态，以准确击中目标。

4. 计算机辅助工程

计算机辅助设计（Computer Aided Design，CAD）是指使用计算机的计算、逻辑判断等功能，帮助人们进行产品和工程设计。它能使设计过程自动化，设计合理化、科学化、标准化，大大缩短设计周期，以增强产品在市场上的竞争力。CAD 技术已广泛应用于建筑工程设计、服装设计、机械制造设计、船舶设计等行业。使用 CAD 技术可以提高设计质量，缩短设计周期，提高设计自动化水平。

计算机辅助制造（Computer Aided Manufacturing，CAM）是指利用计算机通过各种数值控制生产设备，完成产品的加工、装配、检测、包装等生产过程的技术。将 CAM 进一步集成形成了计算机集成制造系统 CIMS，从而实现设计生产自动化。利用 CAM 可提高产品质量，降低成本和降低劳动强度。

计算机辅助教学（Computer Aided Instruction，CAI）是指将教学内容、教学方法以及学生的学习情况等存储在计算机中，帮助学生轻松地学习所需要的知识。它在现代教育技术中起着相当重要的作用。

除了上述计算机辅助技术外，还有其他的辅助功能，如计算机辅助出版、计算机辅助管理、辅助绘制和辅助排版等。

5. 人工智能

人工智能（Artificial Intelligence，AI）是用计算机模拟人类的智能活动，如判断、理解、学习、图像识别、问题求解等。它涉及计算机科学、信息论、仿生学、神经学和心理学等诸多学科。在人工智能中，最具代表性、应用最成功的两个领域是专家系统和机器人。

计算机专家系统是一个具有大量专门知识的计算机程序系统。它总结某个领域的专家知识构建了知识库。根据这些知识，系统可以对输入的原始数据进行推理，做出判断和决策，以回答用户的咨询，这是人工智能技术应用的一个成功例子。

机器人是人工智能技术的另一个重要应用。目前，世界上有许多机器人工作在各种恶劣环境，如高温、高辐射、剧毒等。机器人的应用前景非常广阔，有很多国家正在研制机器人。

6. 计算机网络

把计算机的超级处理能力与通信技术结合起来就形成了计算机网络。人们熟悉的全球信息查询、电子邮件传送、电子商务等都是依靠计算机网络来实现的。计算机网络已进入到了千家万户，给人们的生活带来了极大的方便。

1.6 计算机的安全

计算机安全主要包括操作系统安全、数据库安全和网络安全 3 部分，其中网络安全是目前备受关注的问题。国际标准化委员会将计算机安全定义成：为数据处理系统建立和采取的技术和管理的安全保护，保护计算机硬件、软件，数据不因偶然的或恶意的原因而遭破坏、更改、显露。计算机安全包括以下内容：实体安全、软件安全、数据安全和运行安全，共涉及计算机安全技术、计算机安全管理、计算机安全评价、计算机犯罪与侦查、计算机安全法律以及计算机安全理论与政策等多个方面。

随着我国经济的发展，个人拥有的计算机数量也越来越多。同时，伴随着网络普及程度的迅速提高，网络经济活动变得愈加频繁，网络安全事件时有发生，人们对计算机安全方面的关注度逐步加大。

目前，威胁到计算机安全的因素主要包括以下几个方面：①计算机病毒；②蠕虫；③后门程序；④间谍软件；⑤黑客入侵；⑥垃圾邮件；⑦网络欺骗；⑧漏洞攻击。上述八个因素中，最常见的安全威胁来自计算机病毒。所谓计算机病毒是指一种能够自我复制并具有一定危害能力的特殊的计算机程序。随着网络环境的不断变化，计算机病毒呈现一些新的特征，包括智能化、人性化、隐蔽化、多样化、制作简单化和功能复杂化等。智能化是指许多新病毒是利用当前最新的编程语言与编程技术实现的，它们易于修改以产生新的变种，从而逃避反病毒软件的搜索。人性化是指计算机病毒越来越注重利用人们的心理因素，如好奇、贪婪等以达到获得感染机会的目的。隐蔽化是指新一代病毒更善于隐藏和伪装自己，例如许多病毒会伪装成常用程序，或者在将病毒代码写入文件内部的同时不改变文件长度，使用户防不胜防。多样化是指在新病毒层出不穷的同时，老病毒依然充满活力，并呈现多样化的趋势。制作简单化是指专业的病毒生成器已经出现，普通人员使用这种工具即可制造出具有一定威胁能力的病毒。而功能复杂化是指新型病毒不仅仅以破坏计算机系统为目的，相反，一个病毒往往具有多种功能，不但能够控制受感染的计算机，而且能够偷窃计算机的密码等用户资料。同时，新型病毒强化了自身的反病毒能力，甚至能够“消灭”计算机反病毒程序。

另外，在当前网络环境下，利用垃圾邮件和网络欺骗的方式攻击计算机系统的频率越来越高，这种攻击方式往往以获取经济利益为目的。例如，恶意攻击人员制作“山寨”银行或者网购支付页面，欺骗消费者输入银行卡账号和密码，以此盗取银行账户钱款。这种方式利用消费者一时的疏忽大意而获得成功，尽管手法简单，但是可能造成消费者巨额的经济损失，值得人们注意。

习 题 1

一、单项选择题

1. （　　）物质与能源并称为人类文明 3 大要素。

   A. 信息　　B. 金钱　　C. 太空　　D. 权力

2. 追根溯源，最古老的计算设备是在公元前 600 年，中国人发明的（　　）。

   A. 日冕　　B. 算盘　　C. 火药　　D. 印刷术

3. (　　)首先提出了在计算机内存储程序的概念，使用单一处理部件来完成计算、存储及通信工作，使具有“存储程序”的计算机成为现代计算机的重要标志。

A. 英国 艾兰·图灵　　B. 美籍匈牙利人 冯·诺依曼
C. 美国 华盛顿　　D. 中国 孔子

4. 计算机技术结合通信技术，二者融合，于是产生了(　　)。

A. 图灵机　　B. 超级计算机
C. 计算机网络　　D. 专用计算机

5. 我国的计算机“曙光 5000”和“天河一号”属于(　　)。

A. 巨型机　　B. 中型机　　C. 微型机　　D. 笔记本电脑

6. 第一台电子计算机诞生于(　　)。

A. 1946 年　　B. 1944 年　　C. 1936 年　　D. 1932 年

二、判断题

1. 计算机科学就是使用计算机编制程序。　　(　　)
2. 嵌入式计算机处理器采用的架构与 PC 相同。　　(　　)
3. 计算机科学的发展与大规模集成电路的发展紧密相关。　　(　　)
4. 现代计算机与图灵机的本质是一样的。　　(　　)
5. 在磁盘上发现计算机病毒后，最彻底的解决办法是格式化磁盘。　　(　　)
6. 信息是数据加工后的产品。　　(　　)
7. 数字化，实际是指计算机只能处理 0～9 的数字。　　(　　)
8. 数字化、网络化、信息化是 21 世纪的时代特征。　　(　　)

三、思考题

1. 信息与数据的区别是什么?
2. 什么是信息技术? 具体包括哪些内容?
3. 计算机的发展经历了哪几个阶段? 各阶段的主要特征是什么?
4. 按综合性能分类，常见的计算机有哪几类?
5. 简述当代计算机的特点。
6. 简述当代计算机的主要应用。

第 2 章 计算机编码

自然界中的信息要在计算机中存储和处理都得先将其转换成数据。在计算机中，信息是以数据的形式表示和使用的，由于计算机中的基本逻辑元件有两个可用电进行控制并且能互相转化的稳定状态，所以计算机中所有信息都是用二进制信号来存储和处理的。采用二进制表示信息有以下几个优势：①在物理电路上易于实现。因为要制造两种稳定状态的物理电路是很容易实现的，如电压的高低状态、电流的有无、门电路的导通与截止等，而要制造十种稳定状态的物理电路是非常困难的。②二进制运算简单。数学推导证明，对 R 进制的算术求和、求积规则有 R(R+1)/2 种，如果采用十进制，就有 55 种求和与求积的运算规则；而二进制仅有 3 种，因而简化了运算器等物理硬件的设计。③机器可靠性高。由于电压的高低，电流的有无都是一种质的变化，两种状态分明，所以信号抗干扰能力强，鉴别信息的可靠性高。④通用性强。二进制编码不仅可以表示数值信息，由于它是一种人为表示信息的方式，我们还可以用不同的“0”和“1”的组合来表示英文字母、汉字、色彩和声音等各种信息，如图 2.1 所示。

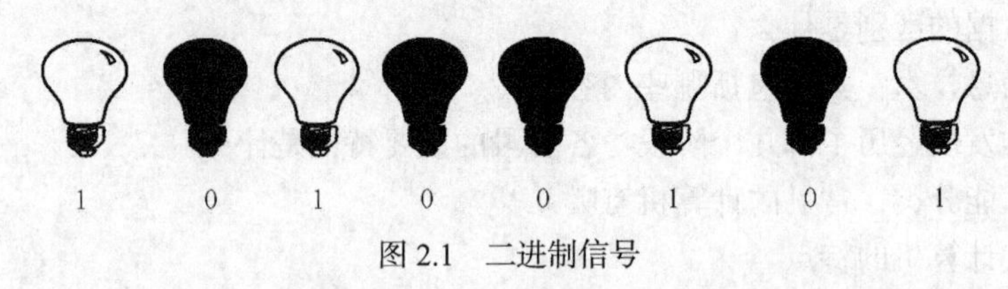

图 2.1　二进制信号

2.1　计算机存储信息的单位

位（bit）：位是表示数据的最小单位，表示一位二进制信息。由于每位二进制只能表示 2 种状态，一位二进制数根本无法表示自然界大多数信息，因此，位数越多，表示的信息量越大。对于二进制位来说，R 位二进制可以表示 2^R 个数据。但由于计算机物理线路和存储介质的特殊性，我们不能象现实世界中的数据那样随意进位，于是我们规定至少用 8 位来存放数据，称为一个字节（Byte）。字节是计算机存储数据的基本单位。计算机的存储器通常都是用字节来表示其容量。常用的单位有：

KB　1 KB=2^{10} Byte=1 024 Byte

MB　1 MB=2^{10} KB =1 024 KB

GB　1 GB=2^{10} MB =1 024 MB

TB　1 TB=2^{10} GB =1 024 GB

由于 1 字节能表示数据的状态只有 256 种，当数据量超过 256 种时，我们需要根据数据量的多少用 2 个字节或更多字节来表示。根据信息的类型不同，可用字（WORD）作为一个独立的数据处理单位。字由字节组成，其长度取决于机器类型、数据类型和使用者的要求。常用的固定字长有 8 位、16 位、32 位和 64 位等。表示数据的个数分别为 2^8、2^{16}、2^{32} 和 2^{64} 等。由此可见，数据在计算机世界中都是有范围界限的，而现实世界中数据从正无穷大到负无穷大是没有范围界限的。

2.2　数值在计算机中的表示

在计算机中表示一个数值型数据一般要考虑 3 个问题。

① 确定数的长度。在数学中，数的长度是指它用十进制表示时所占的实际位数，如 1234 的长度为 4，在计算机中，数的长度按“bit”来计算，但因为存储容量常以“Byte”为计量单位，所以数据长度也常以字节为单位计算。计算机中同一类型的数据具有相同的数据长度，与数据的实际长度无关。

② 确定数的符号。由于数据有正负之分，在计算机中必然要采用一种方法来描述数的符号。一般总是用数的最高位（左边第一位）来表示数的正负号，并约定“0”表示正号，“1”表示负号。

③ 小数点的表示方法。当所需要处理的数含有小数部分时，就出现了小数点如何表示的问题，在计算机中并不用某个二进制位来表示小数点，而是隐含规定小数点的位置。根据小数点的位置是否固定，数可以分为定点和浮点两种表示方法。

二进制电信号可以人为的规定为各种信息，为了快速方便的处理信息，每种类型的信息都按一定的规律来编码。当电信号表示数据时，尽量按照人们习惯的进位方式来表示和处理，但二进制不能直观的表示负数和小数形式的数据，因此，计算机采用了原码、反码和补码，定点数和浮点数等不同的编码来表示数值型数据。

2.2.1　整数的表示

1. 正整数在计算机中的表示

程序员可以根据数据的范围设定用几个字节来存放一个数，一般用 2 个字节（16 位）或 4 个字节（32 位）来存放一个整数。例如：0000000000111100。由于人们日常生活中最常用的是十进制数，所以对二进制数据感到不直观。二进制数据遵循“逢二进一”的运算原则，而十进制遵循“逢十进一”的原则。可以将二进制和十进制之间互相转换。为了简便起见，以下我们用 8 位二进制来说明数制之间的转换。

例如，给定一个十进制数：

7531

我们很自然地把它理解为：

$7 \times 1000 + 5 \times 100 + 3 \times 10 + 1 \times 1$

或者，使用 10 的幂来表示：

$7 \times 10^3 + 5 \times 10^2 + 3 \times 10^1 + 1 \times 10^0$

注意任何数（除了 0）的 0 次幂都是 1。

数据中的每个数字表示从 0 到 9 的值,这样我们有 10 个不同的数字,那就是我们把它称为“十进制”的原因。每个数字可以通过 10 的某次幂来决定它的位置。这听起来很复杂，但实际上并不是这样的。这正是当您读一个数字的时候认为是理所当然的事情，您甚至都不用仔细思考它。

类似地，使用二进制编码就像上面所说的那样，值 13 是这样编码的：

1101

每一个位置有两个数字可以选择，所以我们称它为“二进制”。因此，它们的位置是这样决定的：

$1101 = 1\times2^3+1\times2^2+0\times2^1+1\times2^0 = 1\times8+1\times4+0\times2+1\times1 = 13$（十进制）

注意这里使用了 2 的幂：1、2、4 和 8。

为了区别不同进制的数据，我们一般用（××××）R 来表示，××××是 R 进制的数。

R 表示 R 进制。由于十进制比较常用和普遍，十进制的进制单位可以省略。例如以上数据表示为 $(1101)_2=(13)_{10}=13$

可以看到，每个数字符号的位置不同，它所代表的数值大小也不同，这就是通常所说的个位、十位、百位、千位……计数制由一组数码符号、基数和位权组成，如图 2.2 所示。

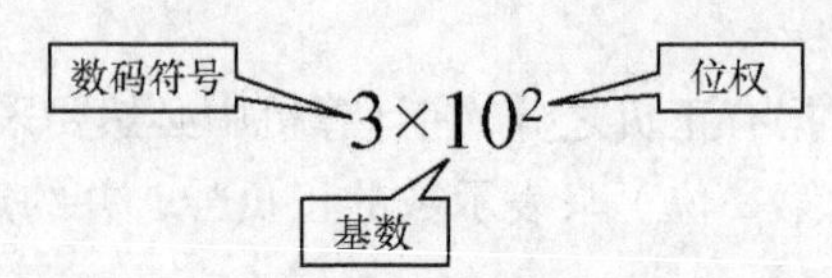

图 2.2 计数制组成要素

数码：一组用来表示某种数制的符号。如十进制采用 0，1，2，…，9 这组符号。

基数：为数制所用的数码的个数，用 R 表示，称 R 进制。其进位规律是“逢 R 进一”。如十进制有 10 个符号，基数为 10，所以称为“十进制”，逢十进一。

位权：用于表示不同位置上的数的权值。在某进位制中，处于不同数位的数码，代表不同的数值，某一个数位的数值由这个数位的数码的值乘以这个位置的固定常数构成，这个固定常数称为“位权”。

十进制数据用二进制来表示，有一定规律可循，见表 2.1。

表 2.1 十进制数与二进制数对应表

十进制	二进制	十进制	二进制
0	00000000	8	00001000
1	00000001	9	00001001
2	00000010	10	00001010
3	00000011	11	00001011
4	00000100	12	00001100
5	00000101	13	00001101
6	00000110	14	00001110
7	00000111	15	00001111

对任意十进制数转换为二进制数的主要方法是：除 2 取余。

例如：将 60 转换为二进制数，其方法如下：

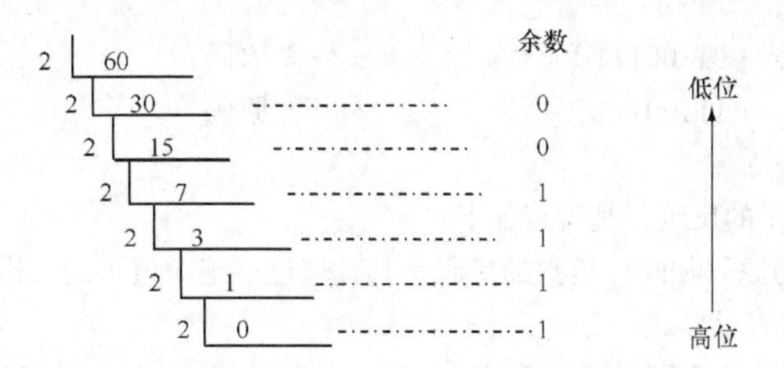

将余数从高位到低位排列起来，得到结果：$(60)_{10}=(111100)_2$ 这是数学上的转换，如果要用计算机存储起来，需要按计算机字长补足高位。如果用一台 16 位字长的微机，该数据表示为：$(0000000000111100)_2$

2. 负整数在计算机中的表示

计算机中只有二进制数值，且都是以二进制的形式存储和运算的。数的正负号也是用二进制代码表示：数的正负用高位字节的最高位来表示，用“0”表示正数，用“1”表示负数，其余位表示数值。把在机器内存的正、负号数字化的数称为机器数。

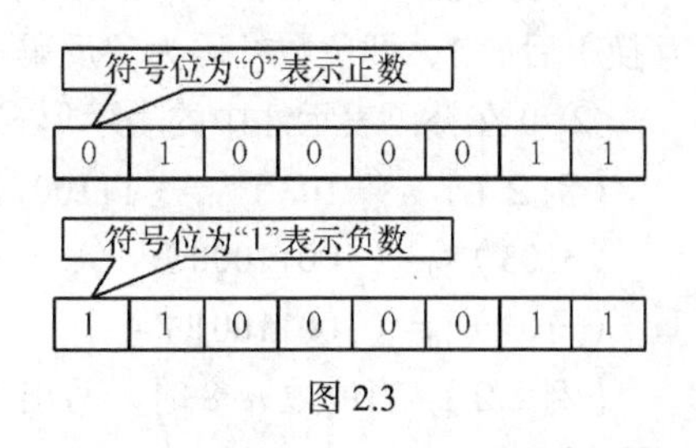

图 2.3

例如，假设用 8 位（即 1 个字节）来存储数据，则十进制数 67 和–67 在计算机中的存储形式如图 2.3 所示。

在计算机内究竟用多少位来存储数据取决于计算机 CPU 的字长，一般在微机系统中用 2 个或 4 个字节存储整数。

机器数有 3 种表示方法，即原码、补码和反码，是将符号位和数值位一起进行编码。机器数对应的原来数值称为真值。

当最高位表示符号位时，在计算机运算器中符号位也要参与运算，若用原码表示负数将引起运算结果错误，例如：-2+3

如果将-2 用二进制原码表示为：　　$(10000010)_2$

整数 3 表示为：　　$(00000011)_2$

运算器相加的结果为：　　$(10000101)_2$

其结果按原码的表示方法应该是-5 的原码，结果显然错误！

因此，在表示负数的编码时，需要对其原码进行修正，计算机内存放的是修正后的编码，称为补码（complement）。当负整数以补码的形式参与运算时，如果符号位也当成数值参与运算，结果仍然正确。下面介绍原码与补码之间的转换。

（1）原码表示法

在原码表示方法中，数值用绝对值表示，在数值的最左边用“0”和“1”分别表示正数和负数，书写成$[X]_{原}$表示 X 的原码。

原码表示法中，有以下两个特点：

① 最高位为符号位，正数为“0”，负数为“1”，其余 n–1 位是 X 的绝对值的二进制表示。

② 0 的原码有两种表示形式：$[+0]_{原}$=00000000，$[-0]_{原}$=10000000。因此，原码表示法中数值 0 不是唯一的。

原码中，正数的最高位为 0，负数的最高位为 1，其余各位表示数值的大小。

例如：（103）$_{10}$=（01100111）$_2$　----------原码

（−103）$_{10}$=（11100111）$_2$　----------原码

（2）反码表示法

用“$[X]_{反}$”表示 X 的反码，其特点如下。

① 正数的反码与原码相同，负数的反码是其数值位（绝对值）的二进制表示按各位取反（0 变 1，1 变 0）所得的表示形式。

② 0 在反码表示中也有两种表示形式：$[+0]_{反}$=00000000，$[-0]_{反}$=11111111，即数值 0 的表示形式不是唯一的。

（3）补码表示法

用“$[X]_{补}$”表示 X 的补码，其特点为：

① 正数的补码与原码、反码相同；负数的补码是其绝对值的二进制表示按各位取反（0 和 1 互换）后加 1，即负数补码为“反码+1”。

② 0 在补码表示法中的表示形式：$[+0]_{补}$=$[-0]_{补}$=00000000，数值 0 的补码表示形式是唯一的。

【例 2.1】（−103）$_{10}$=（11100111）$_2$　----------原码

（−103）$_{10}$=（10011000）$_2$　------------反码

（−103）$_{10}$=（10011001）$_2$　------------补码

【例 2.2】当位数 n=8 时，写出十进制数+37 和−37 的补码表示。

解：$[+37]_{补}$=$[+37]_{反}$=$[+37]_{原}$=00100101；$[-37]_{反}$=11011010，$[-37]_{补}$=$[-37]_{反}$+1=11011011。

由于补码运算方便，因此补码表示法在计算机中广泛使用。如何将一个负数的二进制补码转换成十进制数？转换步骤如下。

① 将数逐位取反。

② 将其转换为十进制数，并在数前加一负号。

③ 对所得到的数再减 1，即得到该数的十进制数。

【例 2.3】求补码 11110000 对应的十进制数。

对于计算机中存放的二进制数，如果其表示的是有符号整数，首先通过符号位（最高位）判断它是正数还是负数，正数的补码等于其原码，负数的补码转换成十进制数据时，先将符号位转换成负号，其余位先按位取反，然后加负号，最后整个数值减 1。例如：

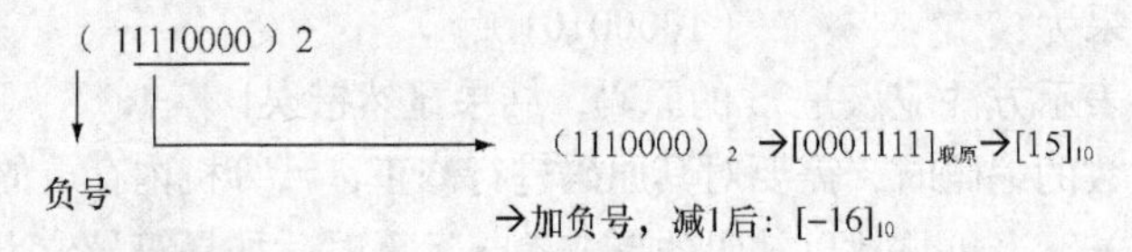

因此：（11110000）$_2$=$[-16]_{10}$

说明：整数的二进制补码在扩展位数时，左边应该补符号位，即正整数左边补 0，负整数左边补 1。例：（127）$_{10}$=（01111111）$_{8位二进制}$=（0000000001111111）$_{16位二进制}$

（−127）$_{10}$=（10000001）$_{8位二进制}$=（1111111110000001）$_{16位二进制}$

表 2.2　数据的各种码制

十进制数	原码	反码	补码
−8	10001000	11110111	11111000
−7	10000111	11111000	11111001
−6	10000110	11111001	11111010

续表

十进制数	原码	反码	补码
−5	10000101	11111010	11111011
−4	10000100	11111011	11111100
−3	10000011	11111100	11111101
−2	10000010	11111101	11111110
−1	10000001	11111110	11111111
0	00000000	00000000	00000000
1	00000001	00000001	00000001
2	00000010	00000010	00000010
3	00000011	00000011	00000011
4	00000100	00000100	00000100
5	00000101	00000101	00000101
6	00000110	00000110	00000110
7	00000111	00000111	00000111

对于计算机内的信息，相关程序需要对存储单元的大小和类型进行说明，才能对数据进行正确的表示和操作。否则数据的存储就毫无意义。

2.2.2 浮点数的表示

计算机中所处理的数可能带有小数部分。那么，如何表示小数点，即小数点的位置定在何处？在字长为 32 位的计算机中，数值若用定点补码表示，其范围仅为-2^{31}～$2^{31}-1$。但在数值计算中常会遇到更大范围的数据，为此有必要用浮点数。浮点数可用 $M \times B^E$ 的形式表示，其中 M 称为尾数，B 称为基数，E 称为指数。浮点数在计算机中仍用二进制表示，同样计算机在表示该信息时不能直观的表示小数点，因此人们用规格化的形式：尾数的绝对值大于等于 0.1 并且小于 1，从而唯一地规定了小数点的位置。这是对于十进制而言，数据要真正存放在计算机内，还得将十进制数据转换成二进制数据的规格化形式才行。

十进制小数部分转换成二进制采用乘 2 取整法：用十进制小数乘 2，当积为 0 或达到要求的精度时，将结果的整数部分由上而下排列。

例如：0.625

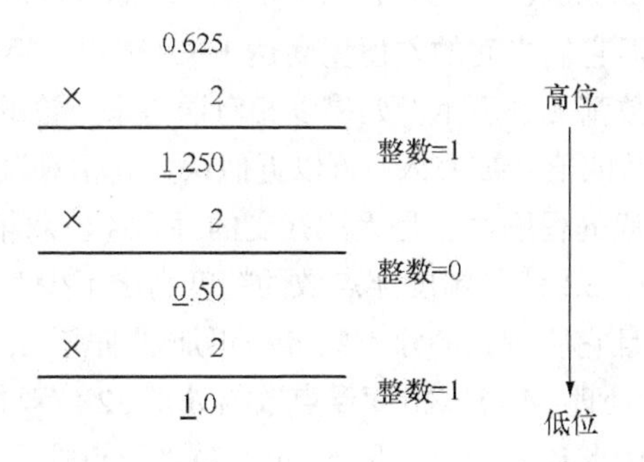

所以：$(0.625)_{10}=(0.101)_2$

当然，从数学的角度来讲，十进制的小数可以转换为二进制小数（整数部分连续除 2，小数部分连续乘 2），例如 125.125D=1111101.001B，但问题在于计算机根本就不认识小数点“.”，更不可能认识 1111101.001B。那么计算机是如何处理小数的呢?

历史上，计算机科学家们曾提出过多种解决方案，最终获得广泛应用的是 IEEE 754 标准中的方案，目前最新版的标准是 IEEE Std 754-2008。该标准提出数字系统中的浮点数是对数学中的实数（小数）的近似，同时该标准规定表达浮点数的 0、1 序列被分为三部分（三个域）。

以 32 位单精度浮点数为例，其具体的转换规则是：首先把二进制小数（补码）用二进制科学计数法表示，比如 $1111101.001=1.111101001\times2^6$。符号位 sign 表示数的正负（0 为正，1 为负），故此处填 0。exponent 表示科学计数法的指数部分，请务必注意的是，这里所填的指数并不是前面算出来的实际指数，而是等于实际指数加上一个数（指数偏移），偏移量为 $2^{(e-1)}-1$，其中 e 是 exponent 的宽度（位数）。对于 32 位单精度浮点数，exponent 宽度为 8，因此偏移量为 127，所以 exponent 的值为 133，即 10000101。之后的 fraction 表示尾数，即科学计数法中的小数部分 11110100100000000000000（共 23 位）。因此 32 位浮点数 125.125D 在计算机中就被表示为 01000010111110100100000000000000。

对于 32 位单精度浮点数，sign 是 1 位，exponent 是 8 位（指数偏移量是 127），fraction 是 23 位。对于 64 位双精度浮点数，sign 是 1 位，exponent 是 11 位（指数偏移量是 1023），fraction 是 52 位。

需要指出的是，125.125D 的转换结果实际上是规约形式的浮点数，即 exponent 的数值大于 0 且小于 2^{e-1}，默认科学计数法中整数部分为 1，因此尾数只保留了小数部分。但当数值非常接近于 0 时，可能出现 exponent 的数值等于 0，且科学计数法中整数部分为 0 的情况，这就称为非规约形式的浮点数。对此，IEEE Std 754—2008 规定：非规约形式浮点数的 exponent 值等于同种情况下规约形式浮点数的 exponent 再加 1。比如 exponent=1，显然这是规约形式浮点数，其实际指数应该是-126。

由上面的内容可以知道，浮点数能表示的范围其实是有限的，它只能表示整条数轴中的三部分：某个很大的负数到某个很接近于 0 的负数、0、某个很接近于 0 的整数到某个很大的正数。此外，由数学分析的知识可知实数是“稠密”的，可以证明在任意两个不相等的实数之间总有无穷多个两两不等的实数；但浮点数不是这样，浮点数是“稀疏”的，两个浮点数之间只有有限个浮点数，并且两个“相邻”的浮点数之间的距离可能是巨大的，这就会带来精度方面的一系列问题。

譬如两个“相邻”的 32 位单精度浮点数，它们的符号位和指数位都相同，尾数位的前 22 位都相同，只有最后一位相差 1，那么这两个浮点数之间的差值可能是非常惊人的。例如 01111110100000000000000000000001 和 01111110100000000000000000000000，在 32 位单精度情况下，它们是“相邻”的，但它们之间的差值竟高达 $1.014*10^{31}$。换句话说，在 32 位单精度浮点数中，处于这段差值以内的数都无法表示。如果以相对误差来讨论的话，32 位单精度浮点数的尾数只有 23 位，第 24 位及其后的值会被舍入，可以近似认为其相对误差为 $2^{-23}\approx1.20*10^{-7}$。这对于某些需要上亿甚至百亿次迭代的程序而言是无法接受的。而 64 位双精度浮点数的相对误差可以近似认为是 $2^{-52}\approx2.22*10^{-16}$，比 32 位单精度浮点数的精度高出不少。可见，64 位双精度浮点数不仅表示数的范围扩大了，而且它所刻画的浮点数分布更加“细密”，相对误差更小。并且，对于 64 位线宽度的计算机而言，处理 64 位双精度浮点数与处理 32 位双精度浮点数所需的开销相同，并不需要额外的循环移位，因此还是建议使用 64 位双精度浮点数。

当然，浮点数位数越多，其相对误差也就越小，只要它的精度满足程序运行需要就可放心使用。但无论如何，浮点数终究只是实数的粗糙近似，浮点数不可能完全刻画实数，因为浮点数的位数终究是有限的，换句话说它所能表示的总是有限个有理数，而根据数学分析的知识，在实数轴中虽然无理数和有理数都是无限多的，但无理数集是不可数的，而有理数集却是可数的。

除了上面的内容以外，需要特别注意的有两点。

① 浮点数都是带符号的。

② 两个浮点数之间不能用==来判断是否相等，因为浮点数是对实数的近似，所以计算机中两个浮点数不可能完全相等，最多也只能保证其差值小于用户规定的误差限度。

尾数的位数决定数的精度，阶码的位数决定数的范围。由于浮点数的形式可以存放更大范围的数据，所以当整数绝对值较大时也可以用浮点数形式表示，转换方法同上。浮点数的数值范围如表 2.3 所示。

表 2.3 浮点数的数值范围

类型	位数	数的范围	有效位数
实型	32	10^{-37}～10^{38}	6～7 位
双精度型	64	10^{-307}～10^{308}	15～16 位
长双精度型	128	10^{-4931}～10^{4932}	18～19 位

在微型机中指令运算的操作数是定点整数，即用汇编语言编程涉及的都是整数，只有在高级语言程序中才用到浮点数，而且浮点数有一套运算法则，本节不再详述。

2.3 八进制和十六进制

二进制是计算机内部存储数据和处理数据的基本形式，但二进制在书写和记忆上很不方便，我们引入八进制和十六进制来简化二进制的书写。

在不同的进制中，不同的计数制以基数（Radix）来区分。若以 R 代表基数，则每种进制都遵循“逢 R 进一”的原则，不同进制中使用的数据如下。

① 二进制数。R=2，使用 0、1 共 2 个数符。

② 八进制数。R=8，使用 0、1、2、…、6、7 共 8 个数符。

③ 十进制数。R=10，使用 0、1、2、…、8、9 共 10 个数符。

④ 十六进制。R=16，使用 0、1、2、…、8、9、A、B、C、D、E、F 共 16 个数符。

一般在数字后加字母 B 表示二进制数，加字母 O 表示八进制数， 加字母 D 表示十进制数，加字母 H 表示十六进制数。例如：

1011B 为二进制数 1011，也记为 $(1011)_2$

1357O 为八进制数 1357，也记为 $(1357)_8$

2049D 为十进制数 2049，也记为 $(2049)_{10}$

3FB9H 为十六进制数 3FB9，也记为 $(3FB9)_{16}$

各种进制在转换时，一般按照以下公式转换。

$$\sum_{i=-m}^{n-1} a_i \times r^i$$

该公式只用于正数，在用八进制和十六进制简写二进制时，因为 $2^3=8$，所以每一位八进制数可以用一个 3 位二进制数表示；因为 $2^4=16$，所以每一位十六进制数可以用一个 4 位二进制数表示。这是我们常用的一种转换方法。

1. 二进制数与八进制数之间的转换

由于二进制数和八进制数之间存在特殊关系，即 $8^1=2^3$，他们之间的对应关系是八进制数的每一位对应二制数的 3 位。

（1）二进制数转换成八进制数

二进制数转换成八进制数的方法是：先将二进制数从小数点开始，整数部分从右向左 3 位一组，小数部分从左向右 3 位一组，若不足 3 位用“0”补足，再转换成八进制数。

【例 2.4】 将 1011011100.1011 B 转换成八进制数。

解：

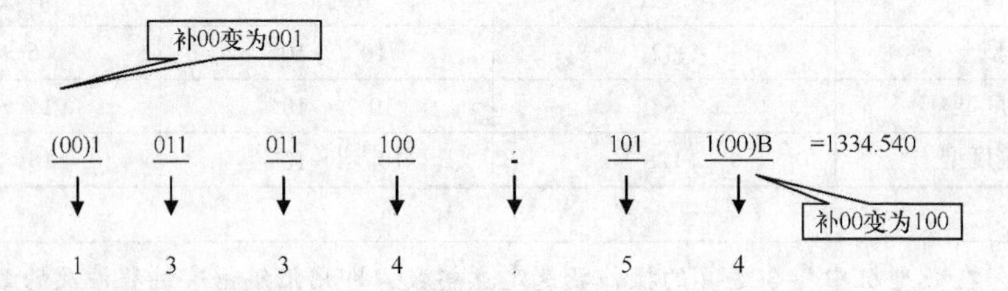

1011011100.1011B =1334.540

（2）八进制数转换成二进制数

以小数点为界，向左或向右每一位八进制数用相应的 3 位二进制数取代，然后将这些二进制数连在一起即可。若中间位不足 3 位，在前面用 0 补足。

【例 2.5】 将（2374.52）$_8$ 转换为二进制数。

解：

2　3　7　4　.　5　2 O　=10011111100.10101 B

010　011　111　100　.　101　010

（2374.52）$_8$=10011111100.10101 B

2. 二进制数与十六进制数的转换

（1）二进制数转换成十六进制数

二进制数的每 4 位刚好对应于十六进制数的 1 位（$16^1=2^4$）。转换方法：将二进制数从小数点开始，整数部分从右向左每 4 位一组；小数部分从左向右每 4 位一组，不足 4 位用 0 补足；每组对应一位十六进制数，即可得到十六进制数。

【例 2.6】 将 1101101110.110101B 转换为十六进制数。

解：

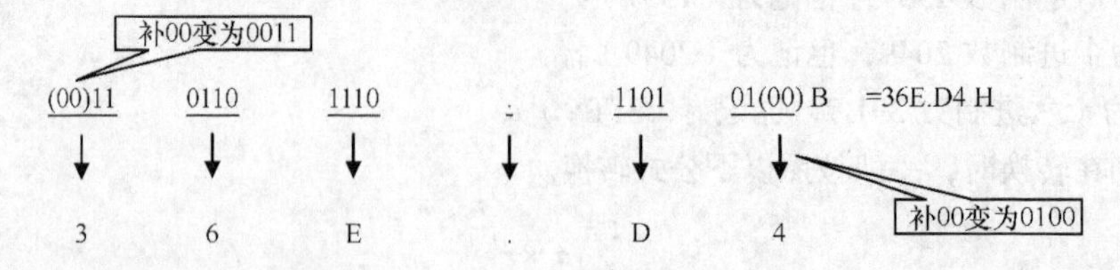

1101101110.110101B=36E.D4H

（2）十六进制数转换成二进制数

方法：以小数点为界，向左或向右每一位十六进制数用相应的 4 位二进制数取代，然后将这些二进制数连在一起即可。

【例 2.7】 将 36EF.A2H 转换为二进制数。

3	6	E	F	.	A	2H	=0010011011101111.10100010 B
↓	↓	↓	↓	↓	↓	↓	
0010	0110	1110	1111	.	1010	0010	

值得注意的是负整数用八进制和十六进制表示时应该以二进制补码的形式直接转换。例如：$(-15)_{10}=(11110001)_2=(F1)_{16}$

如果用 16 位表示则为 $(-15)_{10}=(1111111111110001)_2=(FFF1)_{16}$

由此可见，八进制和十六进制不是真正的表示数值，它们也仅仅是用来缩写计算机存储的二进制代码。计算机存储的二进制代码中负号用最高位为 1 表示，因此，一般八进制和十六进制代码中也不会出现负号八进制、十六进制对应的二进制码如表 2.4 所示。

表 2.4　八进制、十六进制对应的二进制码

八进制	0	1	2	3	4	5	6	7
二进制	000	001	010	011	100	101	110	111
十六进制	0	1	2	3	4	5	6	7
二进制	0000	0001	0010	0011	0100	0101	0110	0111
十六进制	8	9	A	B	C	D	E	F
二进制	1000	1001	1010	1011	1100	1101	1110	1111

2.4　字符信息的表示

计算机需要处理的数据不仅包括数值数据，而且还有大量用于表达文字信息的符号数据。在计算机内部，所有信息都是用“0”和“1”两个符号来表示的，包括汉字信息。汉字信息编码方式的思想来自于西文信息编码方式。在计算机系统中，有两种重要的字符编码方式：ASCII 和 EBCDIC。EBCDIC 主要用于 IBM 的大型主机，ASCII 用于微机与小型机。下面主要介绍 ASCII 码。

ASCII 码是 ANSI（美国国家标准机构）制定的“美国标准信息交换代码”的简称，是目前国际上最流行的字符信息编码方案，早已经被国际标准化组织（ISO）采纳。它包括 0～9 这 10 个阿拉伯数字、大小写英文字母、控制符（如回车、换行等）、专用符号以及几十种可打印字符等。

ASCII 码有 7 位版本和 8 位版本两种，国际上通用的是 7 位版本。7 位版本的 ASCII 码有 128 个元素，只需用 7 个二进制位（$2^7=128$）表示。其中，95 个编码对应着能从计算机终端输入并可以在显示器上显示的 95 个字符，打印机设备也能打印这 95 个字符，如大小写各 26 个英文字母，0～9 这 10 个数字，通用的运算符和标点符号“+”、“-”、“*”、“/”、“>”、“=”、“<”，等等。另外的 33 个字符，其编码值为 0～31 和 127，不对应任何一个可以显示或打印的实际字符，它们被用作控制码，控制计算机某些外围设备的工作特性和某些计算机软件的运行情况。在计算机中，实际用 8 位表示一个字符，最高位为“0”。如字母“A”的 ASCII 编码为 01000001，表 2.5 所示为 ASCII 码的全部 128 个符号。

表 2.5　　　　ASCII 信息编码表

码值	字符	控制符作用	码值	字符	码值	字符	码值	字符
0	NUL	空	32	SP	64	@	96	‘
1	SOH	标题开始	33	!	65	A	97	a
2	STX	正文开始	34	“	66	B	98	b
3	ETX	正文结束	35	#	67	C	99	c
4	EOT	传输结束	36	$	68	D	100	d
5	ENQ	询问字符	37	%	69	E	101	e
6	ACK	确认	38	&	70	F	102	f
7	BEL	报警	39	,	71	G	103	g
8	BS	退一格	40	(	72	H	104	h
9	HT	横向列表	41	)	73	I	105	i
10	LF	换行	42	*	74	J	106	j
11	VT	垂直制表	43	+	75	K	107	k
12	FF	走纸控制（换页）	44	'	76	L	108	l
13	CR	回车	45	−	77	M	109	m
14	SO	移位输出	46	.	78	N	110	n
15	SI	移位输入	47	/	79	O	111	o
16	DLE	数据链换码	48	0	80	P	112	p
17	DC1	设备控制 1	49	1	81	Q	113	q
18	DC2	设备控制 2	50	2	82	R	114	r
19	DC3	设备控制 3	51	3	83	S	115	s
20	DC4	设备控制 4	52	4	84	T	116	t
21	NAK	否定	53	5	85	U	117	u
22	SYN	空转同步	54	6	86	V	118	v
23	ETB	信息组传送结束	55	7	87	W	119	w
24	CAN	作废	56	8	88	X	120	x
25	EM	纸尽	57	9	89	Y	121	y
26	SUB	换置	58	:	90	Z	122	z
27	ESC	换码	59	;	91	[	123	{
28	FS	文字分隔符	60	<	92	\	124	|
29	GS	组分隔符	61	=	93	]	125	}
30	RS	记录分隔符	62	>	94	^	126	~
31	US	单元分隔符	63	?	95	_	127	DEL

注：SP-空格，DEL-删除

在计算机中，用一个正整型数据来代表一个字符。全部字符与其对应的正整型数据排列在表格中。在表中，通过字符可查到该字符的正整数值；也可查到某正整数值所代表的字符。由于一个字节有8个二进制位，当只用低7位存放无符号整型数据时，可存放0～127中的任一值；当8个位全部用于存放无符号整型数据时，可存放0～255中的任一值。前者称为基本ASCII码表，有128个字符；后者称为扩展ASCII码表，有256个字符。习惯上，将代表这些字符的正整数值称为ASCII码值。

ASCII码表中的128个字符是这样分配的：第0～32号及127号（共34个字符）为控制字符；第33～126号（共94个字符）为普通字符。

空格	20 H	32
‘0’～‘9’	30 H～39 H	48～57
‘A’～‘Z’	41 H～5A H	65～90
‘a’～‘z’	61 H～7A H	97～122

有些特殊的字符编码需要记住，例如：

① 小写字母a的ASCII码为1100001，对应的十进制数是97；

② 大写字母A的ASCII码为1000001，对应的十进制数是65；

③ 数字字符0的ASCII码为0110000，对应的十进制数是48；

④ 空格键的ASCII码为0100000，对应的十进制数是32。

2.5 中文信息编码

西文ASCII码是用一个字节的低7位对128个英文字符用二进制编码，将最高位取0，形成用一个字节表示的西文ASCII码（西文机内码）。能否将西文机内码的设计方式搬到中文计算机系统中来呢？由于汉字数量大，因此显然用一个字节是无法将它们区分的。这是因为一个字节最多只能给256个汉字编码。那么汉字是如何编码的呢？汉字在计算机内存放时也需要用二进制代码，这就需要对汉字进行编码。由于汉字不能像西文字符那样用基本字母组合成单词，所以每个汉字都应有一个二进制代码。在计算机内西文字符和中文字符是共存的，汉字的输入、转换和存储方式相似，如何区分它们是一个很重要的问题。由于汉字数量多，不能由西文键盘直接输入，所以必须先把它们分别用以下编码转换后存放到计算机中再进行处理。

1. 国标码

随着计算机在我国的应用越来越广泛，汉字信息处理系统已成为计算机系统中必不可少的一部分，我国于1981年实施GB 2312—80《信息交换用汉字编码字符集——基本集》，包含一级汉字3 755个和二级汉字3 008个，各种符号682个，总计7 445个字符。其中，一级常用汉字以拼音为序，二级汉字以偏旁部首为序。国标码规定用两个字节来表示一个汉字，每个字节的最高位都是“0”。

2. 机内码

汉字机内码又称“汉字ASCII码”、“机内码”，简称“内码”，由扩充ASCII码组成，指计算机内部存储、处理加工和传输汉字时所用的由“0”和“1”符号组成的代码。输入码被接受后就由汉字操作系统的“输入码转换模块”转换为机内码，与所采用的键盘输入法（汉字输入码）无关。

机内码是汉字最基本的编码，不管是什么汉字系统和汉字输入方法，输入的汉字外码到机器内部都要转换成机内码，才能被存储和进行各种处理。我们通常所说的内码是指国标内码，即 GB 内码。GB 内码用两个字节来表示（即一个汉字要用两个字节来表示），每个字节的高位为 1，以确保 ASCII 码的西文与双字节表示的汉字之间的区别。

机内码与区位码的转换过程是:将十进制区位码的区码和位码部分首先分别转换成十六进制，再在其区码和位码部分分别加上十六进制数 A0 构成，如图 2.4 所示：

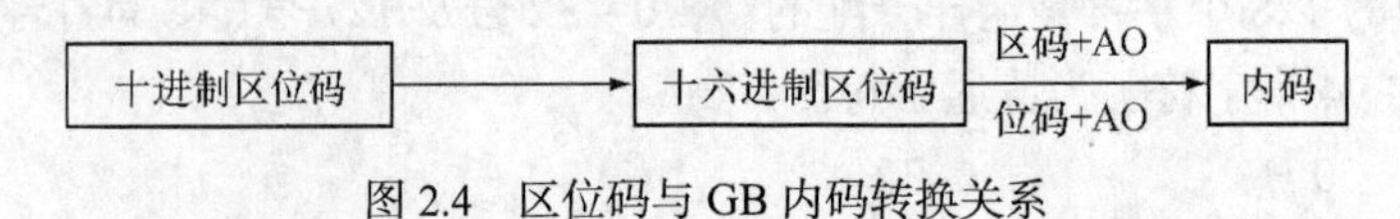

图 2.4　区位码与 GB 内码转换关系

内码的形式也有多种，除 GB 内码外，还有如 GBK、BIG5、UNICIDE 等。

无论采用何种外码输入，计算机均将其转换成内码形式加以存储、处理和传送。

国标码与 ASCII 码属同一制式，最高位都为“0”，为了区分国标码和 ASCII 码，在计算机内存放汉字编码时使用机内码，即汉字编码的最高位为“1”。而 ASCII 码的最高位保持“0”，由软件（或硬件）根据最高位做出判断。

汉字	国标码	机内码
中	$(01010110\ 01010000)_2$	$(11010110\ 11010000)_2$
华	$(00111011\ 00101010)_2$	$(10111011\ 10101010)_2$

3. 机外码（也称汉字输入码）

汉字输入码又称“外部码”，简称“外码”，指用户从键盘上输入代表汉字的编码。根据所采用输入方法的不同，外码大体可分为数字编码（如区位码）、字形编码（如五笔字型）、字音编码（如各种拼音输入法）和音形码等几大类。如汉字“啊”采用五笔字型输入时编码为“kbsk”，用区位码方式输入时编码为“1601”，那么这里的“kbsk”和“1601”就称为外码。汉字输入码是指直接从键盘输入的汉字的各种输入方法的编码，如区位码、五笔字型码、拼音码、自然码等，这些都是外码。如“啊”的区位码是“1601”，“啊”的拼音码是“a”，“啊”的五笔字型编码是“kbsk”等。外码必须通过相应的输入法（程序）才能转换成机内码，放到计算机的存储器中。目前，人们根据汉字的特点提出了数百种汉字输入码的编码方案，不同的用户可根据自己的需要选用输入码。

区位码是一种最通用的汉字输入码。它是根据我国国家标准 GB 2312—80（《信息交换用汉字编码字符集—基本集》），将 6763 个汉字和一些常用的图形符号，分为 94 个区，每区 94 个位的方法将它们定位在一张表上，成为区位码表。其中 1 ~ 9 区分布的是一些符号；16～55 区为一级字库，共 3 755 个汉字，按音序排列；56～87 区为二级字库，共 3 008 个汉字，按部首排列。

机外码是指操作人员通过西文键盘输入的汉字信息编码。是用户与计算机交流的第一接口。常用的输入码有：

音码类　全拼、双拼、微软拼音、自然码和智能 ABC 等。

形码类　五笔字型法、郑码输入法等。

4. 汉字字形码

汉字存储在计算机内采用的是机内码，但显示和打印时汉字必须转换成字形码，才能让人们看懂。所谓“汉字字形”，就是以点阵方式表示汉字，即将汉字分解成由若干个“点”组成的点阵，将此点阵字形置于网状方格上，每一个小方格对应点阵中的一个“点”。每一个点可以有黑、白两色：有字形笔画的点用黑色，反之用白色。图 2.5 所示为 16×16 的“节”字的点阵字形。

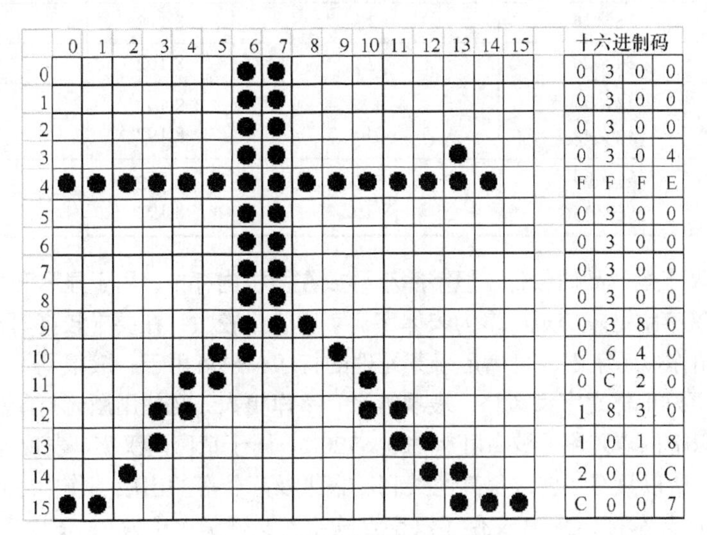

图 2.5 汉字的字模点阵及编码

如果用二进制“1”表示黑色点，用二进制“0”表示白色点，则图 2.5 中的 16×16 点阵字形“节”可以用一串二进制数来表示。因为一行有 16 个点，所以一行要占 2 个字节。这个汉字共有 16 行，要占 32 个字节。图右面部分的数字就是用十六进制表示的汉字“节”的字形编码。将这个编码存放到计算机存储器内就是字形码。存放一个 16×16 点阵的汉字字形需要 32 个字节，如果采用 24×24 点阵，则每行需要 3 个字节，共 24 行，因此需要 72 个字节。

（1）字形存储码

也称汉字字形码，是指存放在字库中的汉字字形点阵码。不同的字体和表达能力有不同的字库，如黑体、仿宋体、楷体等是不同的字体，点阵的点数越多时一个字的表达质量也越高，也就越美观。一般用于显示的字形码是 16×16 点阵的，每个汉字在字库中占 16×16/8 = 32 个字节；一般用于打印的是 24×24 点阵字型，每个汉字占 24×24/8 = 72 个字节；一个 48×48 点阵字型，每个汉字占 48×48/8 = 288 个字节。

只有在中文操作系统环境下才能处理汉字，操作系统中有实现各种汉字代码间转换的模块，在不同场合下调用不同的转换模块工作。汉字以某种输入方案输入时，就由与该方案对应的输入转换模块将其变换为机内码存储起来。汉字运算是一种字符串运算，用机内码进行，从主存到外存的传送也使用机内码。在不同汉字系统间传输时，先要把机内码转换为传输码，然后通过接口送出，对方收到后再转换为它自己的机内码。输出时先把机内码转换为地址码，再根据地址在字库中找到字形存储码，然后根据输出设备的型号、特性及输出字形特性使用相应转换模块把字形存储转换为字型输出码，把这个码送至输出设备输出。

（2）汉字字库

一个汉字的点阵字形信息叫做该字的字形。字形也称字模（沿用铅字印刷中的名词），两者在概念上没有严格的区分，常混为一谈。存放在存储器中的常用汉字和符号的字模的集合就是汉字字形库，也称汉字字模库，或称汉字点阵字库，简称汉字库。

（3）汉字字库容量的大小

字库容量的大小取决于字模点阵的大小（见表 2.6）。

表 2.6　　常用的汉字点阵库情况

类　型	点阵	每字所占字节数	字数	字库容量（字节）
简易型	16×16	32	8 192	256 KB
普及型	24×24	72	8 192	576 KB
提高型	32×32 48×48	128 288	8 192 8 192	1 MB 2.25 MB
精密型	64×64 256×256	512 8 192	8 192 8 192	4 MB 64 MB

16×16 点阵汉字虽然品质较低，但字库小可放在微机内存中，用于显示和要求不高的打印输出。24×24 点阵汉字字型较美观，多为宋体字，字库容量较大，在要求较高时使用，例如在高分辨率的显示器上用作显示字模，可满足事务处理的打印，也可用于一般报刊、书籍的印刷。32×32 点阵汉字，可更好地体现字型风格，表现笔锋，字库更大，在使用激光打印机的印刷排版系统上采用。64×64 以上的点阵字（最高可达 720×720），属于精密型汉字，表现力更强，字体更多，但字库十分庞大，所以只有在要求很高的书刊、报纸及广告等的出版工作中才使用。实际使用的字库文件，16×16 点阵的 CCLIB 文件（汉字点阵字库文件）大小为 237 632 字节（232 KB），24×24 点阵的 CCLIB24（汉字点阵字库文件）文件大小为 607KB。

汉字库可分为软字库和硬字库两种，一般用户多使用软字库。

汉字字形码是文字信息的输出编码，计算机对各种文字信息的二进制编码处理后，必须通过字形输出码转换为用户能够看懂的且能表示为各种字型字体的文字格式，即字形码。然后通过输出设备输出。

字形码采用点阵形式，不论一个字的笔画多少，都可以用一组点阵表示，每个点即二进制的一位，由“0”和“1”表示不同状态，如明、暗或不同颜色等特征，表现字的型和体。汉字字型有：16×16、24×24、32×32、48×48、128×128 点阵等，不同字体的汉字需要不同的字库。点阵字库的信息量很大，所以存储的空间也大。

5. 汉字处理流程

汉字通过输入设备将外码送入计算机，再由汉字系统将其转换成内码存储、传送和处理，当需要输出时再由汉字系统调用字库中汉字的字形码得到结果，这个过程参见图 2.6。

汉字 —输入设备→ 汉字外码 —输入程序→ 汉字内码 —调用字库→ 汉字字形码 —输出设备→ 汉字

图 2.6　汉字处理流程

6. 其他汉字编码

（1）Unicode 码

Unicode 码是另一国际标准，采用双字节编码统一地表示世界上的主要文字。其字符集内容与 UCS 的 BMP 相同。

（2）GBK 码

GBK 等同于 UCS 的新的中文编码扩展国家标准，2 字节表示一个汉字。第一字节从 81 H～FEH，最高位为 1；第二字节从 40 H～FEH，第二字节的最高位不一定是 1。

（3）BIG5 编码

台湾、香港地区普遍使用的一种繁体汉字的编码标准，包括 440 个符号，一级汉字 5 401 个、二级汉字 7 652 个，共计 13 060 个汉字。

习 题 2

一、单项选择题

1. 在计算机内部对信息的加工处理都是以（　　）形式进行的。
   A. 二进制码　　B. 八进制码　　C. 十进制码　　D. 十六进制码
2. 计算机内部处理汉字使用的是汉字的（　　）。
   A. 区位码　　B. 机内码　　C. 字形码　　D. ASCII 码
3. 计算机处理西文字符使用的是（　　）。
   A. ASCII 码　　B. 二进制补码　　C. 原码　　D. 国标码
4. 十进制数 123 的八位二进制补码为（　　）。
   A. 01111011　　B. 11111011　　C. 10000101　　D. 00000101
5. 八位二进制补码 01011001 的十进制数为（　　）。
   A. −39　　B. 39　　C. −89　　D. 89
6. 在微型计算机的汉字系统中，一个汉字的内码占（　　）字节。
   A. 1　　B. 2　　C. 3　　D. 4
7. 下列一组数中最小的数是（　　）。
   A. $(2B)_{16}$　　B. $(44)_{10}$　　C. $(52)_{8}$　　D. $(101001)_{2}$
8. 8 位无符号二进制数能表示的最大的十进制整数是（　　）。
   A. 127　　B. 255　　C. 256　　D. 128
9. 十六进制 FFFF 表示一个十六位有符号的十进制数的值为（　　）。
   A. 65535　　B. 32767　　C. −1　　D. −65535
10. 下列说法正确的是（　　）。
    A. 所有十进制小数在计算机内都能精确存放
    B. 对于正整数，其原码、补码和反码都相同
    C. 浮点数是以补码的形式在计算机里存放
    D. 输入码是汉字的内码
11. 在下面不同进制的 4 个数中，有 1 个数与其他 3 个数的值不等，它是（　　）。
    A. 5EH　　B. 136O　　C. 1011101B　　D. 94D
12. 微机中 1 KB 表示的二进制位数是（　　）。
    A. 1 000　　B. 8×1 000　　C. 1 024　　D. 8×1 024
13. 计算机存储器中的一个字节可以存放（　　）。
    A. 一个汉字　　B. 两个汉字　　C. 一个西文字符　　D. 两个西文字符
14. 一个字节包含（　　）个二进制位。
    A. 8　　B. 16　　C. 32　　D. 64

二、填空题

1. 二进制数（0.101）B 转化为十进制、十六进制数应为__________D、__________H。
2. 大写字母 A 的 ASCII 码是 41H，则小写字母 a 的 ASCII 码是_________H。
3. 标准 ASCII 码占有________位，表示了________个不同的字符，在计算机中用________个

字节表示，其二进制最高位是________。

4. 28.125D 转化为二进制数为________B，转化为八进制数为________O，转化为十六进制数是________H。

5. 正数 01111010 的补码是________H（十六进制表示）；十进制数–17 的补码是________H（十六进制表示），反码是________H。

6. 将下列数据按所示的进制转换（负数用 8 位二进制补码表示）

$(127)_{10}=(\qquad)_2=(\qquad)_{16}$

$(FD)_{16}=(\qquad)_2=(\qquad)_8$

$(-3)_{10}=(\qquad)_2=(\qquad)_{16}$

$(0.125)_{10}=(\qquad)_2$

字符‘A’在计算机内的 ASCII 编码为：$(\qquad)_2$

三、思考题

1. 在通常情况下，计算机要存储一个汉字需要多少个字节？

2. 计算机内部的信息为什么要采用二进制编码？

3. “D”、“d”、“3”和空格的 ASCII 码值？

第3章 计算机系统组成

3.1 计算机的系统组成

3.1.1 计算机的系统组成

完整的计算机系统由硬件系统和软件系统组成，如图 3.1 所示。硬件（Hardware）指计算机中各种看得见、摸得着的实实在在的装置，是计算机系统的物质基础，也称物理设备，可以是电子的、电磁的、机电的、光学的元件或由它们所组成的计算机部件（如显示器、打印机、硬盘、键盘、鼠标、光驱等）。软件（Software）指在硬件上运行的程序及相关的数据、文档，是发挥硬件功能的关键。

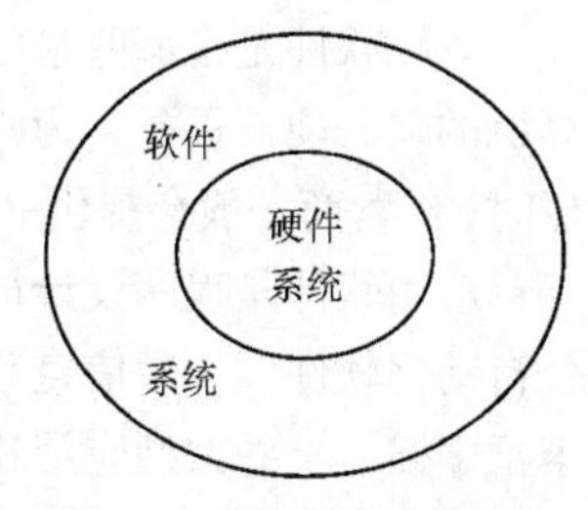

图 3.1 计算机系统的组成

软件与硬件是密切相关和互相依存的。硬件是软件存在和运行的基础，软件是计算机系统的灵魂。没有软件的计算机称为裸机，只能识别由“0”和“1”组成的机器语言，其功能极其有限，甚至不能有效地启动与进行基本的数据处理工作。

在计算机系统中，软件和硬件的功能没有一个明确的分界线。软件实现的功能可以用硬件来实现，称为硬化或固化（微机的 ROM 芯片中就是固化了系统引导程序的硬件）；同样，硬件实现的功能也可以用软件实现，称为硬件软化（在多媒体计算机中用于视频信息处理<包括获取、编码、压缩、存储、解压缩、播放等>的视频卡，在没有视频卡的计算机中通过软件<播放程序等>来实现）。对某个功能是由硬件还是由软件实现，与计算机系统的价格、速度、所需存储空间以及可靠性等诸多因素有关。一般来说，同一功能用硬件实现，速度快、所需存储空间少，但灵活性和适应性差；用软件实现，可提高灵活性和适应性，但通常处理速度较慢。

3.1.2 计算机的软件系统

软件系统是为运行、管理、维护计算机而编制的各种程序、数据和文档的总称。实际上我们所使用的计算机是经过若干层软件“包装”的计算机，计算机的功能不仅仅取决于硬件，在很大程度上是由安装在计算机中的软件系统所决定的。

1. 什么是计算机软件

软件是一个发展的概念，早期软件和程序几乎是同义词。后来，随着软件开发中各种方法和技术的出现以及软件开发中程序部分开发工作量所占比重的降低，软件的概念在程序的基础上得到了延伸。1983 年，IEEE（国际电子电气工程师协会）给出了一个新的定义：软件是计算机程序、方法、规范及其相应的文档以及在计算机运行时所需的数据。软件是相对计算机硬件而言的。至于一台计算机的性能怎么样，功能是否强大，取决于该计算机的硬件和软件的性能和功能的总和。

2. 软件的功能

软件与硬件一样，是计算机系统必不可少的组成部分。计算机软件承担着提高计算机的运行效率以及进行特定信息的处理任务。具体包括以下几个方面。

① 管理与控制计算机系统的硬件，协调计算机各组成部分的工作，提高计算机资源的使用效率。

② 在硬件提供的基本功能上，扩大计算机的功能，增强计算机处理现实任务的能力。

③ 向用户提供尽可能灵活、方便的计算机操作界面。

④ 为专业人员提供计算机软件开发的工具和环境，提供对计算机本身进行调试、维护、诊断等工作所需的工具。

⑤ 为用户完成特定应用的信息处理任务。

3. 软件的分类

按照软件的作用及其在计算机系统中的地位，软件分为系统软件和应用软件。

系统软件是指那些参与构成计算机系统，扩展计算机硬件功能，控制计算机的运行，管理计算机的软、硬件资源，为应用软件提供支持和服务，方便用户使用计算机系统的软件。购买计算机时，经营商一般会提供一些最基本的系统软件（操作系统、语言处理程序、常用的适用程序等）。

应用软件是程序设计员针对用户的具体问题所开发的专用软件的统称。常见的应用软件有办公自动化软件、管理信息系统等。由于计算机的通用性和应用的广泛性，应用软件比系统软件更丰富多样，一些大型应用软件在有关部门中起着关键性作用，价格非常昂贵。

按照应用软件的开发方式和适用范围，应用软件可再分为两类，即通用软件和专用软件。通用软件是在许多行业和部门中可以广泛使用的通用性软件，如文字处理软件、电子表格软件、绘图软件等；专用软件是针对具体应用问题而定制的应用软件，这类软件是完全按照用户自己的特定需求而专门进行开发的，应用面窄，运行效率高，开发代价与成本相对很高。

计算机软件的分类如图 3.2 所示。

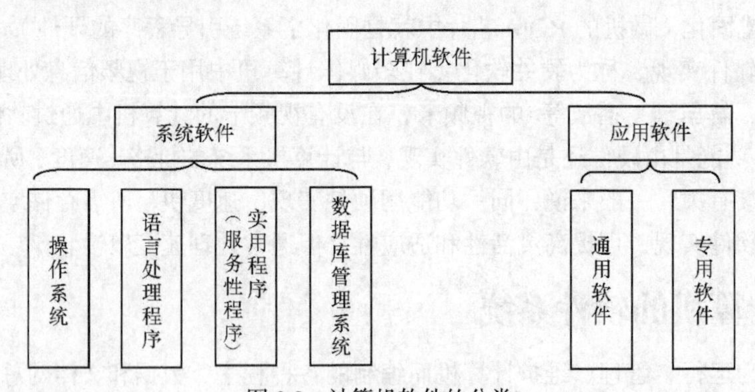

图 3.2　计算机软件的分类

计算机系统是硬件和软件有机结合的整体。随着技术的发展，系统中的同一功能既可由硬件实现，也可由软件实现。从这个意义上说，硬件和软件在逻辑功能上是可以等效的。如乘法、除法、浮点运算等既可以用硬件线路实现，也可以用程序来实现。输入/输出管理、多媒体处理等既可以用硬件也可以用软件来实现。软件和硬件之间的功能如何分配，随着时间不同、机型不同而异。二者的合理分配可以降低系统的成本、改进系统的性能、提高系统的整体优化。

3.1.3　计算机的硬件系统

1. 计算机硬件系统的基本组成

1946 年 6 月冯 · 诺依曼提出了“存储程序，程序控制”原理，也称冯 · 诺依曼原理。这一基本原理包括如下三方面内容。

① 用二进制形式表示数据与指令。

② 指令与数据都存放在存储器，使计算机在工作时能够自动高速地从存储器中取出指令加以执行。程序中的指令都是一条条按顺序存放的，计算机工作时，只要知道程序的第一条指令放在什么地方，就能够依次取出每一条指令，然后按指令规定的功能执行相应的操作。

③ 计算机系统由运算器、存储器、控制器、输入设备和输出设备等五大基本部件组成，并规定了五大部分的功能。

“存储程序，程序控制”原理决定了现代电子计算机的基本结构、基本工作原理，开创了程序设计时代。自 1946 年第一台电子数字计算机诞生以来，组成计算机的基本元件与计算机的体系结构都发生了很大变化，计算机的类型、应用领域也得到了极大发展，但计算机的基本结构还是美籍匈牙利数学家冯·诺依曼提出的存储程序与程序控制原理，如图 3.3 所示。

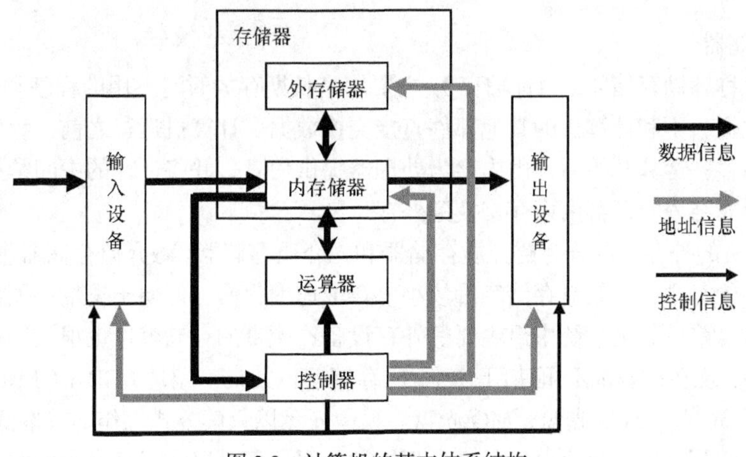

图 3.3　计算机的基本体系结构

2. 计算机硬件系统

（1）运算器

运算器也称算术逻辑单元（Arithmetic and Logic Unit，ALU），是进行算术运算和逻辑运算的部件。在控制器的控制下，它对取自内存储器（主存储器）的数据进行算术运算或逻辑运算，再将运算的结果送到内存储器。

在计算机中，算术运算是指加、减、乘、除等基本运算；逻辑运算是指逻辑判断、关系比较以及其他的基本逻辑运算，包括逻辑与、逻辑或、逻辑非等。不管是算术运算还是逻辑运算，都只是基本运算，也就是说，运算器只能做这些最简单的运算，复杂的处理都必须通过基本运算一步步来实现。由于大多数信息的处理都会涉及算术运算和逻辑运算，所以计算机的性能在很大程度上依赖于运算器的设计与功能，然而，运算器的处理速度却快得惊人，因此计算机才有高速的信息处理能力。

（2）控制器

控制器是计算机的神经中枢和指挥中心。其功能是控制计算机各部件协调工作，使计算机自动地执行程序。执行程序时，控制器首先从内存储器中取出一条指令，然后对指令进行分析，根据对指令的分析得到指令的功能，最后按指令的功能要求向有关部件发出控制命令，从而完成该指令所规定的任务。计算机依次执行一系列指令，按照一系列指令所组成的程序的要求自动、连续地处理一个事务。

（3）存储器

存储器是存放数据和程序的记忆装置，是计算机中各种信息存储和交流的中心。使用时，可以从存储器中获得信息，不破坏原有信息，这种操作称为存储器的读操作；也可以将信息存放入存储器，原有的信息被抹掉，这种操作称为存储器的写操作。

存储器通常分为内部存储器（简称内存储器、内存）和外部存储器（简称外存储器、外存）两大类。

① 内部存储器

内存储器又称主存储器（简称主存），直接同运算器和控制器连接，是计算机中的工作存储器，当前正在运行的程序与数据都必须存放在内存中。计算机工作时，控制器执行的指令和运算器处理的操作数都从内存中取出，处理得到的中间数据（有的也称为临时数据）和结果数据也放入内存中。

② 外部存储器

外存储器又称辅助存储器（简称辅存），主要用来长期存放暂时不用的程序和数据。通常外存只和内存交换数据，不和计算机的其他部件直接交换数据。计算机运行之前，程序和数据必须先从外存调入到内存；运算开始后，由内存为处理器提供信息，并将运算的中间结果和最后结果保存到内存中；运算结束时，再由内存交换到外存。

目前，计算机的外存主要分为磁介质存储器和光介质存储器。磁介质存储器包括磁盘和磁带，磁盘又有硬盘和软盘之分。软盘存储容量较小，存取速度很慢，但便于携带；硬盘容量很大，存取速度较快，是目前计算机系统中最主要的外存设备；磁带的存储容量也很大，存取速度比软盘快，但不好保存，现在一般都不再使用。光介质存储器包括只读光盘（CD-ROM）、一次性写光盘（CD-R）、可擦写光盘、DVD 光盘、MO 光盘。只读光盘以只读方式工作，成本低廉，使用方便；一次性写光盘只能写一次，写完以后的光盘不能被改写，但可以在只读光盘的驱动器和一次性写光盘的驱动器——刻录机上被反复读取；可擦写光盘写完以后可以被改写，可以在光盘驱动器上被反复读取；DVD 光盘是一种只读光盘，但它的存储容量远远大于 CD-ROM，DVD 单面单层的容量为 4.7 GB，单面双层的容量为 7.5 GB，双面双层的容量可达 17 GB；MO 是磁光盘的简称，它是磁盘技术与光技术结合的产物，在看似传统的 3.5 in 或 5.25 in 的盘片上可存储上亿字节甚至数十亿字节的数据。

内存和外存的主要区别有以下几点。

① 内存的存储容量较小，存取速度较快；外存的存储容量较大，存取速度较慢。

② 内存数据在系统掉电后全部丢失，而外存停电后信息不会丢失。如磁盘上的信息可保持几年，甚至几十年。

③ 数据交换的方式不一样。内存一般按字长数据逐步实现数据交换，而外存则总是成批地进行数据交换。如软盘每次都按扇区（512 B）进行数据交换。

④ 所有外部存储器都必须通过机电装置才能进行信息的存取操作，这些机电装置称为“驱动器”。如软盘驱动器、硬盘驱动器、磁带驱动器、光盘驱动器等。

有关存储器的术语有以下几个。

① 位（bit，b）：在数字电路和计算机技术中采用二进制计数，代码只有“0”和“1”，其中无论是“0”还是“1”都算作一位。

② 字节（Byte，B）：8 个二进制位为 1 个字节。为了衡量存储器的存储容量，统一以字节为单位。常用的衡量单位从小到大依次有 KB、MB、GB、TB、PB、EB、ZB 和 YB。

③ 内存地址：计算机的整个内存被划分成许多个存储单元，每个单元有相同多的二进制位（一般为 8 个二进制位），区分各个存储单元的方法是为每个单元指定唯一的编号，这个编号被称为“内存地址”。如同旅馆中每个房间都通过各不相同的房号来进行区分一样。

（4）输入设备

输入设备用来接收用户输入的原始数据和程序，并将它们转变为计算机能够识别的形式（二进制代码）存放到内存中，以便于计算机进行进一步处理。常用的输入设备有键盘、鼠标、话筒、扫描仪、数字化仪、游戏操作杆、光笔、摄像机和数码相机等。

（5）输出设备

输出设备用于将存放在内存中的，由计算机处理得到的结果数据转变为人们能够接受的形式。常用的输出设备有显示器、打印机、绘图仪和音响等。

3.1.4　计算机的工作原理

1. 指令与指令系统

指令是人们指挥计算机完成一个基本操作的命令，是能被计算机识别并执行的二进制代码。它规定了计算机能完成的某一种基本操作，并由计算机硬件来执行。在计算机内部，指令一般由操作码和地址码两部分组成，如图 3.4 所示：

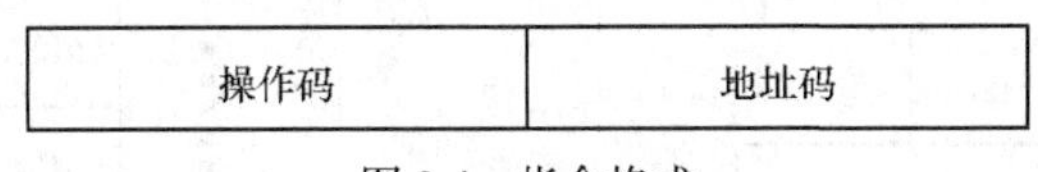

图 3.4　指令格式

操作码：指明该指令要完成的操作的类型或性质，如加法、减法、乘法、除法、取数和存数等。操作码的位数决定了一台处理器的指令的条数。当使用定长操作码格式时，若操作码的位数为 N，则指令的条数有 2^N 条。

地址码：指明该指令操作数所在内存单元地址或该指令操作数内容。操作数在大多数情况下都是操作数的地址，地址码可以有 0～3 个。从地址码得到的仅是数据所在的地址，可以是源操作数的存放地址，也可以是操作结果的存放地址。指定操作数地址的方法称为“寻址方式”。

一台计算机的所有指令的集合成为指令系统。不同类型的计算机，指令系统的指令条数有所不同。

2. 与指令有关的问题

随着技术的进步，处理器的性能在不断提高。为增加处理器的功能，每种新处理器所包含指令的数目与种类越来越多，指令中的寻址方式也越来越灵活，这就引发了以下的两个问题。

（1）指令兼容性问题

由于每种处理器都有自己独特的指令系统，因此，用某一种计算机的机器语言编制出来的程序（指令代码）难以在其他种类的计算机上运行，这个问题被称为指令系统不兼容。通常每个处理器制造厂商采用的是“向下兼容方式”来开发新的处理器。如：Intel 公司采用逐步提高处理器性能的方法，使新的处理器可以继续正确执行老处理器中的所有指令；这样，采用 Pentium Ⅲ芯片的计算机可以执行在采用 PentiumⅡ芯片的计算机上所编写的机器语言程序，但不能保证采用 PentiumⅡ芯片的计算机一定可以执行在采用 Pentium Ⅲ芯片的计算机上开发的程序。

（2）指令系统的复杂性与指令精简问题

随着计算机指令集（指令系统）的扩充，程序员开始增加越来越多的复杂指令，这些指令比较长，需要的执行时间也更多。采用复杂指令集的处理器芯片的计算机被称为复杂指令集计算机（Complex Instruction Set Computer，CISC）。

1975 年，IBM 公司的科学家 John Cocke 发现处理器中的大部分工作实际上只需要指令集中的一小部分就可以完成。John Cocke 的研究结果导致了采用精简指令集的处理器的出现。

精简指令集计算机（Reduced Instruction Set Computer，RISC）中只有一个数量有限的指令集，但是这些指令的执行速度很快。

3. 计算机的基本工作原理

计算机的工作过程实际上是快速地执行指令的过程，如图 3.5 所示。

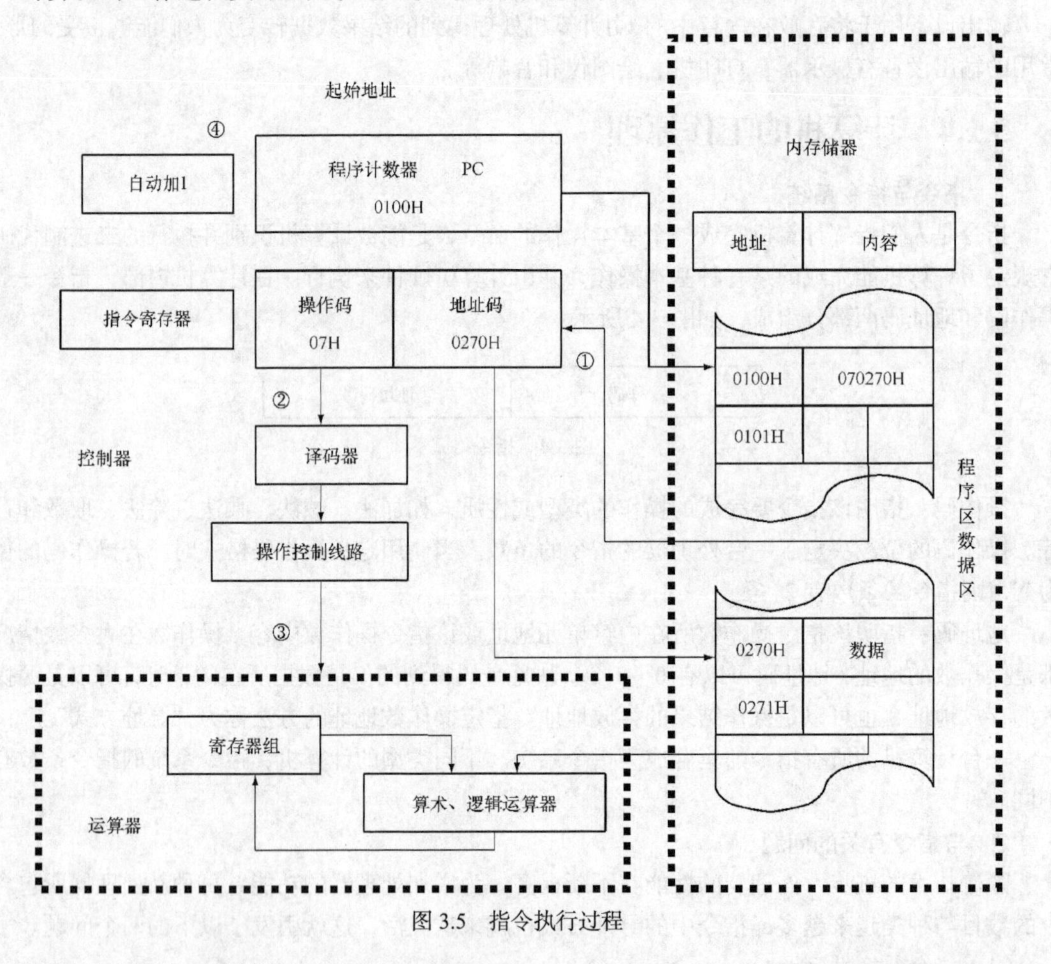

图 3.5　指令执行过程

从图 3.5 可知，计算机工作时，在计算机内有 3 种信息在执行指令的过程中传输：数据信息、控制信息与地址信息。

指令的执行过程分为以下 4 个步骤。

① 取指令：按照程序计数器中的地址（0100H），从内存中取出指令（070270H），并送到指令寄存器。

② 分析指令：对指令寄存器中的指令（070270H）进行分析，由编译器对操作码（07H）进行译码，将指令的操作码转换成相应的控制电平信号；由地址码（0270H）确定操作数地址。

③ 执行指令：由操作控制线路发出完成该操作所需要的一系列控制信息，控制运算器去完成该指令所要求完成的操作。

④ 一条指令执行结束，程序计数器自动加 1 或将转移地址码送入程序计数器中，然后回到第一步。

一般把计算机完成一条指令所花费的时间称为一个指令周期，指令周期越短，指令执行越快。通常所说的处理器主频就反映了指令执行周期的长短。

计算机在运行时，处理器从内存中读出一条指令到指令寄存器中执行，指令执行完，再从内存中读出下一条指令到指令寄存器内执行。处理器不断地取指令、分析指令、执行指令，这也就是程序的执行过程。

总之，计算机的工作就是不断地执行程序，即自动连续地执行一系列指令。一条指令的功能虽然有限，但是由一系列指令组成的程序可以完成无限多的复杂任务。

3.2　微型计算机硬件组成

3.2.1　微型计算机概述

1. 微型计算机的发展

微处理器（Microprocessor）是由一片或几片大规模集成电路组成的、具有运算器和控制器的中央处理单元（Central Processing Unit，CPU）。一般来说，微型计算机（Microcomputer）简称微机，是指以微处理器为核心，配上大规模集成电路制作的存储器、输入/输出接口电路及系统总线所组成的计算机。习惯上，人们又把微型计算机称为个人计算机（Personal Computer，PC）。和大、中、小型计算机相比，微型计算机具有体积小、价格低、可靠性强及操作简单等特点。

根据摩尔定律，CPU “芯片集成度每 18 个月翻一番，计算性能提升一倍，价格降低一半”，微型计算机的发展与微处理器的发展是同步的。从 1971 年世界上第一款 4 位微处理器 Intel 4004 诞生至今，CPU 从 4 位发展到 32 位、64 位，CPU 主频也逐步被提升至 3.8 GHz。直到 2004 年 5 月，Intel 因为无法解决散热问题，最终放弃了主频为 4 GHz 的 CPUTejas 和 Jayhawk 的研发工作，标志着单核 CPU 升频技术时代的终结。从 2005 年开始，微处理器全面转入多核/众核时代。根据摩尔定律，Intel 预计其通用的众核计算芯片在 2023 年将达到在一个处理器中集成 2 024 核。微型计算机向多核并行计算发展将成为必然趋势。

2. 微型计算机硬件组成

微机的硬件系统由主机和外部设备构成，如图 3.6 所示。其中，主机指微机除去输入/输出设备以外的主要机体部分，包括主板、CPU 和内存。外部设备指连在计算机主机以外的设备，一般分为输入设备、输出设备、外存储器和网络设备。

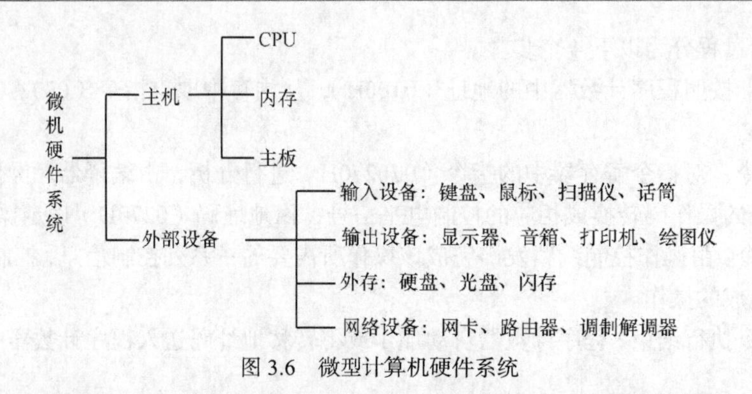

图 3.6　微型计算机硬件系统

按照用途来分，微型计算机可分为台式机、笔记本电脑、掌上电脑和平板电脑等。其中，台式机由于组成部件各自独立，具有较强稳定性，便于散热和升级，使用范围最广，如图 3.7 所示。

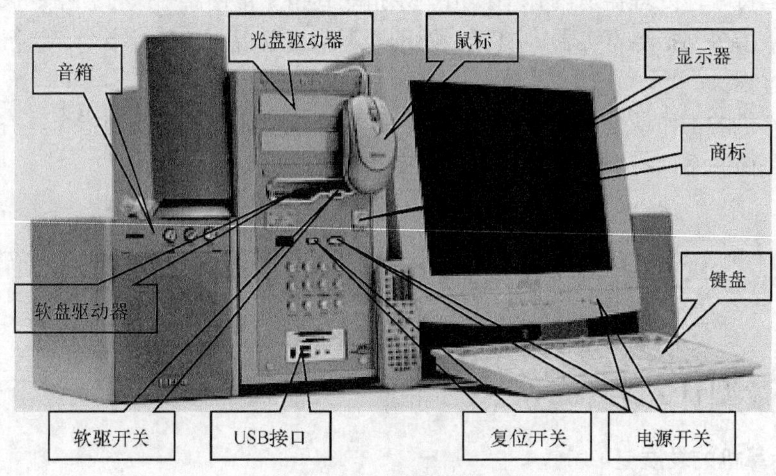

图 3.7　台式微型计算机

台式机的主机安装在主机箱内，在主机箱内通常有以下部件，如图 3.8 所示。

图 3.8　主机箱内部结构

① 电源盒。内部装有能将 220 V/110 V 交流电转变为计算机使用电源的转换装置。由该电源引出的电源线插头可分为连接主板的两个供电插头和若干个连接软盘驱动器、硬盘驱动器及光盘驱动器的供电插头。

② 主板。也称母版，一般为矩形电路板，是整个微机最基本的、也是最重要的部件之一，安装了组成计算机的主要电路系统，一般有处理器芯片、内存、Cache 及总线等微机的主要部件以及部分输入/输出控制电路。

③ 外存驱动器。主机箱的框架上提供了若干个支架柜位，用来安置硬盘、软盘和光盘的驱动器，并用扁平电缆将驱动器的信号线连接到主板（或通过扩展卡间接地连接到主板）。

④ 扩展板卡。在主机箱内，除了主板这个核心电路板外，通常还可以在主板扩展槽上安装扩展卡。扩展卡是主机与外设（I/O 设备）之间的接口，对外设有控制功能。如：显示卡是主机与显示器的接口，主机通过显示卡上的电路控制显示器的工作；网卡是微机与计算机网络的接口，主机通过网卡实现最基本的网络通信功能；声卡是微机与音响系统、话筒等设备的接口，主机通过它实现多媒体功能。

3. 微型计算机的主要性能指标

（1）CPU 内核数

通常，将两个或更多的独立处理器封装在一个单一集成电路中，称为多核心处理器。这些核心可以分别独立地运行程序指令。利用并行计算的能力，可以加快程序的运行速度，提供多任务能力。

（2）字长

指 CPU 一次能并行处理的二进制数据的位数。一般一台计算机的字长取决于它的通用寄存器、内存储器、算术逻辑单元（ALU）的位数和数据总线的宽度。字长越长，一个字所能表示的数据精度就越高；在完成同样精度的运算时，数据处理速度就越高。

（3）主频

指计算机的时钟频率，单位一般用 GHz（十亿次/秒）。主频在很大程度上决定了计算机的运算速度——主频越高，运算速度越快。如现在微机的主频一般在 3.0～4.0GHz。

（4）运算速度

是指每秒钟能执行多少条指令，单位一般用 MIPS（百万条/秒）。由于执行不同指令所需的时间不同，因而有不同的计算运算速度的方法：可以用各条指令的统计平均方法来计算运算速度；也可以用执行时间最短的指令来计算运算速度；还可以直接给出每条指令的执行时间来计算运算速度。

（5）内存容量

是指内存中能存储信息的总字节数。内存容量的大小反映了计算机的信息处理能力，容量越大，能力越强。

（6）存取周期

存储器进行一次完整的读/写操作所需的时间，也就是存储器连续两次读（或写）所需的最短时间间隔。存取周期越短，则存取速度越快，运算速度越快。

（7）外存容量及速度

计算机的所有文件（包括程序、数据及文本）都保存在外部存储器中，如硬盘、软盘以及光盘等。外存容量要比内存大得多且在关机后会永久保存。由于一般外存都带有机电装置，因此存取速度比内存慢得多。

3.2.2 主板和接口

主板（Mainboard)也称系统板（Systemboard)、母版（Motherboard)，安装在机箱内，是微机最基本、最重要的部件之一。如图 3.9 所示，主板一般为矩形电路板，上面安装了组成微机的主要电路系统，一般有 BIOS 芯片、I/O 控制芯片、CPU、内存插槽、各种外部设备的接口或插槽。主板是主机箱中最大的一块电路板，微机的整体运行速度和稳定性在相当程度上取决于主板的性能。目前，主流的主板生产商有华硕、技嘉和微星。

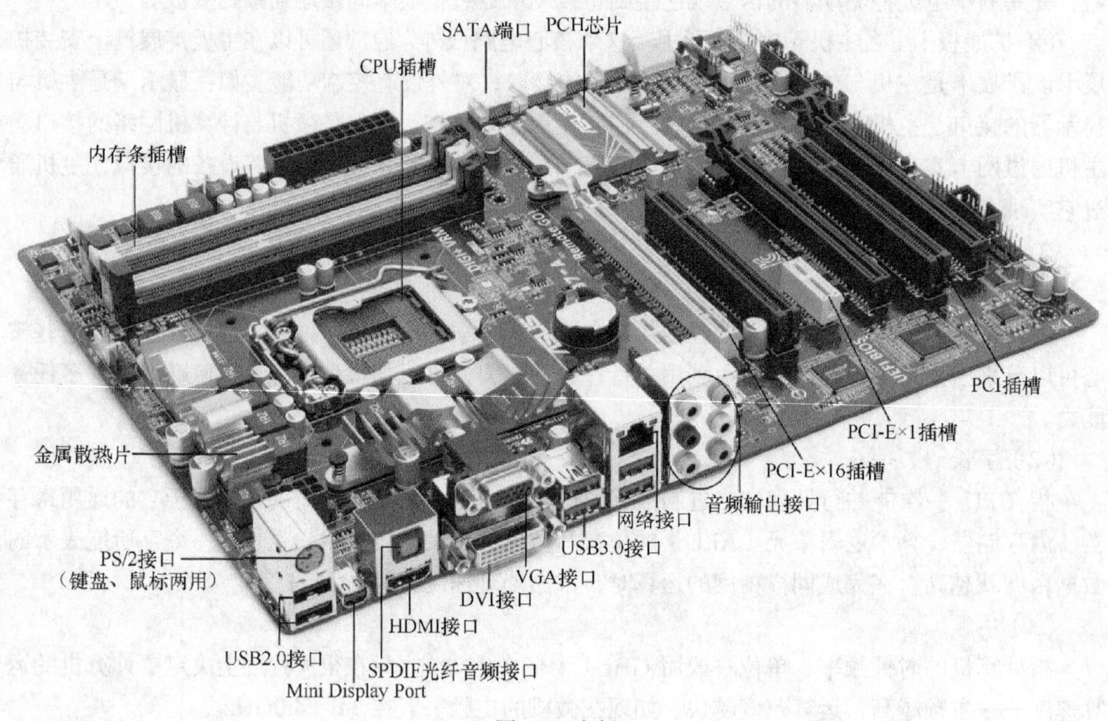

图 3.9　主板

1. 芯片组

（1）主板中的芯片组

在主板中，除了 CPU 芯片外还有其他芯片。芯片组是主板的主要部件，是 CPU 与各种设备连接的桥梁，控制着数据的传输。芯片组通常分为南桥和北桥。“桥”实现了将两类总线连接在一起的功能。

（2）基本输入/输出系统

基本输入/输出系统（Basic Input/Output System，BIOS）是高层软件（如操作系统）与硬件之间的接口。BIOS 主要实现系统启动、系统自检、基本外部设备输入/输出驱动和系统配置分析等功能。BIOS 一旦损坏，机器将不能工作。有一些病毒（如 CIH 等）专门破坏 BIOS，使计算机无法正常开机工作，以致系统瘫痪，造成严重后果。

（3）CMOS 芯片

CMOS 芯片由实时时钟控制单元和系统配置信息存放单元构成。CMOS 采用电池和主板电源供电，开机时由主板电源供电，断电后由电池供电，从而保证时钟不间断运转，提供系统时间，并使 CMOS 的配置信息不丢失。

芯片组是主板上一组共同工作的集成电路（芯片），负责将微处理器和其他部件连接起来。芯片组决定了主板能支持何种 CPU、内存以及外部设备，是决定主板性能和级别的重要部件。因此人们常用芯片的代号来称呼主板，如使用 Intel Z87 芯片的主板称为 Z87 主板。芯片组由北桥芯片和南桥芯片构成，通常按照图 3.10 所示，将计算机各部件连接起来。

北桥芯片，也叫做内存控制器（Memory Control Hub，MCH），主要负责处理高速信号。通常处理 CPU、内存和显卡（即 AGP 或 PCI Express）的端口，还有与南桥之间的通信。北桥芯片在主板上的位置通常距离 CPU 和内存插槽最近。

南桥芯片，也叫做输入/输出控制器（Input Output Control Hub，ICH），主要负责处理低速信号。通常处理与 I/O 总线的通信，如 PCI 总线、USB、IDE 和 SATA 等，并负责管理音频控制器、键盘控制器、实时时钟控制器和高级电源等。南桥芯片在主板上的位置通常距离 CPU 插槽较远，位于外部设备接口比较集中的位置。

计算机各部件之间通过总线连接。总线（Bus）是连接微机各部件的线路，以一种通用的方式为各部件提供数据传送和控制逻辑。总线可同时传输的数据量称为宽度。图 3.10 中的前端总线（Front Side Bus，FSB）是指 CPU 与北桥芯片之间的数据传输总线。

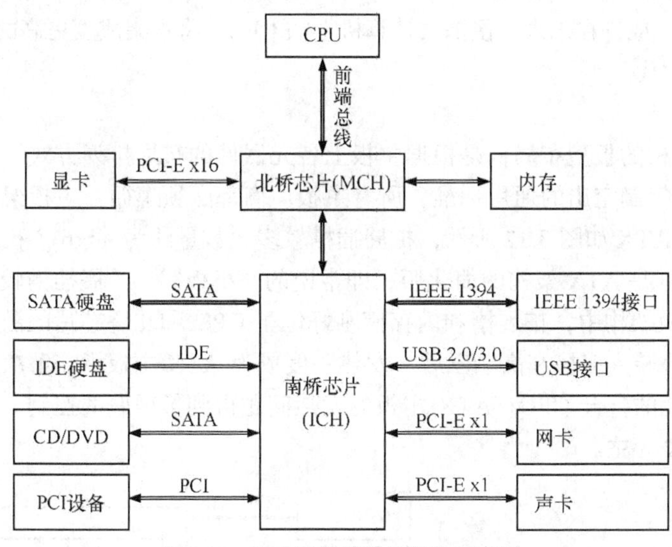

图 3.10　芯片组连接微机部件示意图

随着 CPU 核心不断增加，运算速度不断提高，CPU 和北桥之间的前端总线带宽已达到满负荷，使得前端总线成为性能提升的瓶颈。因此，Intel 从 2010 年开始，将北桥芯片的主要功能，如内存控制器、图形处理器及 PCI-E 控制器等，整合到了 CPU 内部，而北桥芯片其他功能和南桥芯片一起，被整合为平台控制器（Platform Control Hub，PCH），微机各外部设备由 PCH 芯片控制，如图 3.11 所示。

在图 3.11 中，图形处理器被集成到 CPU 内部，通过一条独立的通道 FDI（Flexible Display Interface，FDI）总线与 PCH 芯片连接。而 CPU 通过 DMI（Direct Media Interface，DMI）总线与主板上的其他外部设备接口进行连接。

将芯片组整合为单一芯片的好处是可以降低功耗、控制散热及节省空间。随着半导体、移动通信及计算机技术的不断发展，便携式、低功耗、体积小的个人计算机成为微机未来的主要发展方向，更多的重要芯片、甚至整个计算机都将集成到单独的一块硅芯片上。比如，2013 年 Intel

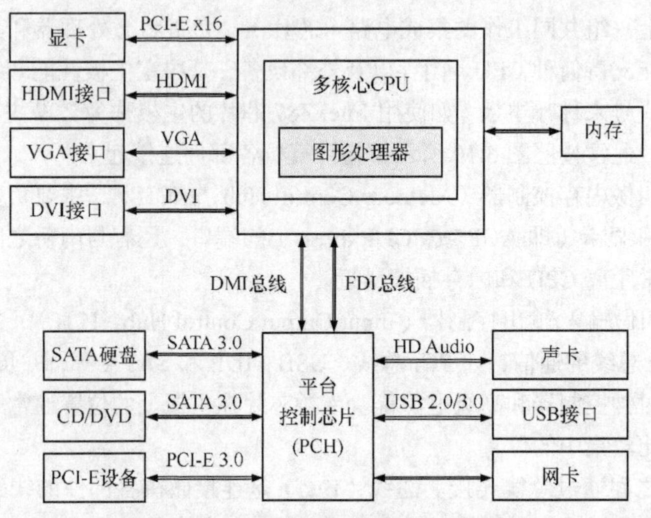

图 3.11　PCH 芯片连接微机部件示意图

宣布，将把部分第四代智能处理器的 CPU 和 PCH 整合为单芯片，进一步简化主板设计、降低功耗、节约制造成本。或许在未来，便携式计算机上的 CPU，将被集成度更高的片上系统（System on a Chip，SoC）取代。

2. 主板架构

主板架构指主板的板型布局，是根据主板上各元器件的布局排列方式、尺寸大小、形状及所使用的电源规格等制定出的通用标准，所有主板厂商都必须遵循。主板架构主要有 ATX 和 Micro ATX 两种。ATX 如图 3.12 所示，扩展插槽较多，数量约为 4～6 个；Micro ATX 主板又称 Mini ATX 主板，是 ATX 架构的简化版，即常说的“小板”，扩展插槽较少，数量为 3 个或以下。在 ATX 主板架构中，扩展槽和内存槽刚好位于 CPU 和北桥芯片的散热通道上。因此，在 CPU 的发展趋势转入多核和高电压后，发热一度成为 ATX 主板亟需解决的问题。后来，随着 Intel 推出低功耗的整合 CPU，ATX 主板的发热问题得到了很好的控制。目前，市面上主板架构仍然是以 ATX 为主。

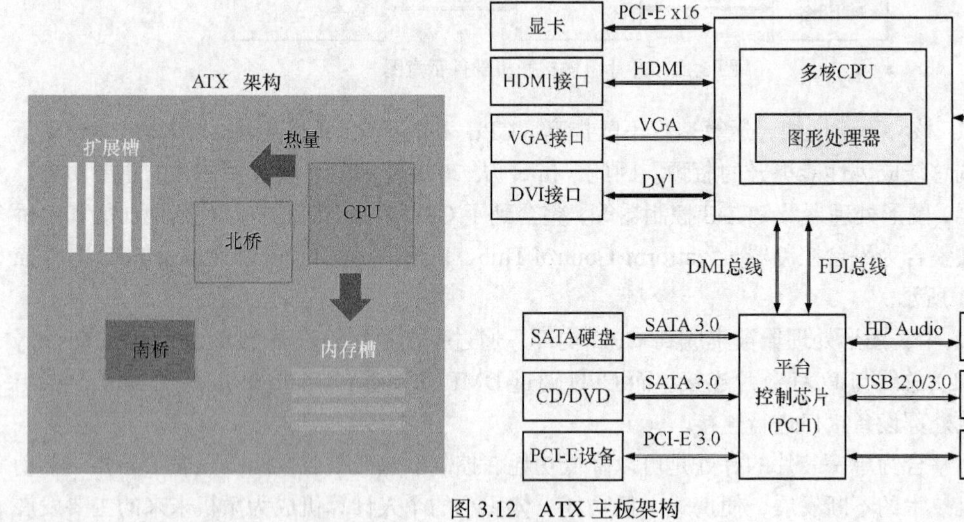

图 3.12　ATX 主板架构

3. 接口

CPU 与外部设备、存储器的连接和数据交换都需要通过接口设备来实现，前者被称为 Input/Output 接口（简称 I/O 接口），而后者则被称为存储器接口。

（1）I/O 接口

主板上，微机的主要输入和输出接口一般集中排列在一起，如图 3.13 所示。

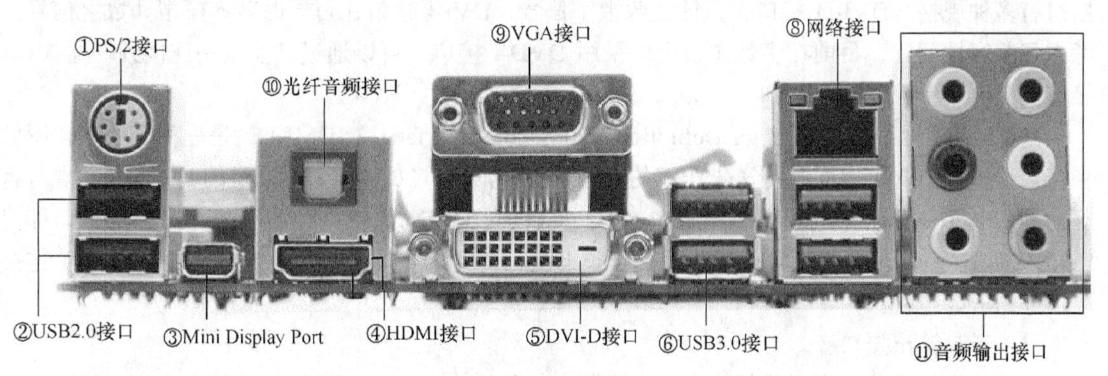

图 3.13 背板 I/O 接口

在微机组装好以后，这些接口以机箱背板 I/O 接口的形式出现。通常情况下，衡量接口的主要性能指标是接口的数据传输速度，接口的传输速度越快，CPU 和外部设备之间的数据交换速度越快。

（2）PS/2 接口

图 3.13 中编号为①的接口就是 PS/2 接口，用于连接鼠标和键盘，采样率默认为 60 次/秒，理论上较高的采样率可以提高鼠标的移动精度。PS/2 接口的颜色有绿色和紫色。其中，鼠标接口是绿色，键盘接口是紫色。如果 PS/2 接口一半是紫色、一半是绿色，则该接口是键盘、鼠标通用。由于 USB 接口的鼠标采样频率达到 120 次/秒，目前，PS/2 接口正在逐渐被 USB 接口替代。

（3）USB 接口

通用串行总线（Universal Serial Bus，USB）是一个外部总线标准，用于规范计算机与外部设备的连接和通信。采用 USB 标准的接口支持设备的即插即用和热插拔功能。表 3.1 列出了各 USB 标准的具体情况。在图 3.13 中编号为②是 USB 2.0 接口、⑥接口是 USB 3.0 接口。USB 3.0 的数据传输速度大约是 USB 2.0 的 10 倍左右。

表 3.1 USB 标准对比

标准版本	速率称号	速度	兼容
USB 3.1	超高速	10 Gbit/s	向下兼容
USB 3.0	超高速	5 Gbit/s	向下兼容
USB 2.0	高速	480 Mbit/s	向下兼容
USB 1.1	全速	12 Mbit/s	向下兼容
USB 1.0	低速	1.5 Mbit/s	向下兼容

（4）视频输出接口

目前比较主流的视频输出接口有 3 种：VGA 接口、DVI 接口和 HDMI 接口。

视频图形阵列（Video Graphic Array，VGA）接口，是 15 孔的 D 型接口，与显示器连接，通常支持 640×480 的分辨率，扩展后最高可支持 2560×1600 的分辨率。在图 3.13 中，编号⑨的接口即为 VGA 接口。VGA 接口采用模拟信号传输，是显卡上应用最为广泛的接口类型。

数字可视接口（Digital Visual Interface，DVI），其外观是 24 孔的接口，采用数字信号传输，不需要进行数/模转换，因此具有更快的传输速度。采用双通道的 DVI 接口，可支持的最高分辨率是 2560×1600，数据传输带宽为 1.65 Gbit/s。在图 3.13 中，编号⑤的接口即为 DVI 接口。DVI 接口有多种规格：DVI-D 接口，只能接收数字信号；DVI-I 接口，可同时兼容模拟和数字信号。考虑到兼容性问题，目前在多数主板上多采用 DVD-I 接口，可以通过转换接头连接到普通 VGA 接口。

高清晰度多媒体接口（High Definition Multimedia Interface，HDMI），是一种全数字化图像和声音传送接口，可以同时传送未压缩的音频及视频信号。2013 年 9 月制定的 HDMI 2.0 规范将支持 4096×2160 分辨率的超高清画质和 18 Gbit/s 的传输带宽。在图 3.13 中，编号④的接口即为 HDMI 接口。由于音频和视频信号采用同一条电缆，利用该接口非常适合组建家庭影院 PC，连接大尺寸的液晶电视。

（5）音频输出接口

音频输出接口分为模拟信号输出接口和数字信号输出接口。其中，模拟音频输出接口如图 3.13 中⑪所示，分为蓝、绿、粉、橙、黑、灰共 6 色接口，各接口的含义如表 3.2 所示。

表 3.2 模拟音频信号各接口含义

颜色	2 声道	4 声道	6 声道	8 声道
蓝色	声道输入	声道输入	声道输入	声道输入
绿色	声道输出	前置扬声器输出	前置扬声器输出	前置扬声器输出
粉色	话筒输入	话筒输入	话筒输入	话筒输入
橙色			中置和重低音	中置和重低音
黑色		后置扬声器输出	后置扬声器输出	后置扬声器输出
灰色				侧置扬声器输出

数字音频接口目前遵循的规范主要是 Sony/Philips 数字音频接口（Sony/Philips Digital Interface Format，S/PDIF）。S/PDIF 接口是一种数字传输接口，分为 S/PDIF IN 和 S/PDIF OUT 接口，分别处理数字音频信号的输入和输出，普遍使用光纤和同轴电缆输出，把音频输出至解码器上，能保持高保真度的输出结果，广泛应用环绕声压缩音频信号上。图 3.13 中编号⑩的接口即为 S/PDIF 光纤音频数字信号输出接口。

（6）总线扩展槽

总线扩展槽是主板上用于扩展微机功能的插槽，可用来插接各种板卡，如显卡、声卡和网卡等。扩展槽是一种添加或增强微机特性及功能的方法。例如，不满意主板整合显卡的性能，可以添加独立显卡以增强显示性能；不满意板载声卡的音质，可以添加独立声卡以增强音效。目前，主流的扩展插槽是 PCI 插槽和 PCI Express 插槽（简称 PCI-E 插槽），如图 3.14 所示。

① PCI 总线

外部设备总线互联（Peripheral Component Interconnect，PCI），是 1991 年 Intel 公司推出的一种连接微机主板和外部设备的并行总线标准。PCI 总线在 CPU 和外部设备之间提供一条独立的数据通道，传输宽度为 32 位，可扩展到 64 位，数据传输速率最高达到 133 Mbit/s。

图 3.14　PCI 插槽和 PCI-E 插槽

标准 PCI 总线的组织结构如图 3.15 所示，在 PCI 总线上可以挂接多个 PCI 设备，如网卡、声卡等，多个设备共享 PCI 总线带宽。当一条 PCI 总线的承载量不够时，可以用新的 PCI 总线进行扩展，而 PCI 桥则是连接 PCI 总线之间的纽带。图中的 PCI 桥有两个，一个桥用来连接处理器、内存以及 PCI 总线，而另一个桥则用来连接另一条 PCI 总线。

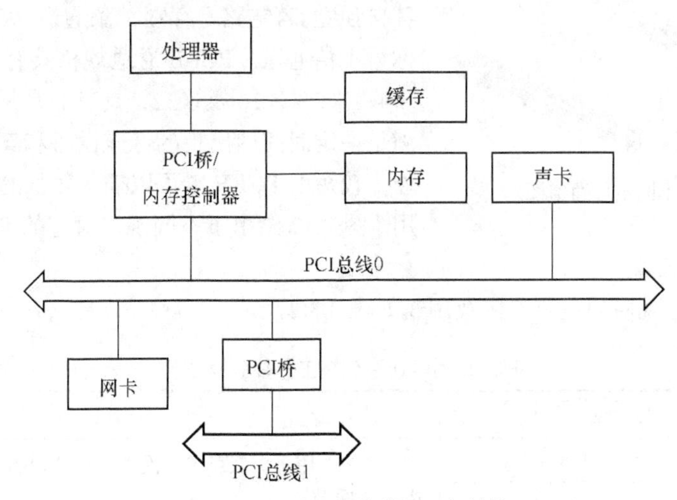

图 3.15　标准 PCI 总线的组织结构

这种架构的优点是结构简单、容易设计和制造成本低。缺点是在总线频率有限的情况下，多个外部设备共享总带宽，一旦总线上挂接的设备增多，每个设备的实际传输速率就会下降，性能得不到保证。总线结构已经成为微机性能的重要指标之一。目前，PCI 并行总线标准正在逐渐被 PCI Express 串行总线标准取代，只是过渡期会持续较长的一段时间。

② PCI Express 总线

PCI Express 是 2001 年 Intel 提出的新一代串行总线规范，用于取代 PCI 总线标准，全面提升微机部件间的总线传输速度，尤其是 CPU 和图形处理器之间的带宽。从图 3.16 可知，PCI-E 总线结构是一种点对点的连接方式。根联合体负责连接 CPU、存储子系统和交换器，构成体系中的根层。交换器再分出多条总线和外围设备连接，构成体系中的子层。体系中每个设备都有自己独立的数据连接，多个设备之间的并发数据传输不受影响。

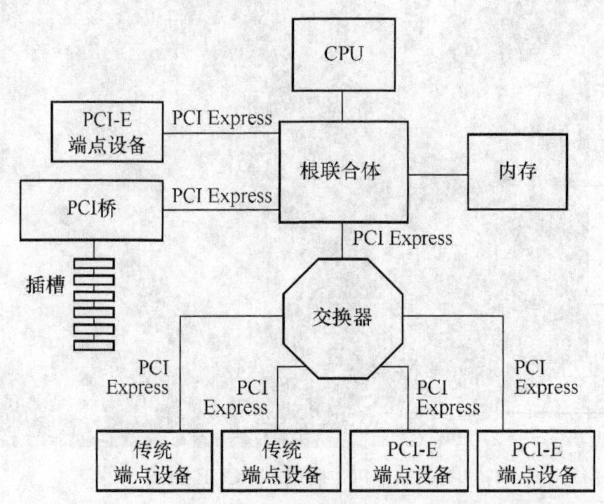

图 3.16　PCI-E 拓扑结构

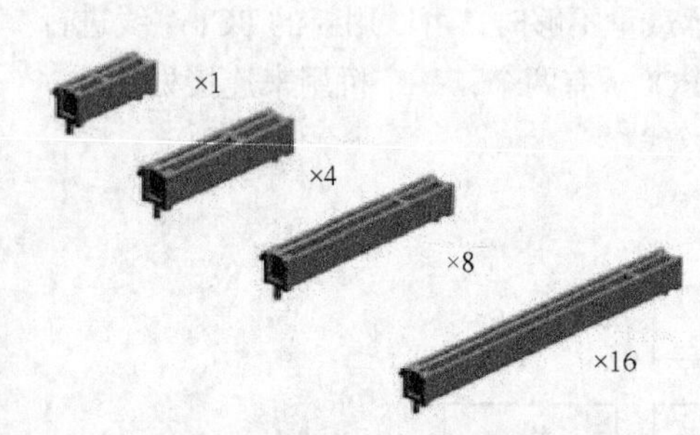

图 3.17　PCI-E 不同倍数通道图示

图 3.16 中的每条连线均代表着两个 PCI-E 设备之间的一条连接，该连接被称为链路。按照 PCI-E 通道规格，链路中可以同时存在多个并行通道，这些通道各自独立。若链路上存在 1 条通道，表示为 PCI-E ×1，称为 1 倍通道。PCI-E 通道规格共有 PCI ×1、×2、×4、×8、×16 及×32，具有非常强的伸缩性，能够满足一定时间内出现的低速设备和高速设备需求。此外，较短的 PCI-E 卡可以插入较长的 PCI-E 插槽中使用。图 3.17 给出了不同规格对应的 PCI-E 插槽，并行通道越多，插槽越长。

PCI-E 各种通道规格的主要参数及用途如表 3.3 所示。

表 3.3　PCI-E 各种通道规格主要参数及用途

通道数	总带宽（Gbit/s）	用途
×1	0.5	×1 和×2 用于扩展声卡、网卡等低速设备，这两种通道用于淘汰 PCI 插槽
×2	1	
×4	2	用来扩展磁盘阵列卡等中速设备
×8	4	×8、×16 和×32 用来扩展显卡等高速设备
×16	8	
×32	16	

（7）存储器接口

主板上的存储器接口主要是内存插槽和硬盘接口。

内存插槽是指主板上所采用的内存插槽类型和数量。主板所支持的内存种类和容量都由内存插槽来决定的。内存插槽如图 3.18 所示，插槽两侧均有卡扣，在内存条插入槽中后，起到固定作用。

图 3.18　内存插槽

硬盘接口是硬盘与主机系统间的连接部件，作用是在硬盘缓存和主机内存之间传输数据。不同的硬盘接口决定着硬盘与计算机之间的连接速度。硬盘接口分为 IDE、SATA、SCSI 和光纤通道四种。目前，微机上的硬盘接口标准是 SATA 接口，如图 3.19 所示。而 IDE 接口在微机市场上，正逐渐被 SATA 取代。SCSI 接口的硬盘则主要应用于服务器市场，而光纤通道只用于高端服务器上，价格昂贵。

图 3.19　SATA 接口

串行高级技术附件（Serial Advanced Technology Attachment，SATA），是由 Intel、IBM 及 Dell 等公司共同提出的硬盘接口规范。该规范最大的特点是高速度、支持热插拔和采用点对点的传输方式连接多个硬盘，因此没有主从盘之分。目前该规范的最新版本是 3.0，支持 6 Gbit/s 的传输带宽。

【思考】为什么目前主流的总线和接口技术都采用串行传输方式？

3.2.3　CPU

1. 微处理器的主要性能指标

CPU 的功能是衡量计算机性能的主要技术指标之一。具体地说，有如下指标被用来衡量 CPU 性能。

（1）CPU 主频

CPU 主频也称为工作频率，是 CPU 内核（整数和浮点运算器）电路的实际运行频率，所以也称作 CPU 内频。目前，主频的计量单位有 MHz、GHz。一般来说，主频越高，CPU 在一个时钟周期里完成的指令数也越多，运算速度也越快。因此，提升主频能有效提升 CPU 性能。

（2）CPU 外频和倍频

CPU 在计算过程中需要和内存及外设频繁交换数据。随着 CPU 运算速度的提升，CPU 和周边部件之间的速度差异越来越大，由此产生主频、外频和倍频的概念。CPU 外频是微处理器与主板的同步运行速度。主频比外频高出一定倍数，该倍数即为 CPU 的倍频，即主频 = 外频 × 倍频。在实际使用过程中，允许用户为 CPU 设置的工作频率和 CPU 的额定频率不一致，这就是通常所说的超频。在外频不变的情况下，提高倍频，CPU 主频也就越高。需要注意的是，如果不能准确设置 CPU 的主频，可能导致 CPU 工作不正常或不稳定。

（3）CPU 字长

CPU 字长是指 CPU 内部各寄存器之间一次能够传递的数据位，即在单位时间内（同一时间）能一次处理的二进制位数。CPU 内部有一系列用于暂时存放数据或指令的存储单元，称为寄存器。各个寄存器之间通过内部数据总线来传递数据，每条内部数据总线只能传递一位数据位。该指标反映出 CPU 内部进行运算处理的速度和效率。

（4）CPU 位宽

CPU 通过外部数据总线与外设之间一次能够传递的数据位数称为 CPU 位宽。

（5）X 位 CPU

通常用 CPU 的字长和位宽来表示 CPU。如果 CPU 的字长和位宽都是 32 位，则称为 32 位 CPU。如果字长 64 位、位宽 32 位，称为准 64 位 CPU。如果字长 32 位、位宽 64 位，称为超 32 位 CPU。

（6）高速缓冲存储器容量

CPU 的高速缓存（Cache）用于减少处理器访问内存所需平均时间。当处理器发出内存访问请求时，会先查看缓存内是否有请求数据。如果存在，则不经访问内存直接返回该数据；如果不存在，则要先把内存中的相应数据载入缓存，再将其返回处理器。因此，缓存的容量是衡量 CPU 性能的重要指标。

（7）核心数

核心数是指在一个集成电路中封装的独立处理器数量。核心数越多，系统能同时运行的线程越多。在主频提升到极限后，多核心是提升 CPU 性能的重要手段。

（8）制造工艺

制造工艺通常用 nm（纳米）来描述，精度越高，表示生产工艺越先进，所加工的连接线越细，可以在同样体积的硅材料上集成更多的元件，CPU 工作主频可以设置得更高。

2. 主流的微处理器

CPU 的主要生产厂商是 Intel 和 AMD。目前，80%的市场由 Intel 占有，AMD 的产品则以性价比驰名。Intel 有一个著名的芯片技术发展战略模式“Tick-Tock”，即“工艺年-架构年”模式：奇数年（Tick）更新制作工艺，偶数年（Tock）更新微处理器架构。正是 Intel 这种积极的战略发展模式，使得微处理器技术不断得以革新。

Intel 所生产的 CPU 大体可以划分为三个阶段（见图 3.20）：1971—2005 年的单核处理器、2006—2009 年的多核处理器以及 2010 年至今的智能处理器。

第一阶段是单核处理器：Celeron（赛扬）、Pentium（奔腾）、Pentium MMX（多能奔腾）、Pentium 2、Pentium 3、Pentium 4 和 Pentium M。这些产品中，Celeron 是 Intel 的低端产品，其微架构和 Pentium 一样，但是减少了二级缓存、前端总线频率也低于 Pentium。Pentium MMX 是 Intel 推出的一款增强多媒体处理的 CPU，超频能力很强，“超频”一词就是从当时开始流行。Pentium M 是专为笔记本电脑设计的 CPU，具有低功耗、高性能的特点。

第二阶段是多核处理器：Pentium D/E、Core Duo（酷睿双核）和 Core Quad（酷睿四核）。其中，Pentium D 是 Intel 第一款双核 CPU，但内部是由两个 Pentium 4 整合而成，性能不如 AMD 的双核 CPU Athlon 64 ×2。酷睿一代具有高性能、低功耗的特点，因此主要用在笔记本电脑上。酷睿二代是 Intel 革命性的产品，实现了单芯片上封装 2.9 亿个晶体管，性能提升 40%，功耗降低 40%，能够满足服务器、桌面和移动平台的需求。

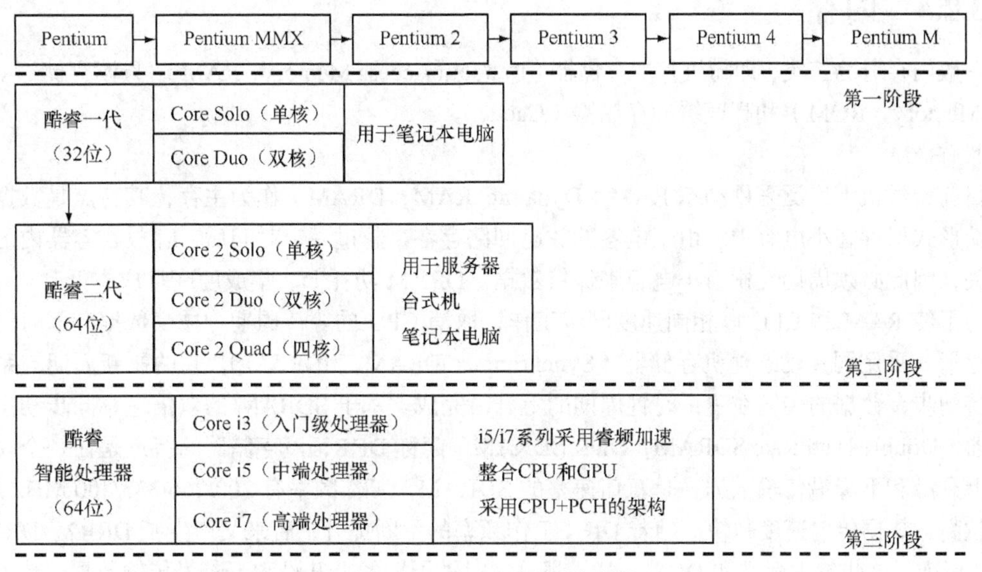

图 3.20 Intel CPU 发展阶段

第三阶段是智能处理器，即酷睿 i 系列（i3、i5、i7）。其中，i3 主要满足低端市场需求，i5 和 i7 主要满足中、高端市场需求。i 系列 CPU 之所以称为智能 CPU，是因为 Intel 在 i5、i7 CPU 中加入了睿频加速技术，使得 CPU 可以通过分析当前负载情况，智能地完全关闭一些用不上的核心，把能源留给正在使用的核心，并使它们运行在更高的频率，进一步提升性能；相反，需要多个核心时，动态开启相应的核心，智能调整频率。此外，Intel 将核心和图形处理器（Graphics Process Unit，GPU）整合在单一芯片中，整合后的 CPU 就具备了入门级独立显卡的图形处理能力，能够流畅的处理高清视频和杜比 True HD 等专业级音频信息。为了提高集成度、降低功耗，智能处理器都采用 CPU+PCH 的双芯片方案。必须指出的是 Intel 在 2012 年发布的第三代智能处理器中，创新地采用 3-D 三栅极晶体管提升性能。3-D 三栅极晶体管的发明标志着晶体管的架构从二维转换至三维，实现了架构上的大幅进化，是晶体管历史上的里程碑式发明，甚至可以说是“重新发明了晶体管”。

AMD 生产的 CPU 主要有 K5、K6、Athlon（速龙）、Athlon 64、Athlon 64 ×2、Turion 64 ×2（炫龙）和 Phenom（羿龙）。其中，K6 和 Intel 的 Pentium MMX 是同一时期产品，虽然 K6 的浮点运算能力低于 Pentium MMX，但其突出的性价比是其畅销的主要原因。2000 年，AMD 发布世界上第一款主频 1 GHz 的 CPU Athlon，将 Intel 带入主频攀升之争。2003 年，AMD 先于 Intel 发布首款家用 64 位 CPU Athlon 64，在 2005 年发布双核 CPU Athlon 64 ×2，以其出色的性能抢先占领了双核市场的制高点。Turion 64 ×2 是 AMD 在 2006 年发布的专用于笔记本上的 64 位双核 CPU。Phenom 是 AMD 在 2007 年推出的，型号分为三核心和四核心。

龙芯（Loongson）是中国科学院计算所自主研发的通用 CPU。它的诞生标志着我国在现代通用微处理器设计方面实现了“零”的突破，打破了我国长期依赖国外 CPU 产品的无芯历史。龙芯 1 号的频率为 266 MHz，最早在 2002 年开始使用。龙芯 2 号的频率最高为 1 GHz。龙芯 3A 是首款国产商用 4 核处理器，其工作频率为 900 MHz～1 GHz。龙芯 3A 的峰值计算能力达到 16 GFLOPS。龙芯 3B 是首款国产商用 8 核处理器，主频达到 1 GHz，支持向量运算加速，峰值计算能力达到 128 GFLOPS，具有很高的性能功耗比。

3.2.4 内存

一般内存分为三类，即随机存取存储器（Random Access Memory，RAM）、只读存储器（Read Only Memory，ROM）和高速缓冲存储器（Cache）。

1. RAM

目前，微机上广泛采用动态 RAM（Dynamic RAM，DRAM）作为主存，其特点是数据信息以电荷形式保存在小电容中。由于电容的放电回路存在，超过一定时间后，存放在容器内的电荷会消失，因此必须周期性刷新小电容来保持数据。DRAM 功耗低、集成度高且成本低。

为了使 RAM 和 CPU 以相同速度同步工作，取消 CPU 的等待周期，减少数据存取时间，目前内存形式采用同步动态随机存储器（Synchronous DRAM，SDRAM），它的刷新周期与系统时钟保持同步，数据的传输在一个时钟周期的上升沿完成。基于 SDRAM 的双倍速率同步动态随机存储器（Double Data Rate SDRAM，DDR SDRAM）简称 DDR，该存储器的特点是在一个时钟周期的上升沿和下降沿传输数据，是双倍速率的 SDRAM，工作频率有 200/266/333/400 MHz 几种，频率越高，数据传输速度越快。随着 DDR 工作频率的不断提升，后来又产生了 DRR2、DRR3 及 DDR4 标准，这些技术标准和 DDR 一样，都是在时钟周期的上升沿和下降沿传输数据，其关键区别是内存的工作频率在不断提升。表 3.4 列出这些标准的详细信息。

表 3.4 DDR SDRAM 标准

标准	工作频率（MHz）	引脚数	最低存取速度
DDR	200/266/333/400	184 针	2 倍
DDR2	400/533/667/800/1 066	240 针	4 倍
DDR3	800/1 066/1 333/1 600/1 866/2 133	240 针	8 倍

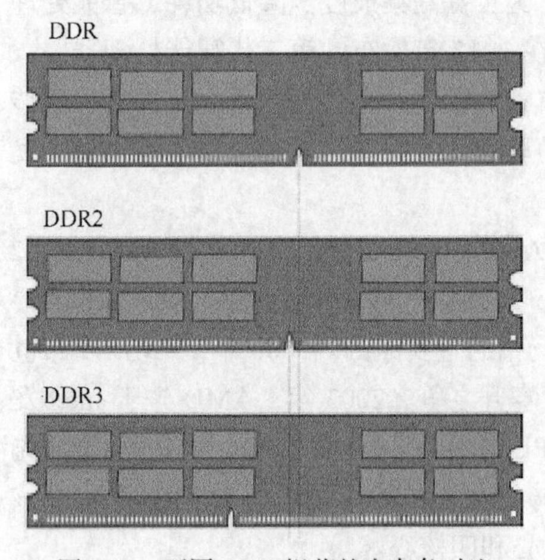

图 3.21 不同 DDR 规范的内存条对比

微机上使用的 DRAM 被制作成内存条的形式，需要插在主板的内存槽上使用。如图 3.21 所示，位于内存条下方的金属引脚（俗称“金手指”）是内存条与内存槽之间的连接部件，所有信号都通过金手指传送。内存条的容量有 1 G 或 2 G 等不同规格。目前主流的内存规范是 DDR3，最新的 DDR4 规范已于 2012 年底公布，预计市场会在 2015 年普及 DDR4 内存。

2. ROM

RAM 在断电时无法保存信息，反过来理解，就是微机在通电时，RAM 中是没有数据的。那么指示计算机启动并从硬盘加载操作系统内核的引导加载程序被保存在哪里呢？这段引导加载程序是计算机系统中最重要的基本输入输出程序（Basic Input/Output System，BIOS）被固化到主板的只读存储器（Read Only Memory，ROM）中形成的，即 ROM 芯片在制造过程中，将 BIOS 烧录于线路中，一旦存入，不能更改，断电状态下也能读取。现在，在微机上采用电可擦写 ROM（Electrically-Erasable Programmable ROM，EEPROM）或 Flash ROM 的存储元件，构成了 ROM BIOS。现在的主板还在 BIOS 芯片中加入了电源管理、CPU 参数调整、系统监控及病毒防御等功能。

3. Cache

目前，CPU 的计算速度是 1 ns 级别，主存访问速度是 100 ns 级别，处理器性能每 2 年翻一番，而存储器的性能每 6 年翻一番。内存的存取速度严重滞后于处理器的计算速度，内存瓶颈导致高性能处理器难以发挥出应有的功效。早在 1994 年科学家就分析并预测到了这一问题，并将该问题命名为"内存墙"。高速缓冲存储器（Cache）是缓解"内存墙"的方法之一。其工作原理为：程序执行时对存储器的访问倾向于局部性，即 CPU 处理了某一地址上的数据后，接下来要读取的数据很可能就在后继的地址或邻近的地址上，于是可把这段代码一次性地从内存复制到 Cache 中。CPU 要访问内存中的数据，先在 Cache 中查找，如果 Cache 中有 CPU 所需的数据时（称为命中），CPU 直接从 Cache 中读取；如果没有，再从内存中读取数据，并把与该数据相关的一部分内容复制到 Cache，为下一次访问做好准备。只要算法得当，在 Cache 中的命中率一般很高，平均可达 80%左右。图 3.22 示意了 Cache 的工作原理。

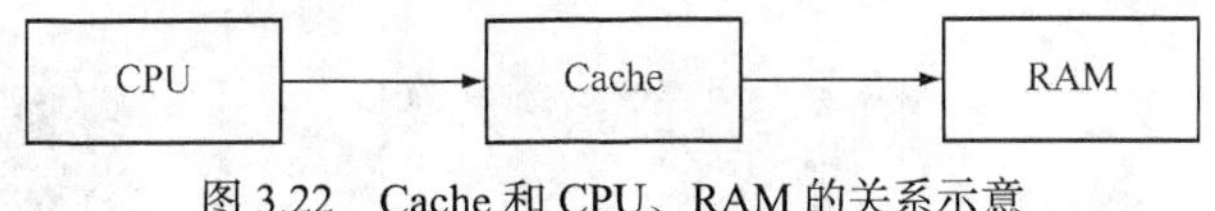

图 3.22　Cache 和 CPU、RAM 的关系示意

Cache 一般采用静态随机存取存储器（SRAM）构成，它的访问速度是 DRAM 的 10 倍左右，但是价格昂贵、存储密度更低。处理器中的 Cache 一般分为一级、二级和三级，每级缓存比前一级缓存速度更慢但容量更大。通常情况下，三级缓存都被集成到 CPU 内部，但多核处理器的一、二级缓存往往被集成到核心内，多核心之间共享三级缓存。

3.2.5　微机常用外部设备

1. 常用输入设备

计算机的基本输入设备包括键盘和鼠标器（简称鼠标），其他常用输入设备还有话筒、数字摄像头、扫描仪、触摸屏、光笔、磁卡读入机、条形码读入机和数字化仪等。

（1）键盘

键盘是计算机系统中最主要、最基础的输入设备，主要用来输入数据、文本、程序和字符串交互命令。目前 PC 机上常用的键盘是美国标准 101 键盘、104 键盘及中文键盘等，如图 3.23 所示。

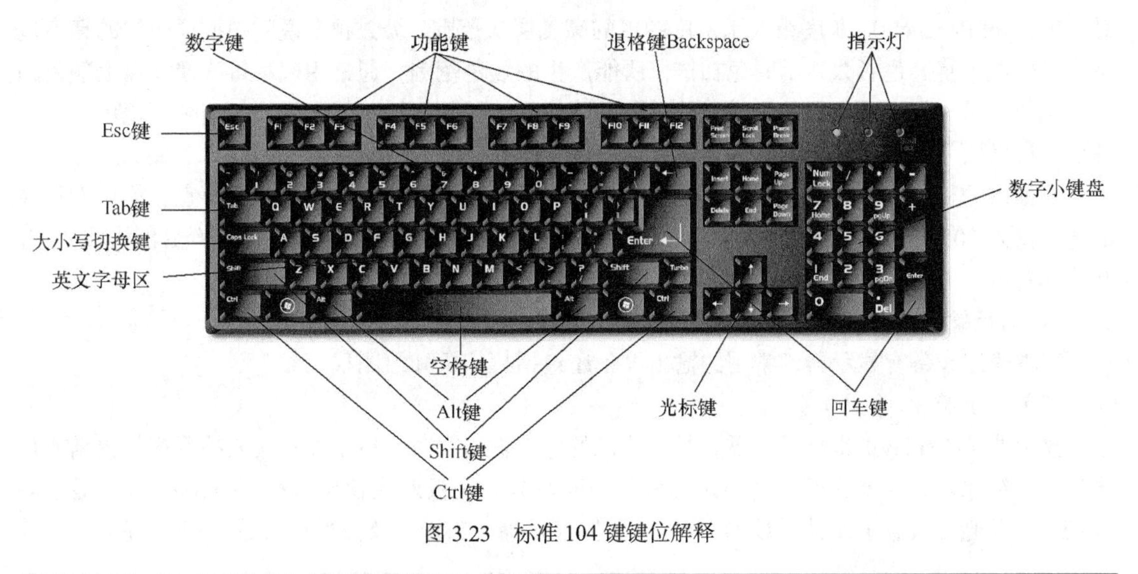

图 3.23　标准 104 键键位解释

在使用键盘时，用户配合观察显示屏上的光标位置，输入需要的字符（字母、数字与汉字）。每当在键盘上按下一个按键时，根据该按键的位置，键盘电路把该字符转换成相应的二进制代码，再通过电缆传送给主机，主机接收后再传送到显示器，供用户核对。

（2）鼠标

鼠标器，即鼠标用于控制显示屏上光标的移动位置，向主机输入用户所选中的操作命令或对象的一种指点式输入设备。其价格低廉、使用方便，广泛用于图形界面的环境中，可通过专用的计算机鼠标接口 PS/2 或 USB 接口与主机相连。鼠标器从原理上可分为机械式鼠标、光电式鼠标和光机式鼠标三类。现在流行的鼠标多是光电式鼠标，包括左右两个按键和处于左右两按键之间的飞轮，具体的使用方法在不同的系统或应用程序中有不同的约定。

鼠标是指点设备中最便宜的一种，轨迹球、触摸屏等是比较高端、能够精确定位的指点设备，如图 3.24 所示。

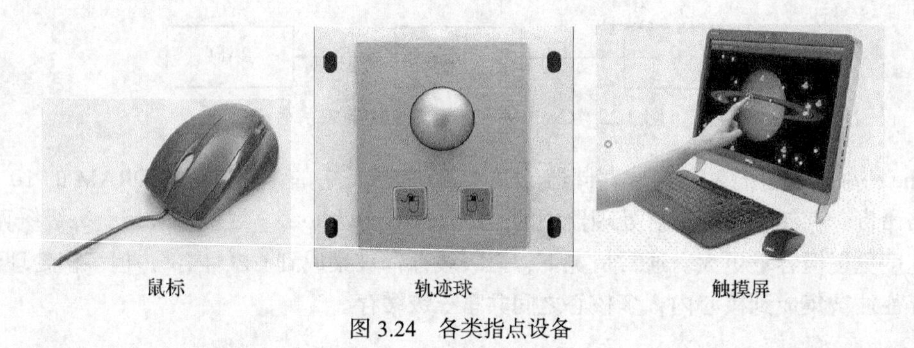

图 3.24　各类指点设备

（3）扫描仪

扫描仪是一种集光、电、机于一体的计算机外设，它的基本工作原理是通过传动装置驱动扫描组件（光源、电荷藕合器件）将各类文档、相片、幻灯片、底片等稿件经一系列的光、电转换，最终形成计算机能识别的数字信号，再由控制扫描仪操作的扫描软件读出这些数据，并重新组成图像文件，供计算机存储、显示。

扫描仪的性能指标主要是分辨率、灰度级和色彩数，另外，还有扫描速度、扫描幅面等。分辨率表示了扫描仪对图像细节的表现能力，通常用每英寸长度上扫描图像所含像素数来表示，记做 DPI（Dot Per Inch）。灰度级表示灰度图像的亮度层次范围，级数越多说明扫描仪图像的亮度范围大，层次丰富。色彩数表示彩色扫描仪所能产生的颜色范围，通常用表示每个像素点上颜色的数据位数表示。扫描速度通常用指定分辨率和图像尺寸下的扫描时间表示。扫描幅面表示可扫描图稿的最大尺寸，常见的有 A4、A3 以及 A2 等。

扫描仪的种类主要有手持式扫描仪和平板式扫描仪。手持式扫描仪轻巧而便宜，但一次扫描的宽度仅为 105 mm（约 4Inch），使用不便。高档平板式扫描仪价格很高，低档产品价格较便宜，几百元左右，能为一般用户接受。

2. 常用输出设备

基本输出设备有显示器，常用的输出设备还包括打印机和绘图仪。

（1）显示器

显示器（Display）也称监视器，是计算机的标准输出设备，用于显示输入的程序、数据或程序的运行结果。显示器按照主要显示器件的不同可分为阴极射线管显示器（CRT）、液晶显示器（LCD）、发光二极管显示器（LED）、等离子体显示器（PDP）及荧光显示器（VF）等类型。其中，CRT用于台式计算机，平板型显示器多用于笔记本电脑，LCD显示器使用范围最广。

显示器的主要技术参数有以下几个方面。

① 屏幕尺寸

屏幕尺寸依荧幕对角线计算，通常以英寸（inch）作为单位，目前主流尺寸有17in、19in、21in、22in、24in和27in等，指荧幕对角的长度。

② 宽高比

常用的显示屏又有标屏（窄屏）与宽屏，标屏宽高比为4∶3（还有少量比例为5∶4），宽屏宽高比为16∶10或16∶9。在对角线长度一定情况下，宽高比值越接近1，实际面积则越大。宽屏比较符合人眼视野区域形状。

③ 分辨率

像素屏幕上能被独立控制其颜色和亮度的最小区域，即荧光点，是显示画面的最小组成单位。屏幕像素的点阵，通常写成（水平点数）×（垂直点数）的形式。常用的有640×480、800×600、1 024×768、1 024×1 024及1 600×1 200等，目前分辨率为1 024×768的显示器最为普遍。

④ 点距

点距是屏幕上荧光点之间的距离，它决定像素的大小以及屏幕能够达到的最高分辨率，点距越小越好。

⑤ 灰度和颜色

灰度是指像素亮度的差别，采用二进制数进行编码，位数越多，级数越多。增加颜色种类和灰度等级主要受到显示存储器容量的限制。

⑥ 刷新率

刷新率是指每分钟屏幕画面更新的次数。刷新频率越高，画面闪烁越小。刷新率一般是60～200 Hz。

（2）打印机

打印机是将计算机的运行结果打印在纸上或其他介质上的输出设备。按打印颜色分类有单色打印机和彩色打印机；按工作方式分类有击打式打印机和非击打式打印机。其中，击打式打印机使用最多的是点阵打印机，非击打式打印机使用最多的是激光打印机和喷墨打印机。

① 点阵打印机

也称为针式打印机。超市中用于收银的POS小票打印机就是这类打印机。由走纸部件、打印头和色带组成。打印头由24根纵向排列的打印针组成点阵，打印头左右移动，打印针根据主机并行口送来的各个信号，使打印头中一部分打印针击打色带，从而在打印纸上印出一个个由点阵构成的字符。点阵打印机噪声大、针易坏、速度慢，但价格便宜，消耗材料也便宜。

② 喷墨打印机

这类打印机使用范围最广。使用喷墨来代替针打，靠墨水通过精制的喷头射到纸面上形成输出字符或图形。喷墨打印机体积小、噪声小、打印质量高且价格便宜，适合个人购买，但它的消耗材料的价格较高（一是纸张要求较高，二是墨水较贵且消耗大）。目前常用的有Epson、Canon iP系列和HP Desk Jet系列等。

③ 激光打印机

是激光技术与电子照相技术的复合产物，其原理类似于复印机。激光打印机印字质量高、噪声极低且打印速度高，但价格昂贵，纸张要求高。常用的激光打印机有联想Laser Jet系列，Canon系列，EPSON系列，HP Laser Jet系列等。

④ 高速打印机

大型计算机系统通常都使用高速打印机，在 1 min 内完成数十页文档的打印。高速打印机一般包括高档激光打印机和高速击打式打印机（也称为链式打印机、带式打印机和行式打印机，因为它们每打一次便能输出一整行，每分钟最多能打印 2 000 行）。高速打印机主要应用于商业领域，如银行、信用卡公司以及每个月都需要输出大量报表和票据的单位。

（3）绘图仪

绘图仪专门用于输出图表、素描、蓝图和其他图形等“硬拷贝”。绘图仪可以方便地绘制大尺寸、高精确度的图形，如工程制图、建筑制图等，是 CAD（计算机辅助设计）系统的主要输出设备。对绘图仪可以根据不同的标准进行分类，从原理上分为彩色绘图仪、喷墨绘图仪及 LED（发光二极管）绘图仪等；从外观上分为平板式绘图仪和滚筒式绘图仪。平板式绘图仪，纸张固定在平板上，依靠绘图笔在计算机输出的信号控制下沿 *X* 轴和 *Y* 轴方向移动，从而在纸张上绘出图形。滚筒式绘图仪则是在计算机的指挥下，使贴在滚筒上的绘图纸沿垂直方向运动，而使绘图笔沿水平方向移动，从而在纸和笔的配合下完成一幅图形的输出。

3. 辅助存储器

为了存放更多的数据，就需要配置磁盘、光盘、软盘等辅助存储器。外存中的数据一般不能直接传输到运算器，只能成批地将数据先送到内存，再进行处理。常用的外存储器有软盘、硬盘、光盘及 Flash 存储设备等，如图 3.25 所示。

图 3.25　各种外存及其驱动设备

（1）硬盘

硬盘的物理组织结构如图 3.26 所示。硬盘由若干个磁性圆盘组成，圆盘的每个面都能记录信息，每个面依次编号为 0 面、1 面……。由于每个盘面对应一个读写磁头，所以也常用磁头号来代替盘面号。将磁盘表面逻辑划分为若干同心圆环，每个同心圆称为 1 条磁道，从外向里编号为 0～79，共 80 道。磁道又等分为若干段，每段称为一个扇区。一个扇区一般可存放 512B 的数据。各个盘面上相同编号的磁道构成一个柱面，柱面数等同于每个盘面上的磁道数。根据硬盘的磁头数、柱面数和扇区数，就可计算出硬盘容量，即：

硬盘的存储容量=磁头数 × 磁道（柱面）数 × 每道扇区数 × 每道扇区字节数。

如某品牌的硬盘有 32 个磁头，4 096 个柱面，每个磁道上有 63 个扇区数，其容量为：32×4 096×63×512≈4.2 GB。

目前的主流硬盘转速为 7 200 r/min，存储容量达到上百 GB 或几 TB，但仍然采用了 IBM 公司在 1973 年发明的“温彻斯特（Winchester）”技术，即硬盘读/写时，由于磁性圆盘高速旋转产生的托力使磁头悬浮在盘面上方而不与盘片直接接触，磁头沿高速旋转的盘片做径向移动。

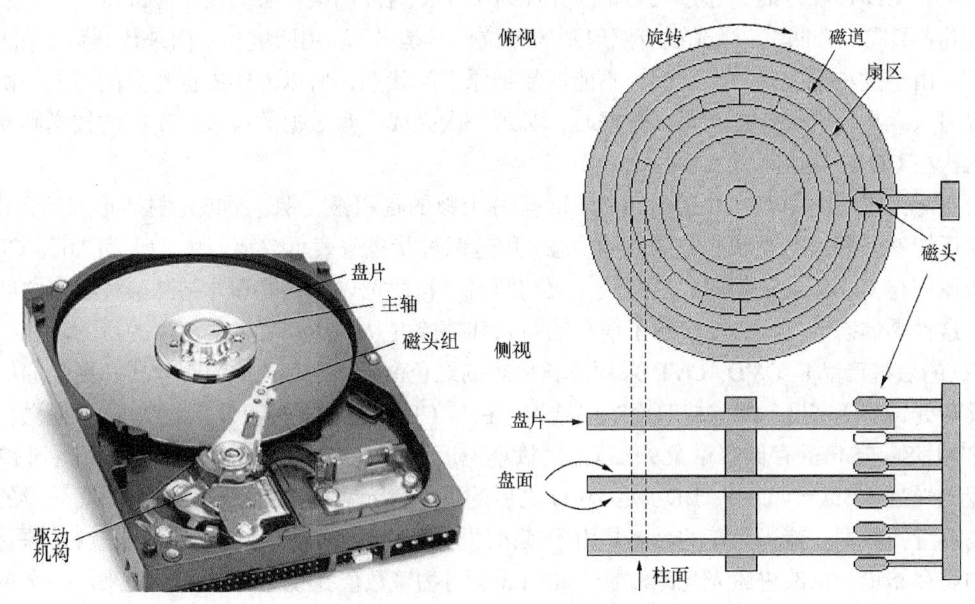

图 3.26 硬盘的物理组织结构示意

（2）软盘

软盘存储器包括软盘驱动器（软驱）和盘片，分为 3.5 in 和 5.25 in 两种软盘。平时大家所说的软盘往往是指盘片，是用柔软的聚酯材料制成的圆形底片，在表面涂有磁性材料，被封装在护套内。盘片逻辑地划分成若干个同心圆，每个同心圆称为一个磁道，磁道由外向内编号，最外面的一个同心圆编为 0 磁道。磁道又等分成若干段圆弧，每个圆弧称为一个扇区。一个扇区可以存放 512 B 的数据。磁盘的存储容量可以由下面的公式算出：

磁盘总容量=记录面数×磁道数×扇区数×扇区字节数

如平常大家所说的高密软盘有 80 磁道、每个磁道包括 18 个扇区，可双面存储，其存储容量为：80×18×512×2=1 474 560 B=1 440 KB≈1.44 MB

（3）光介质存储器

光介质存储器也是微型计算机上使用较多的存储设备。它利用专用设备，如 CD-ROM（Compact Disk-ROM）、DVD-ROM（Digital Versatile Disc-ROM）等驱动器读取光盘上的信息。因为光盘存储容量大，价格便宜，保存时间长，适宜保存大量的数据，如声音、图像、动画、视频信息及电影等多媒体信息，所以光驱是多媒体计算机不可缺少的硬件配置。

按光盘的读写性能，可分为只读型和可读写型。只读光盘上的数据采用压模方法压制而成，用户只能读取上面的数据，不能写入或修改光盘上的数据。它适宜用于大量的、通常不需要改变的数据信息的存储，如软件、电子出版物等。

可读写型光盘中的刻录光盘（CD-Recordable，CD-R）的特点是只能读写一次，写完后的 CD-R 光盘无法被改写，但可以在 CD-ROM 驱动器和 CD-R 刻录机上被多次读取，可用于重要数据的长期保存。CD-R 容量一般为 680 MB。

CD-R 光盘由合成塑胶的片基层、记录信息的染料层、由黄金或白银构成的反射层和保护漆层组成，直径为 12 cm。它的信息记录材料是有机染料，这些染料在激光的作用下会产生变化，从而达到记录数据的目的。

在刻录 CD-R 盘片时，通过大功率激光照射 CD-R 盘片的染料层，使相应部位的燃料层发生化学变化，形成一个凹坑；激光没有照射到的部位仍然是平面，用凹坑和平面来代表数字信息“1”和“0”。由于这种变化是一次性的，不能恢复到原来的状态，所以 CD-R 盘片只能写入一次，不能重复写入。早期的 CD-R 在写入数据时，必须一次完成全盘数据的写入。现在的技术则允许用户分几次在 CD-R 盘片上写入数据。

可重写光盘 CD-RW（CD ReWritable），盘片上镀的是用银、铟、硒或碲材质形成的记录层，这种材质能够呈现出结晶和非结晶两种状态，用这两种状态来表示数字信息“1”和“0”。CD-RW 的刻录原理与 CD-R 大致相同，通过激光束的照射，材质可以在结晶和非结晶两种状态之间相互转换，这种晶体态的互换，就实现了信息的写入和擦除，从而达到可重复擦写的目的。

CD 的后继产品是 DVD。DVD 采用波长更短的红色激光、更有效的调制方式和更强的纠错方法，具有更高的道密度，并支持双面双层结构，在与 CD 大小相同的盘片上，DVD 可提供相当于普通 CD 片 8 ~ 25 倍的存储容量及 9 倍以上的读取速度。例如，双层双面 DVD 的容量可达到 17 GB。

蓝光光盘（Blu-ray Disc，BD）是 DVD 之后的下一代光盘格式之一，用以存储高质量的影音以及高容量的数据。蓝光光盘的命名是由于其采用波长 405 nm 的蓝色激光光束来进行读写操作，蓝光的高存储量是从改进激光光源波长（405 nm）与物镜数值孔镜（0.85 nm）而来。一个单层的蓝光光盘的容量为 25 GB，足够录制一个长达 4 小时的高解析视频。双层的蓝光光盘容量为 50 GB，足够刻录一个长达 8 小时的高解析视频。2010 年 6 月制定的蓝光 BDXL 规格，支持 100 GB 和 128 GB 的蓝光光盘。

光盘驱动器就是平常所说的光驱，是一种读取光盘信息的设备，如图 3.27 所示。光驱按读写方式又可分为只读光驱和可读写光驱，如 CD-ROM 光驱和 DVD-ROM 光驱。其中 CD-ROM 光驱只能读 CD 光盘，DVD-ROM 光驱可以读取 CD 和 DVD。可读写光驱又称为刻录机，它既可以读取光盘上的数据也可以将数据写入光盘，如 COMBO（康宝）光驱是一种集合了 CD、DVD 读取和 CD 刻录的光驱，DVD 刻录光驱既能读取 CD、DVD 光盘，也能刻录 CD、DVD 光盘。

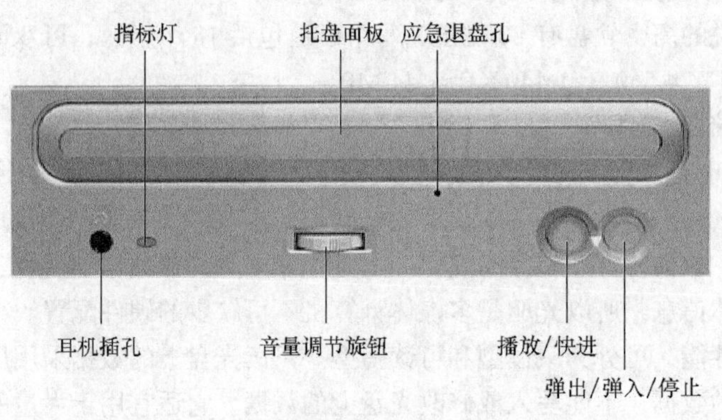

图 3.27　光驱

衡量光盘驱动器传输数据速率的指标是倍速。CD 光驱的单倍速（1X）为 150 KB/s，那么双倍速（2X）即指为 300 KB/s。市面上的 CD-ROM 光驱一般都在 48X、50X 以上，最高为 64X。DVD 光驱的单倍速是 1 350 KB/s，目前，DVD 光驱的最高倍速是 20 倍。

（4）Flash 存储设备

Flash 存储设备（Flash Memory）是一种新型非易失性半导体存储器，即在无电源状态仍能保持片内信息，不需要特殊的高电压就可实现片内信息的擦除和重写。其名称来源于 TOSHIBA 公司用“Flash”来描述这种存储器的瞬间清除能力。

Flash 存储设备使用 Flash Memory 芯片构成的存储介质，被广泛地应用于数字摄像机、数码相机、智能手机、MP3 播放器、平板电脑、数字录音机、个人数字助理和计算机等方面，如图 3.28 所示。

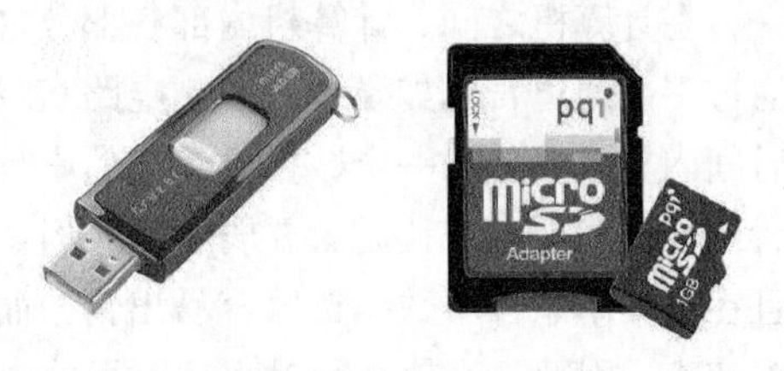

图 3.28　Flash 存储设备

作为计算机上使用的移动存储设备，它采用 USB 接口，可用于存储任何数据文件，并且在计算机间方便地交换文件。由于闪存盘没有机械读写装置，避免了硬盘容易碰伤、跌落等原因造成的损坏。其可擦写 100 万次的性能更是大大加强了数据的安全性。

3.2.6　总线

任何一个微处理器都要与一定数量的部件和外围设备连接，为了简化硬件电路设计、简化系统结构，常常使用一组线路，配置以适当的接口电路，与各部件和外围设备连接，这组共用的连接线路被称为总线（Bus）。总线就像高速公路，总线上传输的信号就像高速公路上行驶的汽车，显而易见，在单位时间内公路通过的车辆数量直接依赖于公路的宽度和质量。因此，总线技术成为微机系统的一个重要方面。采用总线结构便于部件和设备的扩充，尤其制定了统一的总线标准则容易使不同设备间实现互连。

微机中的总线按连接部件的不同分为内部总线、系统总线和外部总线三个层次。内部总线位于 CPU 芯片内部，用于连接 CPU 的各个部件；系统总线是指主板上连接微机中各大部件的总线；外部总线是微机和外部设备之间的总线，微机作为一种设备，通过该总线和其他设备进行信息与数据的交换。

微机中的总线按所传输的信息不同分为数据总线（Data Bus，DB）、地址总线（Address Bus，AB）和控制总线（Control Bus，CB）三类。数据总线用于 CPU 与内存或 I/O 接口之间的数据传递，信息的传输是双向的（可传入到 CPU，也可以由 CPU 传送出），其线路条数由 CPU 的字长决定；地址总线用于存储单元或 I/O 接口的地址信息，信息的传输是单向的，其线路的条数决定了 CPU 能管理的内存容量；控制总线用于传输各种控制信息，信息的传输是双向的，其线路条数由 CPU 的字长决定。

微机中的总线按照通行方式可分为串行总线和并行总线。串行通信是指在计算机总线或其他数据通道上，每次传输一位的数据。并行通信指 8 位数据同时通过并行线进行传送，这样数据传送速度大大提高。并行通信和串行通信方式如图 3.29 所示。

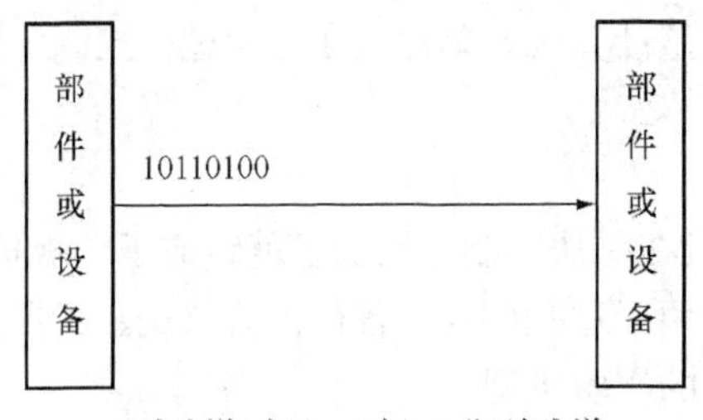

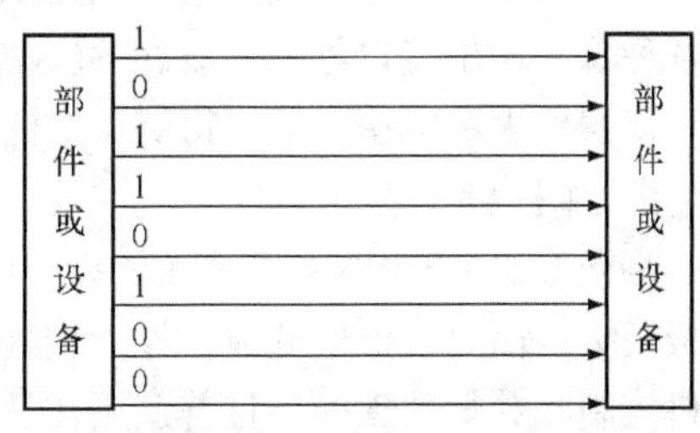

图 3.29　并行通信和串行通信方式对比

在计算机之间、计算机内部各部分之间，通信可以以串行或并行的方式进行。一个并行连接通过多个通道（例如导线、印制电路布线和光纤）在同一时间内传播多个数据流；而串行在同一时间内只连接传输一个数据流。虽然串行连接单个时钟周期能够传输的数据比并行数据更少，前者传输能力看起来比后者要弱一些，但实际的情况却常常是并行通信传送的线路长度受到限制，且在高频率条件下数据传输容易出错，而串行通信更容易提高通信时钟频率，从而提高数据的传输速率。因此，当前一段时间，串行总线通信是主流的通信方式，比如 PCI-E 取代了 PCI，SATA 取代了 PATA……但是，随着通信技术的进步，将来串行总线肯定会逐渐被并行总线取代。

微机采用开放的体系结构由多个模块构成，微处理器、存储器、I/O 接口与外部设备等的逻辑关系，如图 3.30 所示。

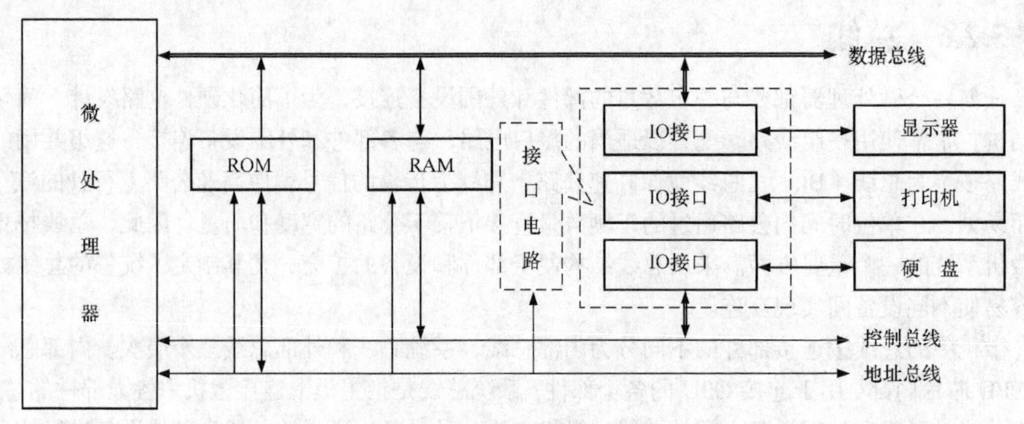

图 3.30　微机系统逻辑关系

总线标准

过去，总线标准主要包括 AGP（Accelerated Graphics Port，AGP）总线和 PCI（Peripheral Component Interconnect，PCI）总线。其中，AGP 总线是加速图形接口总线，是专用的显示总线，为显卡和 CPU 之间提供高带宽的数据传输。PCI 总线在 CPU 和外部设备之间提供了一条独立的数据通道，是并行总线标准。AGP 总线和 PCI 总线正在逐渐被 PCI Express 总线替代。

3.2.7　微机分类

微机分类的方式很多，按常见的综合方式分类，可以分为以下几类：

1. 单片机

单片机是指利用大规模集成电路工艺把中央处理器、存储器、定时/计数器（Timer/Counter）和各种输入输出接口等都集成在一块集成电路芯片上的微型计算机。单片机在工业过程控制、智能化仪器仪表和家用电器中得到了广泛的应用。

2. 单板机

将微型机的 CPU、内存和 I/O 接口电路等多个芯片安装在一块印制电路板上就组成了单板机。单板机结构简单，价格低廉，性能较好，经过开发后，可用于过程控制、各种仪器仪表、机器的单机控制和数据处理等，且普遍用作学习“微型机原理”的实验机型。

3. 台式机

台式机（desktop）成为目前微型计算机的通称。按其 CPU 的种类，包括 Intel 系列（及其兼容处理器系列）、Motorola 系列（PowerPC）和 RISC 处理器系列。台式计算机适应性强，配套软件众多，涵盖各种应用领域且对环境要求较低，得到了极广泛的应用。另外，由于台式计算机各部件设计都很标准化和模块化，市场上很易购买，因此自己组装很方便。

4. 服务器

服务器是在多机环境，即网络环境中，存放共享资源及提供运算能力的计算机。这类微机要求运算能力强，存储容量大，处理输入输出数据的速度快。专用服务器一般对内部的总线结构和接口控制有专门的设计，高档的服务器还采用了多 CPU、磁盘阵列及热拔插等技术，因此服务器一般都是品牌机，价格昂贵。

5. 便携式微机

便携式微机是一种体积极小、重量极轻，但功能很强的便携式微型机。从便携式微机又衍生出膝上微型机（又称为笔记本计算机）、掌上微型机（又称为个人数字助手（PDA）、掌上电脑）及平板电脑。便携式计算机的特点是：可移动、轻便和可携带。

习 题 3

一、单项选择题

1. 构成计算机的电子和机械的物理实体称为（　　）。
   A. 主机　B. 外部设备　C. 计算机系统　D. 计算机硬件系统
2. 在下列存储器中，存取速度最快的是（　　）。
   A. 软盘　B. 光盘　C. 硬盘　D. 内存
3. 在下列存储器中，存储速度最慢的是（　　）。
   A. U 盘　B. 光盘　C. 硬盘　D. 内存
4. ROM 的意思是（　　）。
   A. 软盘存储器　B. 硬盘存储器　C. 只读存储器　D. 随机存储器
5. 现今世界无论哪个型号的计算机的工作原理都是（　　）原理。
   A. 程序设计　B. 程序运行　C. 存储程序　D. 程序控制
6. 下面（　　）组设备包括输入设备、输出设备和存储设备。
   A. 显示器、CPU 和 ROM　B. 磁盘、鼠标和键盘
   C. 鼠标、绘图仪和光盘　D. 磁带、打印机和调制解调器
7. 以下计算机语言中，（　　）属于低级语言。
   A. C 语言　B. 汇编语言　C. BASIC 语言　D. JAVA 语言
8. CPU 每执行一个（　　），就完成一步基本运算或判断。
   A. 软件　B. 指令　C. 硬件　D. 语句
9. 在下列软件中，属于应用软件的是（　　）。
   A. UNIX　B. WPS　C. Windows 2000　D. DOS
10. 一个完整的计算机系统是由（　　）组成的。
    A. 软件　B. 主机　C. 硬件和软件　D. 系统软件和应用软件
11. 微型计算机通常是由（　　）等几部分组成的。
    A. 运算器、控制器、存储器和输入/输出设备
    B. 运算器、外部存储器、控制器和输入/输出设备

C. 电源、控制器、存储器和输入/输出设备

D. 运算器、放大器、存储器和输入/输出设备

12. 在一般情况下，外存储器中存放的数据，在断电后（　　）失去。

A. 不会　B. 完全　C. 少量　D. 多数

13. 硬盘工作时应特别注意避免（　　）。

A. 噪声　B. 震动　C. 潮湿　D. 日光

14. PC 机的更新主要基于（　　）的变革。

A. 软件　B. 微处理器　C. 存储器　D. 磁盘容量

15. CD-ROM 是一种（　　）的外存储器。

A. 可以读出，也可以写入　B. 只能写入

C. 易失性　D. 只能读出，不能写入

16. 某公司的工资管理程序属于（　　）。

A. 应用软件　B. 系统软件　C. 工具软件　D. 字表处理软件

17. 在 PC 机上通过键盘输入一段文章时，该段文章首先存放在主机的（　　）中，如果希望将这段文章长期保存，应以（　　）形式存储于（　　）中。

A. 内存、文件、外存　B. 外存、数据、内存

C. 内存、字符、外存　D. 键盘、文字、打印机

18. 现代计算机之所以能自动地连续进行数据处理，主要因为（　　）。

A. 采用了开关电路　B. 采用了半导体器件

C. 具有存储程序的功能　D. 采用了二进制

19. 在微型计算机中，常见到的 EGA、VGA 等是指（　　）。

A. 微机型号　B. 显示器适配卡类型

C. CPU 类型　D. 键盘类型

20. 硬盘的容量越来越大，常以 GB 为单位，已知 1 GB = 1 024 MB，则 1 GB 等于（　　）B。

A. 1 024×1 024×8　B. 1 024×1 024

C. 1 024×1 024×1 024×8　D. 1 024×1 024×1 024

21. 计算机存储器中的一个字节可以存放（　　）。

A. 一个汉字　B. 两个汉字　C. 一个西文字符　D. 两个西文字符

22. 在下列设备中，既是输入设备又是输出设备的是（　　）。

A. 显示器　B. 磁盘驱动器　C. 键盘　D. 打印机

23. 计算机语言的发展经历了（　　）、（　　）和（　　）几个阶段。

A. 高级语言　汇编语　机器语言　B. 高级语言　机器语言　汇编语言

C. 机器语言　高级语言　汇编语言　D. 机器语言　汇编语言　高级语言

24. 磁盘存储器存、取信息的最基本单位是（　　）。

A. 字节　B. 字长　C. 扇区　D. 磁道

27. 关于随机存储器（RAM）功能的叙述，（　　）是正确的。

A. 只能读，不能写　B. 断电后信息不消失

C. 读写速度比硬盘慢　D. 能直接与 CPU 交换信息

28. 计算机的内存通常是指（　　）。

A. ROM　B. RAM　C. 硬盘　D. ROM 加 RAM

29. “32 位微型计算机”中的 32 是指（　　）。

A. 微机型号　　B. 内存容量　　C. 存储单位　　D. 机器字长

二、判断题

1. CPU 是计算机的心脏，它只由运算器和控制器组成。（　　）
2. 存储器分为内存储器、外存储器和高速缓存。（　　）
3. 内存可以分为 ROM 和 RAM 两种。（　　）
4. 针式打印机非常适用于会计工作中的票据打印，而激光、喷墨打印机更多用于正式财务会计报告的打印。（　　）
5. 外存中的数据可以直接进入 CPU 被处理。（　　）
6. 硬盘通常安装在主机箱内，因此，硬盘属于内存。（　　）
7. 突然断电，RAM 中保存的信息全部丢失，ROM 中保存的信息不受影响。（　　）
8. ASCII 码是计算机内部唯一使用的统一字符编码。（　　）
9. 操作系统是用户与计算机之间的接口。（　　）
10. 所有微机上都可以使用的软件称为应用软件。（　　）
11. 在计算机中，表示信息的最小单位是位（bit）。（　　）
12. 一台计算机只有在安装了操作系统后才能使用。（　　）
13. 内存越大，机器性能越好，内存速度应与主板、总线速度匹配。（　　）
14. 常见的外存储器分为磁介质和光介质两类，包括软盘、硬盘、光盘等。（　　）
15. 微机中的系统主板就是 CPU。（　　）
16. 字节是计算机的存储容量单位，而字长则是计算机的一种性能指标。（　　）
17. 主存储器容量通常都以 1 024 字节为单位来表示，并以 K 来表示 1 024。（　　）
18. “即插即用”的 USB 接口成为新的外设和移动外存的接口标准之一。（　　）
19. 激光打印机是击打式打印机。（　　）
20. 指令在计算机内部是以二进制形式存储的，而数据是以十进制形式存储的。（　　）

三、思考题

1. 简述计算机系统的构成。
2. 什么是计算机软件？软件如何分类？
3. 微机的基本结构由哪几部分构成？主机主要包括哪些部件？
4. 微机的发展方向是什么？
5. 系统主板主要包括了哪些部件？
6. 衡量微机性能的主要技术指标有哪些？
7. 微机的内部存储器按其功能特征可分为几类？各有什么区别？
8. 外部存储器上的数据怎样被 CPU 处理？能否被 CPU 直接处理？
9. 高速缓冲存储器的作用是什么？
10. 常用的外存储器有哪些？各有什么特点？
11. 什么是总线？按总线传输的信息特征可将总线分为哪几类？总线的标准有哪些？
12. 什么是接口？计算机上常见的接口有哪些？

第4章 程序设计初步

计算机技术日新月异的发展，推动了人类社会的飞速发展。从20世纪40年代计算机的诞生开始，计算机及其应用技术已经渗透进入了人类社会的各个领域。20世纪初，“信息时代”的到来更加要求当代的大学生不但应该熟练掌握一些计算机应用方面的知识，而且也应该进一步地深入了解一些计算机程序设计方面的基础知识，更重要的是要具有良好的程序设计能力，并能结合自己的专业特点编写一些程序软件，不断地提高自身的计算机素质和应用能力。

在前几章我们学习了一些计算机的基础知识。在这一章里，将简单介绍一下程序设计语言的一般概念、发展和计算机程序设计的基本控制结构，了解和学习一些计算机程序设计方面的基础知识。

4.1 计算机程序概述

4.1.1 什么是计算机程序

程序就是完成或解决某一问题的方法和步骤。它是为完成某个任务而设计的，由有限步骤所组成的一个有机的序列。它应该包括两方面的内容：做什么和怎么做。本章所讨论的“程序”就是指计算机程序，它是为了使计算机完成一个预定的任务而设计的一系列的语句或指令的集合。因此，可以说“程序”是为了解决某一特定问题而用某种计算机程序设计语言编写出的代码序列。

一个计算机程序要描述问题的每个对象和对象之间的关系，要描述对这些对象做处理的处理规则。其中关于对象及对象之间的关系是数据结构的内容，而处理规则是求解的算法。针对问题所涉及的对象和要完成的处理，设计合理的数据结构可以有效地简化算法，数据结构和算法是程序最主要的两个方面。

由于程序为计算机规定了计算步骤，因此为了更好地使用计算机，就必须了解程序的几个性质。

① 目的性。程序都有明确的目的，运行时能完成一定的功能。

② 分步性。程序是分为许多步骤的，稍大一些的程序不可能一步就解决问题。

③ 有限性。解决问题的步骤不可能是无穷的，它必须在有限步骤内解决问题。如果有无穷多个步骤，那么在计算机上就实现不了。

④ 操作性。程序总是对某些对象进行一系列的操作，改变程序的状态，完成其功能。

⑤ 有序性。这是最重要的一点。解题步骤不是杂乱无章地堆积在一起，而是要按一定的顺序排列的。

4.1.2　为什么要学习程序设计

计算机系统由可以看见的硬件系统和看不见的软件系统组成。要使计算机能够正常的工作，仅仅有硬件系统是不行的，没有软件系统（即没有程序）的计算机可以说只是一堆废品，什么事情都干不了。例如，撰写一篇文章的时候，需要在“操作系统”的平台上用“文字编辑”软件来实现文字的输入和文章的编辑排版等。这些软件其实就是通常所说的计算机程序。但是，如果没有这些软件的话，如何向计算机中输入文字？又如何让计算机来对你的文章进行编辑排版呢？

对于使用计算机的大多数人来讲，当希望计算机来完成某一项工作时，将面临两种情况：一是可以借助现成的应用软件完成；二是没有完全适合你的应用软件，这时就必须将解决问题的步骤编写成一条条指令，而且这些指令还必须被计算机间接或直接地接收并能够执行。换句话说，为了使计算机达到预期目的，就要先得到解决问题的步骤，并依据对该步骤的数学描述编写计算机能够接收和执行的指令序列——程序，然后运行程序得到所要的结果，这就是程序设计。

学习程序设计，首先要进一步了解计算机的工作原理和工作过程。例如，知道数据是怎样存储和输入/输出的，知道如何解决含有逻辑判断和循环的复杂问题，知道图形是用什么方法画出来以及怎样画出来的等。这样在使用计算机时，不但知其然而且还知其所以然，能够更好地理解计算机的工作流程和程序的运行状况，为以后维护或修改应用程序以适应新的需要打下了良好的基础。

学习程序设计，还要养成一种严谨的软件开发习惯，熟悉软件工程的基本原则。

再有，程序设计是计算机应用人员的基本功。一个有一定经验和水平的计算机应用人员不应当和一般的计算机用户一样，只满足于能使用某些现成的软件，而且还应当具有自己开发应用程序的能力。现成的软件不可能满足一切领域的多方面需求——即使是现在有满足需要的软件产品，但是随着时间的推移和条件的变化它也会变得不适应。因此，计算机应用人员应当具备能够根据本领域的需要进行必要的程序开发工作的能力。

4.2　程序设计语言

自然语言是人类相互交流的工具，不同的语言描述的形式各不相同。计算机程序设计语言是人与计算机交流的工具。人们要使用计算机，使计算机按人们的意志进行工作，就必须使用计算机能够识别和理解、并且人们也能够理解的语言。目前经过标准化组织产生的程序设计语言逾千种，但最常用的程序设计语言不过十几种，大致可分为以下几类。

1. 机器语言

在计算机诞生之初，人们直接用二进制形式编写程序，这种二进制形式的语言就叫做机器语言。这种语言是所有语言中唯一能被计算机直接理解和执行的。

机器指令由操作码和操作数组成，其具体的表现形式和功能与计算机系统的结构相关联。机器语言就是直接用这种机器指令的集合作为程序设计手段的语言，其优点是计算机能够直接识别，执行效率高。

机器语言与计算机硬件关系密切。由于机器语言是计算机硬件唯一可以直接识别和执行的语言，因而机器语言执行速度最快。同时使用机器语言又是十分痛苦的。因为组成机器语言的符号全部都是“0”和“1”，所以在使用时特别繁琐、费时，特别是在程序有错需要修改时，更是如此。而且，由于每台计算机的指令系统往往各不相同，所以在一台计算机上执行的程序，要想在另一台计算机上执行，必须另编程序，造成了工作的重复。

2. 汇编语言

由于二进制程序看起来不直观，而且很难读懂，可谓之为“天书”。于是人们便产生了用符号来代替二进制指令的想法，并设计出了汇编语言。汇编语言是比较低级的语言，它的实质大致和机器语言相同，都是直接对硬件操作，只不过指令采用了英文缩写的标识符，更容易识别和记忆。汇编程序的每一句指令只能对应实际操作过程中的一个很细微的动作，一般汇编源程序比较冗长、复杂且容易出错，同时不同种类的计算机又有不同类别的机器语言，因此，用汇编语言编写的汇编语言程序缺乏通用性和可移植性。使用汇编语言编程需要有更多的计算机专业知识，但是用汇编语言所能完成的操作不是一般高级语言所能实现的，而且源程序经汇编生成的可执行文件不仅比较小，而且执行速度也很快。许多系统软件的核心部分仍采用汇编语言编制。

3. 高级语言

对美好事物永无止境的追求是人类的特性。为了减轻编程的复杂性，使人们阅读和编写程序更加简单，人们又设计出了高级语言。高级语言是目前绝大多数编程者的选择。高级语言主要是相对于汇编语言而言，和汇编语言相比，它不但将许多相关的机器指令合成为单条的语句，而且将一些常用的功能作为函数由用户调用，并且去掉了与具体操作有关但与完成工作无关的细节。由于省略了很多细节，编程者也就不需要有太多的专业知识，而且用高级语言编写的程序更加简单易读、易懂。

4.3 结构化程序设计方法的基本思想

早期的非结构化语言中都有“go to”语句，它允许程序从一个地方直接跳转到另一个地方。执行这个语句的好处是程序设计十分方便灵活，减少了人工复杂度，但其缺点也是十分突出的——大量的跳转语句会使程序的流程十分复杂紊乱，难以看懂也难以验证程序的正确性，如果有错，排起错来更是十分困难。这种流程图所表达的混乱与复杂，正是软件危机中程序人员处境的一个生动写照。

人们从多年来的软件开发经验中发现，任何复杂的算法都可以由顺序结构、选择（分支）结构和循环结构这 3 种基本结构组成。因此，构造一个解决问题的具体方法和步骤的时候，也仅以这 3 种基本结构作为“建筑单元”，遵守这 3 种基本结构的规范，基本结构之间可以相互包含，但不允许交叉，不允许从一个结构直接转到另一个结构的内部。正因为整个算法都是由 3 种基本结构组成的，所以结构清晰，易于正确性验证，易于纠错。这就是结构化方法。遵循这种方法的程序设计，就是结构化程序设计。

结构化程序设计是荷兰学者狄克斯特拉（Dijkstra）提出的，它规定了一套方法，使程序具有合理的结构以保证和验证程序的正确性。这种方法要求程序设计者不能随心所欲地编写程序，而要按照一定的结构形式来设计和编写程序。它的一个重要目的是使程序具有良好的结构，使程序易于设计、易于理解、易于调试和易于修改，以提高设计和维护程序工作的效率。

结构化程序设计方法的主要原则可以概括为“自顶向下，逐步求精，模块化和限制使用 go to 语句”。

① 自顶向下。程序设计时，应先考虑总体，后考虑细节；先考虑全局目标，后考虑局部目标。即首先把一个复杂的大问题分解为若干相对独立的小问题。如果小问题仍较复杂，则可以把这些小问题又继续分解成若干子问题。这样不断地分解，使得小问题或子问题简单到能够直接用程序的 3 种基本结构表达为止。

② 逐步求精。对复杂问题，应设计一些子目标作过渡，逐步细化。

③ 模块化。一个复杂问题，肯定是由若干个简单的问题构成的。模块化就是把程序要解决的总目标分解为子目标，再进一步分解为具体的小目标，而把每一个小目标叫做一个模块。对应每一个小问题或子问题编写出一个功能上相对独立的程序块来，最后再统一组装，这样，对一个复杂问题的解决就变成了对若干个简单问题的求解。

④ 限制使用 go to 语句。go to 语句是有害的，程序的质量与 go to 语句的数量成反比，应该在所有的高级程序设计语言中限制 go to 语句的使用。

4.4　计算机程序的运行过程

计算机只能识别二进制代码，而用高级语言或汇编语言编写的源程序一般是一些标识符号和文本格式，它们是怎样被计算机识别和运行的呢？

最早的程序设计是使用机器语言（Machine Language）编写的。机器语言编写的 1+1 程序如下：

10111000

00000001

00000000

00000101

00000001

00000000

机器语言编程的缺点是工作量大，难学、难记、难修改，只适合专业人员使用，且由于不同的计算机其指令系统不同，机器语言随机而异，通用性差，是面向机器的语言。

机器语言的优点则是程序代码不需要翻译，所占空间少，执行速度快。但现在已经没有人用机器语言直接编程了。

随着软件的发展，程序员用一些人们能够读懂的符号来表示机器语言，如用汇编语言（Assemble Language）编写的 1+1 程序：

```
MOV AX, 1
ADD AX, 1
```

也可用高级语言如 C 语言编写 1+1 程序：

```
#include <stdio.h>
main()
{
    printf("%d\n", 1+1);
}
```

由于计算机只能识别二进制语言，所有的非二进制语言编写的代码都必须要转换成机器语言才能被机器执行。所以每一种程序设计语言对应一种编译器，程序员按照该语言的语法编写程序源代码，把自己的意图融入到代码中，编译器读入源代码，把程序员的意图转换成可执行程序，供他人使用。当计算机懂了人的自然语言，就几乎不再需要编程。

程序运行一般要经过四个阶段：编辑—编译—连接—运行。这四个阶段都是由计算机系统提供的系统程序完成的，其中操作系统是管理和协调计算机系统中全部软、硬件资源的一个管理软件，是所有系统程序和应用程序运行的基础，没有操作系统的支持，一切程序都无法工作。程序执行的每一步都由操作系统发出命令，计算机才能执行各种操作。用户上机的第一件事就是用操作系统启动计算机，之后计算机才处于使用状态，操作系统在开机整个过程中常驻内存，并且为用户提供各种各样的功能服务。

1. 编辑程序

输入源程序是程序实现的第一步。程序语言软件系统一般都为用户提供了相应的编辑程序，利用编辑程序可以输入源程序并对它进行修改，没有提供编辑程序的程序语言也可以用文本编辑软件输入源程序。输入或修改完成的源程序一般以相应的文件名及扩展名存放在磁盘上，以后需要时再调入计算机进行编译。

2. 编译程序

通常源程序还不能直接在计算机中运行，还要经过编译程序将源程序编译成目标程序或解释成机器代码才能运行。编译程序的目的是将高级语言源程序编译成等价的机器代码用于运行。

3. 连接程序

经过编译程序得到的目标程序是不能直接执行的，因为目标程序可能调用一些内部函数、外部函数、系统提供的过程库中的程序，或者一个程序有若干个程序段（子程序）是分别编译的，这些子程序或函数排放的先后次序与实际执行次序通常是不一致的，而编译程序又无法知道先执行谁后执行谁，因此需要由连接程序将所有的目标程序和系统提供的库函数、过程库等连接在一起成为一个整体，形成可执行程序（扩展名为.exe），将它调入内存才可以执行。

4. 运行程序

形成可执行程序（扩展名为.exe）后双击文件即可执行该程序。

4.5 算法设计初步

4.5.1 算法概述

计算机算法就是计算机解决问题的方法。从事任何工作和活动都必须事先想好进行的步骤，程序设计同样如此。程序员必须将解决问题的步骤与计算机能够执行的指令对应起来。如果让计算机端茶送水是不能实现的。

计算机算法可分为两大类别，即数值算法和非数值算法。数值运算的目的是求数值解；非数值运算包括的面十分广泛，最常见的是用于数据管理、多媒体技术等。目前，计算机在非数值运算方面的应用远远超过了在数值运算方面的应用。由于数值运算有现成的模型，可以运用数值分析方法，因此对数值运算的算法研究比较深入，算法比较成熟，对各种数值运算都有比较成熟的算法可供选用。人们常常把这些算法汇编成册（写成程序形式），或者将这些程序存放在磁盘或磁带上，供用户调用。

对同一个问题，可以有不同的解题方法和步骤。方法有优劣之分，有的方法只需进行很少的步骤，而有些方法则需要较多的步骤。一般说，希望采用简单的和运算步骤少的方法。因此，为了有效地进行解题，不仅需要保证算法正确，还要考虑算法的质量，选择合适的算法。

4.5.2　算法的表示

1. 用自然语言描述算法

自然语言就是人们日常生活中使用的语言，例如汉语、英语等。用自然语言描述算法简单、通俗易懂，但文字冗长，容易出现“歧义性”。

2. 用流程图表示算法

流程图是用特殊的图框表示各种操作。用图形表示算法形象直观，易于理解。美国国家标准化协会 ANSI（American National Standards Institute）规定了一些常用的流程图符号如表 4.1 所示，已为世界各国普遍采用。用流程图表示的三种结构如图 4.1 所示。

表 4.1　　流程图的常用符号

符　　号	符号名称	含　　义
（圆角矩形）	起止框	表示算法的开始或结束
（平行四边形）	输入/输出框	表示输入/输出操作
（矩形）	处理框	表示对框内的内容进行处理
（菱形）	判断框	表示对框内的条件进行判断
↓ →	流向线	表示算法的流动方向
○	连接点	表示两个具有相同标记的“连接点”相连

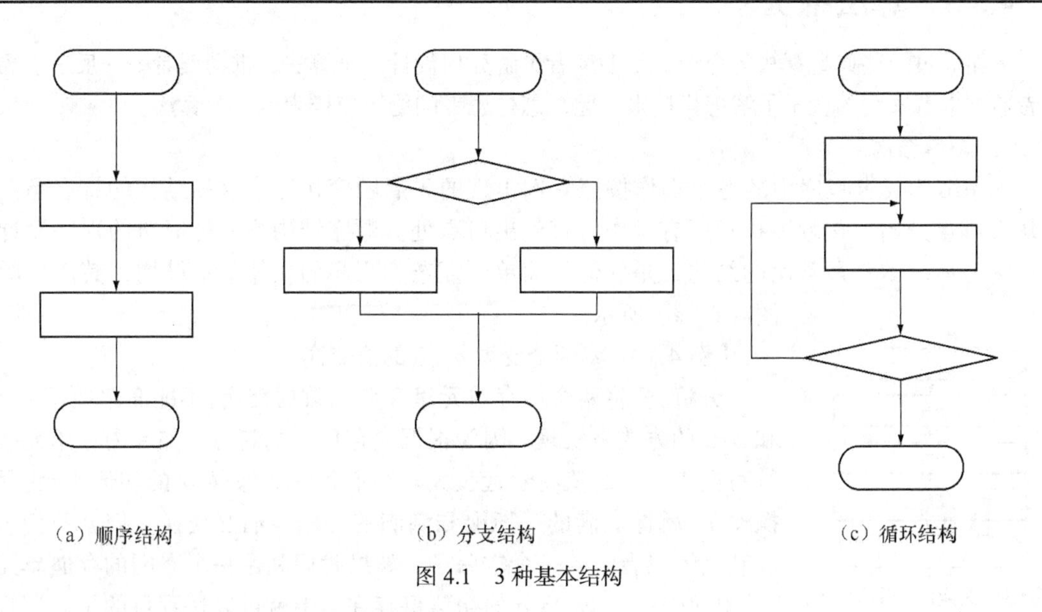

图 4.1　3 种基本结构

1973 年美国学者 I.Nassi 和 B.Shneiderman 提出了一种新的流程图形式即 NS 流程图。NS 流程图完全去掉了带箭头的流程线，全部算法写在一个矩形框内，在该框内还可以包含其他的从属于它的框，如图 4.2 所示。

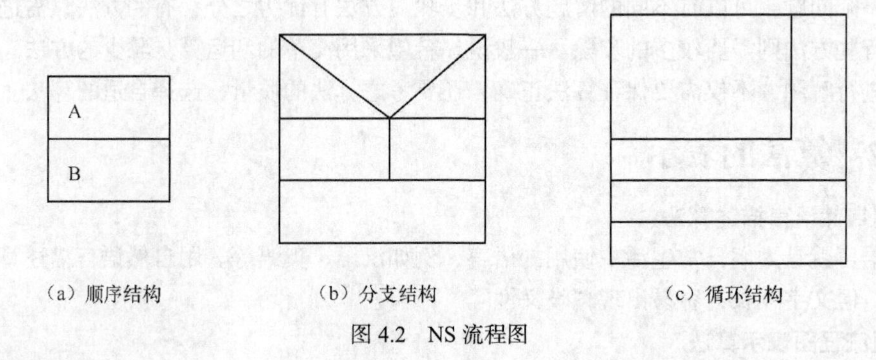

（a）顺序结构　　（b）分支结构　　（c）循环结构

图 4.2　NS 流程图

3. 用伪代码表示算法

流程图表示算法虽然直观易懂，但在设计一个算法时，可能会反反复复地修改。修改流程图是比较麻烦的，因此在设计算法的过程中，还可以使用伪代码工具。伪代码是用介于自然语言和计算机语言之间的文字和符号来描述算法。用伪代码可以自顶向下的写出算法，每一行或几行代表一个基本操作。它不用图形符号，因此书写方便，格式紧凑，便于向计算机语言过渡。

4. 用计算机高级语言表示算法

前面所讲的方式仅仅是用于表示算法，算法的实现还得需要用计算机来完成。计算机是无法识别流程图、自然语言以及伪代码的，只有用计算机高级语言编写的程序通过编译连接后才能被计算机执行。用高级语言表示算法必须严格遵循所用语言的语法规则。它也仍然只是描述了算法，只有运行程序才能实现算法。应该说用高级语言描述的算法是计算机能够执行的算法。

4.5.3　算法举例

下面通过一些典型算法的介绍，帮助读者了解如何设计一个算法，推动读者举一反三。希望读者通过本章介绍的例子了解怎样提出问题，怎样思考问题，怎样表示一个算法。

1. 顺序结构

顺序结构要求程序中的各个操作按照它们出现的先后顺序执行。这种结构的特点是：程序从入口点开始，按顺序执行所有操作，直到出口点处。顺序结构是一种简单的程序设计结构，它是最基本、最常用的结构，是任何从简单到复杂的程序的主体基本结构，其流程图如图 4.1（a）所示。

【例 4.1】 将两个变量 a，b 的值交换。

分析： 要将两个内存单元里存放的数据交换，不能简单地用 $a=b$ 和 $b=a$ 的方式来实现。因为根据内存单元的特点，如果内存单元执行写操作，旧的值将永远丢失。我们将无法保存 a 的初值（=为写操作）。就像满满的一瓶醋和满满的一瓶酱油要交换它们，我们可以利用第三者——一个空瓶子。如果我们利用一个空闲的存储单元 c（中间变量），先将 a 的初值保存在 c 中就可以达到目的了。流程图如图 4.3 所示。

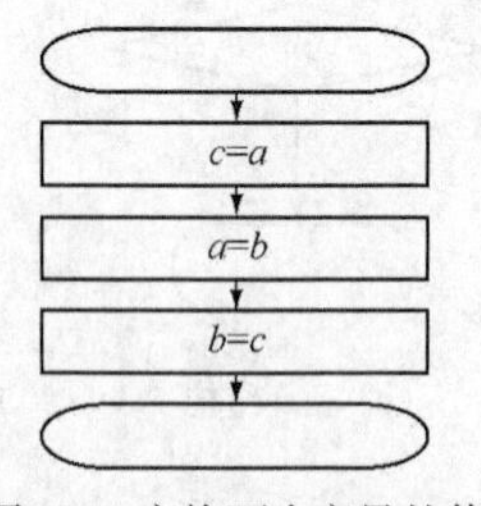

图 4.3　交换两个变量的值

具体步骤如下。

① $c=a$。

② $a=b$。

③ $b=c$。

这是一个典型的顺序结构算法。三个步骤的顺序绝对不能互换，否则达不到预期的目的。请读者思考：根据计算机内存单元的特点，能否交换两个变量的值而不用中间变量？

2. 选择结构

选择结构（也叫分支结构）是指程序的处理步骤出现了分支，它需要根据某一特定的条件选择其中的一个分支执行。它包括两路分支选择结构和多路分支选择结构。其特点是：根据所给定的选择条件的真（分支条件成立，常用 Y 或 True 表示）与假（分支条件不成立，常用 N 或 False 表示），来决定从不同的分支中执行某一分支的相应操作，并且任何情况下都有“无论分支多寡，必择其一；纵然分支众多，仅选其一”的特性。其流程图如图 4.1（b）所示。

【例 4.2】 求一元二次方程的根，要求输入系数 a、b、c 的值，判断是否有解，并得出该方程的解。

分析：求解该问题，用文字逻辑叙述该算法的执行步骤如下。

① 先定义好要输入的系数 a，b，c 三个变量及求根的中间值 delta。

② 从键盘中输入三个变量值分别给系数变量 a，b，c。

③ 计算中间值 delta 的值：delta = b*b−4ac。

④ 根据 delta 的值判断是否有实根：（分支结构）

a. 如果 delta 小于 0，则输出没有实根，程序结束。

b. 如果 delta 等于 0，则输出只有两个相同的实根；输出实根为(−b+sqrt(delta))/(2*a)，其中 sqrt()为求平方根函数；程序结束。

c. 如果 delta 大于 0，则输出有两个不同的实根；输出实根为(−b+sqrt(delta))/(2*a)和(−b−sqrt(delta))/(2*a)；程序结束。

流程图如图 4.4 所示。

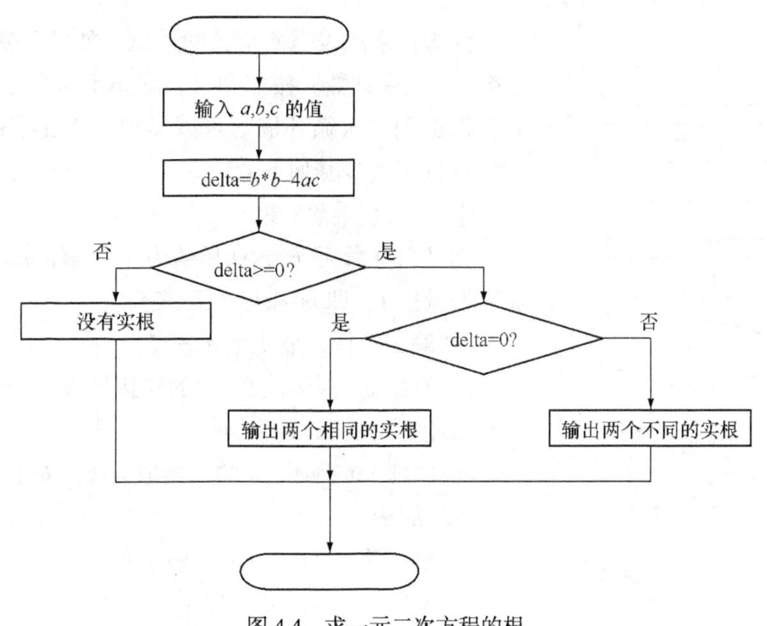

图 4.4　求一元二次方程的根

这是一个典型的分支结构的算法。请读者思考：当程序在判断到 delta 小于 0 时，如何输出用户能够读懂的共轭复根?

3. 循环结构

所谓循环，是指一个客观事物在其发展过程中，从某一环节开始有规律地反复经历相似的若干环节的现象。循环的主要环节具有“同处同构”的性质，即它们“出现位置相同，构造本质相同”。

程序设计中的循环，是指在程序设计中，从某处开始有规律地反复执行某一操作块（或程序块）的现象，并称重复执行的操作块（或程序块）为循环体。

【例 4.3】 求 1+2+3+4+……+100 的值。

分析： 利用顺序结构可以构造该算法，但语句行太多，书写太复杂。对于该算法来说，有些步骤都是重复的加法运算。因此，程序可以简单的用循环的方式来完成。我们设两个存储单元 i 和 s，其中 i 用于在不同的时间存放不同的被加数。作为循环，要求各项被加数的值都是有规律的。此题中的所有被加数为一等差数列。其中每项的值都可以由前面一项的值通过同一公式得到（此算法称为递推法）。

算法步骤如下。

① 给 i 和 s 赋初值：i=1，s=0。

② $s=s+i$；注意该语句计算机执行的操作。

③ $i=i+1$；得到下一个被加数的值。

④ 判断 i 是否大于 100，如果是，则循环结束。

⑤ 否则，返回第 2 步执行。

⑥ 打印 s 的值。

其中，$s=s+i$ 是将不同时间的被加数累加到 s 中。将 100 个数加完之后就停止循环。计算机严格按照此步骤执行。流程图如图 4.5 所示。

【例 4.4】 编程输出九九乘法表

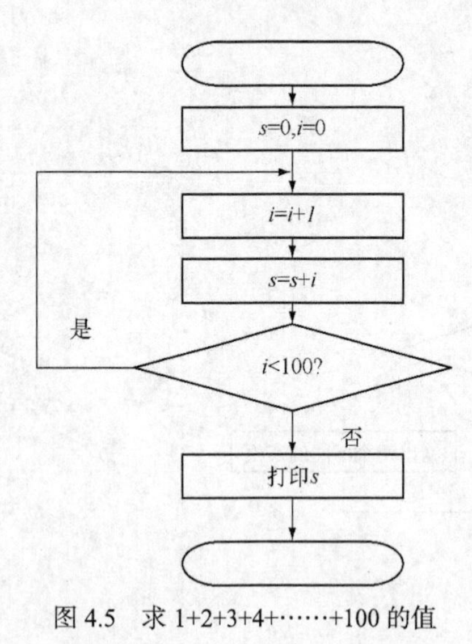

图 4.5　求 1+2+3+4+……+100 的值

分析： 乘法表是两个数的乘积，如果用变量 m 代表被乘数，n 代表乘数，按照题示，则 m 和 n 的取值在[1～9]之间，那么用二重循环嵌套可以实现。用文字逻辑叙述该算法的执行算法步骤如下。

① 定义被乘数和乘数变量 a，b。

② 用 for 循环 m 的初始值为 1，条件 m 小于 10，每次循环增量是 1，即 $m=m+1$ 打印表头。

③ 输出换行，准备循环嵌套。

④ 开始 for 循环嵌套，m 的初始值为 1，条件 m 小于 10，每次循环增量是 1，即 $m=m+1$。

a. 内部 for 循环，n 的初始值为 1，条件 n 小于 10，增量 1，即 $n=n+1$。

b. 输出第 m 行 n 列中的 $m*n$ 的值。

c. 输出换行，准备打印下一行。

流程图如图 4.6 所示。

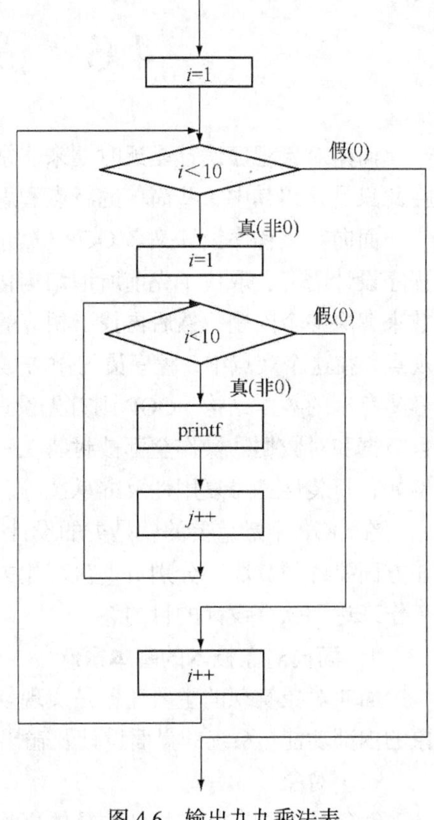

图 4.6 输出九九乘法表

【例 4.5】 求 1-1/2+1/3-1/4+…+1/99-1/100。

算法可以表示如下：

S1：1=>sign

S2：1=>sum

S3：2=>deno

S4：(-1) × sign=>sign

S5：sign × (1/deno)=>term

S6：sum+term=>sum

S7：deno+1=>deno

S8：若 deno≤100 返回 S4；否则算法结束。

在步骤 S1 中先预设 sign（代表级数中各项的符号，它的值为 1 或-1）。在步骤 S2 中使 sum 等于 1，相当于已将级数中的第一项放到了 sum 中。在步骤 S3 中使分母的值为 2。在步骤 S4 中使 sign 的值变为-1。在步骤 S5 中求出级数中第 2 项的值-1/2。在步骤 S6 中将刚才求出的第二项的值-1/2 累加到 sum 中。至此，sum 的值是 1-1/2。在步骤 S7 中使分母 deno 的值加 1（变成 3）。执行 S8 步骤，由于 deno≤100，故返回 S4 步骤，sign 的值改为 1，在 S5 中求出 term 的值为 1/3，在 S6 中将 1/3 累加到 sum 中。然后 S7 再使分母变为 4。按此规律反复执行 S4 到 S8 步骤，直到分母大于 100 为止。一共执行了 99 次循环，向 sum 累加入了 99 个分数。sum 最后的值就是级数的值。

【例 4.6】 对一个大于或等于 3 的正整数，判断它是不是一个素数。

所谓素数，是指除了 1 和该数本身之外，不能被其他任何整数整除的数。例如，13 是素数，因为它不能被 2，3，4，…，12 整除。

判断一个数 n（$n\geq3$）是否素数的方法是很简单的：将 n 作为被除数，将 2 到（$n-1$）各个整数轮流作为除数，如果都不能被整除，则 n 为素数。

算法可以表示如下。

S1：输入 n 的值

S2：2=>i（i 作为除数）

S3：n 被 i 除，得余数 r

S4：如果 r=0，表示 n 能被 i 整除，则打印 n “不是素数”，算法结束；否则执行 S5

S5：i+1=>i

S6：如果 $i\leq n-1$，返回 S3；否则打印 n “是素数”，然后结束。

实际上 n 不必被 2 到（$n-1$）的整数除，只需被 2 到 n 的平方根之间的整数除即可，例如，判断 13 是否素数，只需将 13 被 2、3 除即可，如都除不尽，n 必为素数。S6 步骤可改为：

S6：如果 $i\leq n$，返回 S2；否则算法结束。

通过以上几个例子，可以初步了解怎样设计一个算法。

4.6 面向对象编程思想

面向对象程序设计是近时期来非常流行的程序设计思想，是今后软件开发设计的主流方向，在此只是介绍其中一些简单的特点和思想，用面向对象的设计方法能够更加容易地进行程序设计。

面向对象程序设计又名 OOP（Object Oriented Programming）。OOP 是目前占主流地位的一种程序设计语言，取代了先前所谓结构化的面向过程的编程技术。传统的结构化编程是设计一组函数来解决一个问题，然后再找出相应的方法存储数据。这就是最初的“算法+数据结构=程序”的观点。在这个观点中，程序员的做法是，先设计算法（即如何计算数据），然后再解决能使计算更容易存储的数据结构。OOP 则首先设计的是数据结构，然后才是对数据进行处理的算法设计，而且数据和对数据的操作全都被封装在一个对象中，这就使得面向对象程序设计具有了许多的优点，例如，封装性、可复用性及继承性等。

在 OOP 中最重要的就是类的设计，因为一个具体对象就是类的一个实例，而各个对象在其功能方面要各司其职，分别负责执行相关的任务，实现相互之间的消息通信，从而使各个对象协同工作来达到软件设计的目的。

1. 面向对象技术的基本概念

面向对象实现的主要任务是实现软件功能，实现各个对象所应完成的任务，包括实现每个对象的内部功能、系统的界面设计及输出格式等。在面向对象技术中，主要用到以下一些基本概念。

（1）对象

对象是指具有某些特性的具体事物的抽象。在一个面向对象的系统中，对象是运行期的基本实体。它可以用来表示一个人、一个银行账户、一张数据表格，或者其他什么需要被程序处理的东西。它也可以用来表示用户定义的数据，如一个向量、时间或者列表等。在面向对象程序设计中，问题的分析一般以对象及对象间的自然联系为依据。客观世界由实体及其实体之间的联系所组成。其中客观世界中的实体称为问题域的对象。例如，一本书、一辆汽车等都是一个对象。

对象具有以下一些基本特征。

① 模块性。一个对象是一个可以独立存在的实体，各个对象之间相对独立，相互依赖性小。

② 继承性和类比性。可以把具有相同属性的一些不同对象归类，称为对象类。还可以划分类的子类，构成层次系统，下一层次的对象继承上一层次对象的某些属性。

③ 动态连接性。对象与对象之间可以相互连接构成各种不同的系统。对象与对象之间所具有的统一、方便、动态的连接和传送消息的能力与机制称为动态连接性。

④ 易维护性。任何一个对象是一个独立的模块，无论是改善其功能还是改变其细节均局限于该对象内部，不会影响到其他的对象。

（2）类

类是指具有相似性质的一组对象。例如，芒果、苹果和橘子都是水果类的对象。类是用户定义的数据类型。一个具体对象称为类的“实例”。

（3）方法

方法是指允许作用于某个对象上的各种操作。面向对象的程序设计语言，为程序设计人员提供了一种特殊的过程和函数，然后将一些通用的过程和函数封装起来，作为方法供用户直接调用，这给用户的编程带来了很大的方便。

（4）消息

消息是指用来请求对象执行某一操作或回答某些问题的要求。对象之间通过收发消息相互沟通，这一点类似于人与人之间的信息传递。消息的接收对象会调用一个函数（过程），以产生预期的结果。传递消息的内容包括接收消息的对象名字，需要调用的函数名字，以及必要的信息。对象有一个生命周期。它们可以被创建和销毁。只要对象正处于其生存期，就可以与其进行通信。

（5）继承

继承是指可以让某个类型的对象获得另一个类型对象的属性的方法。它支持按级分类的概念。如果类 *X* 继承类 *Y*，则 *X* 为 *Y* 的子类，*Y* 为 *X* 的父类（超类）。例如，“车”是一类对象，“小轿车”、“卡车”等都继承了“车”类的性质，因而是“车”的子类。

（6）封装

封装是指将数据和代码捆绑到一起，避免了外界的干扰和不确定性。目的在于将对象的使用者和对象的设计者分开。用户只能见到对象封装界面上的信息，不必知道实现的细节。封装一方面通过数据抽象，把相关的信息结合在一起，另一方面也简化了接口。

在一个对象内部，某些代码和数据可以是私有的，不能被外界访问。通过这种方式，对象对内部数据提供了不同级别的保护，以防止程序中无关的部分意外地改变或错误地使用了对象的私有部分。

2. 面向对象技术的特点

与传统的结构化分析与设计技术相比，面向对象技术具有许多明显的优点，主要体现在以下3个方面。

（1）可重用性

继承是面向对象技术的一个重要机制。用面向对象方法设计的系统的基本对象类可以被其他新系统重用。这通常是通过一个包含类和子类层次结构的类库来实现的。因此，面向对象方法可以从一个项目向另一个项目提供一些重用类，从而能显著提高工作效率。

（2）可维护性

由于面向对象方法所构造的系统是建立在系统对象基础上的，结构比较稳定，因此，当系统的功能要求扩充或改善时，可以在保持系统结构不变的情况下进行维护。

（3）表示方法的一致性

面向对象方法要求在从面向对象分析、面向对象设计到面向对象实现的系统整个开发过程中，采用一致的表示方法，从而加强了分析、设计和实现之间的内在一致性，并且改善了用户、分析员以及程序员之间的信息交流。此外，这种一致的表示方法，使得分析、设计的结果很容易向编程转换，从而有利于计算机辅助软件工程的发展。

习 题 4

一、单项选择题

1. 对计算机进行程序控制的最小单位是（　　）。

A. 语句　　B. 字节　　C. 指令　　D. 程序

2. 为解决某一特定问题而设计的指令序列称为（　　）。

A. 文档　　B. 语言　　C. 程序　　D. 系统

3. 结构化程序设计中的 3 种基本控制结构是（　　）。

A. 选择结构、循环结构和嵌套结构　　B. 顺序结构、选择结构和循环结构

C. 选择结构、循环结构和模块结构　　D. 顺序结构、递归结构和循环结构

4. 编制一个好的程序首先要确保它的正确性和可靠性，除此以外，通常更注重源程序的（　　）。

A. 易使用性、易维护性和效率　　B. 易使用性、易维护性和易移植性

C. 易理解性、易测试性和易修改性　　D. 易理解性、安全性和效率

5. 编制好的程序时，应强调良好的编程风格，如选择标识符的名字时应考虑（　　）。

A. 名字长度越短越好，以减少源程序的输入量

B. 多个变量共用一个名字，以减少变量名的数目

C. 选择含义明确的名字，以正确提示所代表的实体

D. 尽量用关键字作名字，以使名字标准化

6. 与高级语言相比，用低级语言（如机器语言等）开发的程序，其结果是（　　）。

A. 运行效率低，开发效率低　　B. 运行效率低，开发效率高

C. 运行效率高，开发效率低　　D. 运行效率高，开发效率高

7. 程序设计语言的语言处理程序是一种（　　）。

A. 系统软件　　B. 应用软件　　C. 办公软件　　D. 工具软件

8. 计算机只能直接运行（　　）。

A. 高级语言源程序　　B. 汇编语言源程序

C. 机器语言程序　　D. 任何源程序

9. 将高级语言的源程序转换成可在机器上独立运行的程序的过程称为（　　）。

A. 解释　　B. 编译　　C. 连接　　D. 汇编

10. 下列各种高级语言中，（　　）是面向对象的程序设计语言。

A. BASIC　　B. PASCAL　　C. C++　　D. C

二、思考题

1. 什么是程序？什么是程序设计？程序设计包含哪几个方面？
2. 在程序设计中应该注意哪些基本原则？
3. 什么是面向对象程序设计中的“对象”、“类”？
4. 什么是算法？它在程序设计中的地位怎样？
5. 程序的基本控制结构有几个？分别是什么？
6. 机器语言、汇编语言、高级语言有什么不同？
7. 简述计算机运行高级语言源程序的步骤。

三、设计以下算法

1. 将三个数 a，b，c 按从大到小的顺序排列。
2. 不使用中间变量将两个变量的值进行交换。
3. 将 1～100 内的偶数打印出来。
4. 输入 10 个整数，求其中最大者。
5. 判断一个数 n 能否同时被 3 和 5 整除。
6. 求两个数 m 和 n 的最大公约数。
7. 判断一个数是否为素数。

第 5 章 操作系统基础

5.1 操作系统

操作系统（Operating System，OS）是控制和管理计算机系统内各种硬件和软件资源、有效地组织多道程序运行的系统软件（或程序集合），是用户与计算机之间的唯一接口。操作系统是一个大型的软件系统，负责计算机的全部软件、硬件资源的管理，控制和协调并发活动，实现信息的存储和保护，为用户使用计算机系统提供方便的用户界面，从而使计算机系统实现高效率和高自动化。操作系统所处位置如图 5.1 所示。

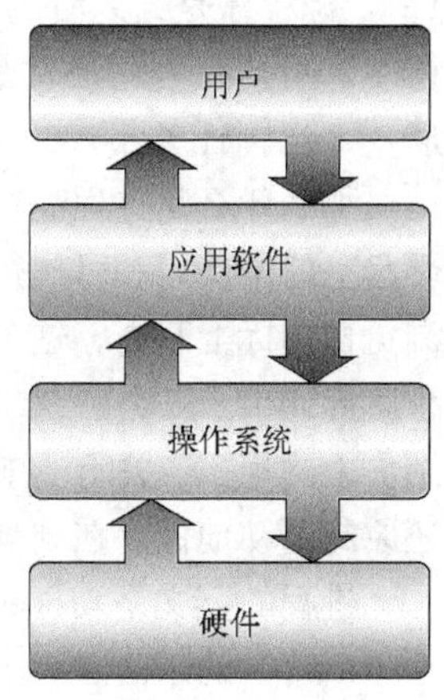

图 5.1　操作系统所处位置

操作系统的任务是管理好计算机的全部软/硬件资源，提高计算机的利用率；担任用户与计算机之间的接口，使用户通过操作系统提供的命令或菜单方便地使用计算机。操作系统是由一系列具有控制和管理功能的子程序组成的大型系统软件。它直接运行在裸机上，是对计算机硬件系统的第一次扩充。只有在操作系统的支持下，才可以运行其他软件。因此，从应用的角度看，操作系统是计算机软件的核心和基础。操作系统在计算机系统中充当计算机硬件系统与应用程序之间的界面，所以，操作系统既面向系统资源又面向用户：面向系统资源，操作系统必须尽可能提高资源利用率；面向用户，操作系统必须提供方便易用的用户界面。

从系统观点看，操作系统是对计算机资源进行管理，这些资源包括硬件和软件。操作系统向用户提供了高级而调用简单的服务，掩盖了绝大部分硬件设备复杂的特性和差异，使得用户可以免除大量的乏味杂务，而把精力集中在自己所要处理的任务上。

从软件观点看，操作系统是程序和数据结构的集合。操作系统是直接和硬件相邻的第一层软件，它是大量极其复杂的系统程序和众多的数据结构集成的。

从用户观点看，操作系统是用户使用计算机的界面。操作系统是用户与计算机硬件之间的接口，一般可以分为三种，即命令方式，系统调用和图形界面。

5.2 操作系统的功能

操作系统的主要功能是资源管理，程序控制和人机交互等。计算机系统的资源可分为设备资源和信息资源两大类。设备资源指的是组成计算机的硬件设备，如中央处理器、主存储器、磁盘存储器、打印机、磁带存储器、显示器、键盘和鼠标等。信息资源指的是存放于计算机内的各种数据，如文件、程序库、知识库、系统软件和应用软件等。

操作系统位于底层硬件与用户之间，是两者沟通的桥梁。用户可以通过操作系统的用户界面输入命令，操作系统则对命令进行解释，驱动硬件设备实现用户要求。以现代观点而言，一个标准个人计算机的 OS 应该提供以下的功能：进程管理、中断处理、内存管理、文件系统、设备驱动、网络协议、系统安全和输入/输出等。现在，就让我们简要了解一下它们的功用和工作原理。

5.2.1 处理机管理（CPU 管理）

计算机是靠运行程序来完成工作的。那么，什么是程序呢？程序就是我们常说的软件，它是一系列指令。计算机一条条地执行这些指令，就可以完成一些运算任务。计算机程序通常有两种存在形式：一种是人（通常是程序员）能够读懂的“源程序”形式；源程序经过某种处理（即“编译”）就得到了程序的另一种形式，也就是我们常说的“可执行程序”，或者叫“应用软件”。源程序是给人看的——程序员阅读、学习、修改源程序，然后可以生成新的更好的可执行程序。可执行程序通常是人看不懂的，但计算机能读懂它，并按照它里面的指令做事情，以完成一个运算任务。

那么什么是进程呢？一个运行着的程序，我们就把它叫做“进程”。具体来说，程序是保存在硬盘上的源代码和可执行文件，当我们要运行它的时候，如当你要运行浏览器程序的时候，会在浏览器图标上双击，这个浏览器程序的可执行文件就被操作系统加载到了内存中，一个浏览器进程就此诞生了。之后，CPU 会逐行逐句地读取其中的指令，这也就是所谓的“运行”程序了。直到你上网累了，关闭了浏览器窗口，这个进程也就终止了。但浏览器程序（源代码和可执行文件）还原封不动地保存在硬盘上。

进程的英文是 process，字面上它有前进、进展、过程及处理的意思。如此看来，进程应该是个“活着”的东西。一个进程很像一个大活人，它出生，有生命，能做事情，可能会有孩子（也就是能产生子进程），最后会死亡，也就是进程终止。和人不同的是，进程没有性别，产生子进程时，并不需要感情纠葛，每个进程都出生于单亲家庭。

好了，现在我们来说说进程管理。一个运转着的计算机系统就像一个小社会，每个进程都是这个社会中活生生的人，而操作系统就像是政府，它负责维持社会秩序，并为每一个进程提供服务。进程管理就是操作系统的重要工作之一，包括为进程分配运行所需的资源，帮助进程实现彼此间的信息交换，确保一个进程的资源不会被其他进程侵犯，并确保运行中的进程之间不会发生冲突。

进程的产生和终止、进程的调度、死锁的预防和处理……这些都是操作系统的工作。

1. 进程状态

进程在其存在的一生中状态是不断变化的。它的状态可以是如下几项。

① 运行：CPU 正一条一条地执行该进程的程序指令。

② 就绪：该进程一切准备就绪，就等操作系统把 CPU 的使用权交给它。

③ 等待：由于这样或那样的原因，如需要读磁盘上的文件，需要操作系统帮忙产生子进程等，该进程正在等待。

对于单 CPU 系统，在某一特定时刻，只可能有一个进程在运行，其他进程都处于就绪或等待状态。进程状态变化如图 5.2 所示。

2. 进程切换

即使是一个单 CPU 的计算机，只要它配备了一个多任务、分时操作系统，那么它就有能力让许多进程同时运行。在分时系统里，通过时分复用技术使 CPU 快速地在进程间切换，以达到“同时”运行多个进程的目的。

为了方便管理，操作系统要为每一个进程建立一份详细的档案（即“进程控制块”，Process Control Block，PCB），里面记录着该进程的运行状态和它所占用资源的信息。当操作系统决定将 CPU 从一个进程 A 切换给另一个进程 B 的时候，比如说，因为 A 的 20 ms 时间片用完了，那么操作系统就要进行以下操作。

① 先将 A 的 PCB 保存到一边。

② 将 B 的 PCB 加载进来。

③ 将 CPU 的使用权交给 B。

过一会儿，操作系统决定将 CPU 从进程 B 切换回进程 A，那么同样也是进行以下操作。

① 先将 B 的 PCB 保存到一边。

② 将 A 的 PCB 加载进来。

③ 将 CPU 的使用权交给 A。

进程切换过程如图 5.3 所示。

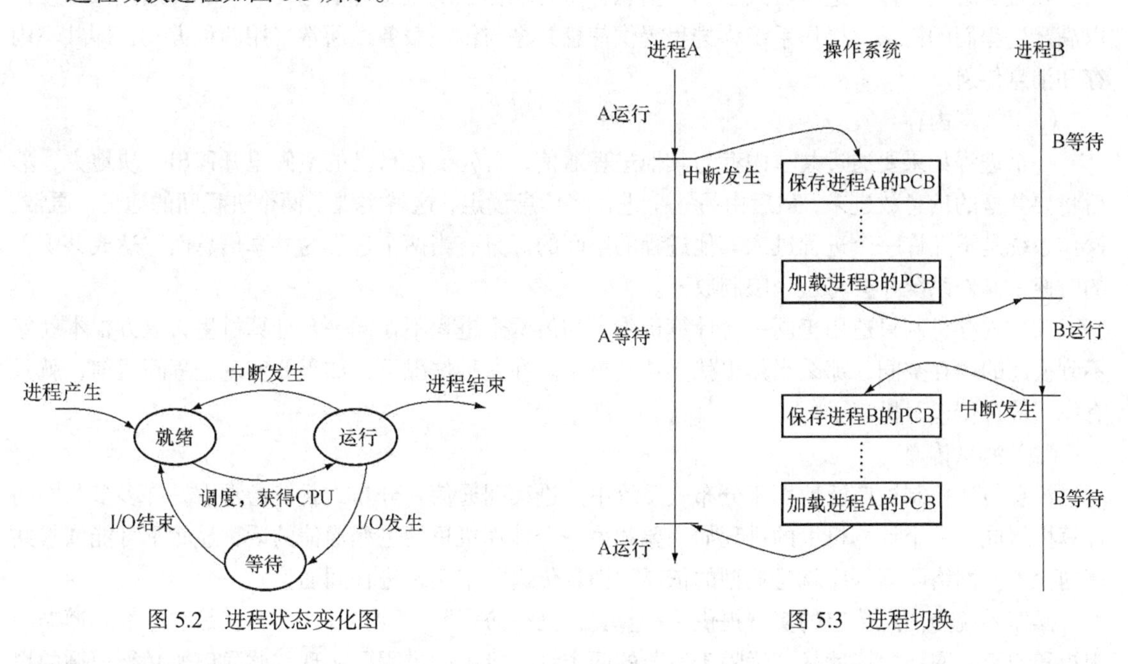

图 5.2　进程状态变化图

图 5.3　进程切换

3. CPU 调度

操作系统中负责进程切换的功能模块叫“调度器”。由于整个系统中 CPU 的数量远远少于进程的数量，因此在系统繁忙的时候，系统中等待使用 CPU 的进程肯定会排成长队。调度器的工作就是按照某种调度规则（即“调度算法”）从进程队列中选择一个进程，把 CPU 的使用权暂时交给它。

系统中的进程大致可以分成如下 3 类。

（1）人机互动进程

这类进程的特点是经常需要我们敲键盘，或者动鼠标。每当我们敲一下键盘或动一下鼠标，计算机就应该马上作出反应，这就叫“人机互动”。这类进程显然要求系统的响应速度要快，否则，动一下鼠标，半天没反应的话，我们肯定会认为系统死机了。

（2）批处理进程

这类进程通常就是“闷头”计算，不需要我们敲键盘、动鼠标，也就是说，不需要人为干预。它主要就是用 CPU 运算，很少输入/输出。至于运算得快一点还是慢一点，对用户的感受影响不大。因此，这类进程通常优先级会低一些。

（3）实时进程

这类进程对时间的要求最为苛刻，对系统响应时间的要求比人机互动进程还要高。音频、视频应用程序都属于这一类，一旦系统响应时间稍慢，或是不稳定，声音、画面的播放质量就会大受影响。因此，它们在系统中的优先级是最高的。

调度算法的设计大有讲究。系统中各进程的特性不同，任务不同，优先级不同，调度器的任务就是让五花八门的进程能在系统中“愉快工作”。所谓“愉快工作”，就是尽量早点把工作做完，早点结束。系统调度除了要保证高优先级的进程能优先运行之外，还要保证低优先级的进程也能用上 CPU。

4．进程间通信

在很多时候，多个进程要共享一些信息，于是操作系统就要为信息的共享和传递提供方便，以满足进程们的需求。操作系统为进程提供信息共享与传递服务，通常采用两种方式，即共享内存和消息传递。

（1）共享内存

一个进程如果要通过共享内存与其他进程通信，首先要在自己的空间里开辟出一块地方，然后将要共享的信息放进来，最后由另一个进程将信息读走，这就实现了两个进程间的通信。通常，操作系统是不允许一个进程进入其他进程的空间的。只有当两个进程为共享信息而“达成共识”的时候，操作系统才会将这一限制放开。

共享内存机制只适用于同一台计算机内，如果两个进程不在同一台计算机里，双方根本就够不到彼此的内存空间，那么当然也就无从共享了。在这种情况下，如果要实现进程间通信，就只有靠“消息传递”机制了。

（2）消息传递

消息传递机制被广泛地用于分布式系统中的进程间通信。分布式系统通常由许许多多联网的计算机组成，一个计算机里的进程如果要和另一个计算机里的进程通信的话，显然不可能依靠共享内存了。网络聊天程序就是典型的依靠“消息传递”来实现进程间通信。

操作系统为消息传递的实现提供了一整套“网络协议”。所谓“协议”，就是双方都要遵循的规矩和约定。网络协议就是“远隔千里”的两个计算机中的进程要实现彼此通信所必须遵循的规矩。现在，互联网上应用最为广泛的网络协议叫“TCP/IP 协议”。

当然，消息传递机制也不一定非要应用于进程“两地分居”的场合，在同一台计算机内的两个进程也可以采用消息传递来实现进程间通信。例如，UNIX 家族的所有操作系统，几乎都是采用 TCP/IP 协议来实现图形界面的显示的。

5．进程间同步

系统中有通信需求的进程，我们把它们叫做“协作进程”（Cooperating Processes）。一个协作进程的运行会影响到其他进程的运行，或被其他进程的运行所影响。协作进程大都需要共享内存、共享文件等。而若干进程同时访问一段内存或一个文件是比较危险的事情，很容易造成数据的损坏，进而导致程序运行的失败。因此，如何让协作进程有秩序地访问共享数据是一个非常重要的问题。

所谓"进程间同步"（Process Synchronization），就是要采用某种机制来保证进程们在"竞争"共享资源时，按规矩，守秩序，和谐相处，即保证进程对共享资源的"互斥"访问。所谓"互斥"，就是说，当一个进程在使用共享资源的时候，其他进程都被挡在外面。但"互斥"并不是问题的全部。换言之，满足了互斥要求，不等于说就完美地解决了进程间同步的问题。一个完美的解决方案必须同时满足 3 个条件才行。

① 互斥。也就是说，没有任何两个进程可以同时访问共享资源。

② 进展。也就是说，在一个进程不使用共享资源的时候，不能阻碍他人使用共享资源。

③ 有限等待。也就是说，一个进程不能没完没了地抓住共享资源不放，让别人无限期地等下去。

进程间同步是一个要小心翼翼解决的问题，稍有考虑不周，就会出现严重的问题。为了完满解决进程间同步问题，专家们想出了很多办法，如加锁（locking）、信号量（semaphore）及监视器（monitor）等，篇幅所限，在此就不一一介绍了。

5.2.2　内存管理

前面我们已经提到过，一个程序如果要运行起来，必须先把它加载到内存中。那么，内存又具体是个什么东西呢？有内存，那么自然也有"外存"了？没错，在计算机里有很多可以存放程序和数据的地方，如 CPU 里面有寄存器，外面有缓存区，再离 CPU 远一点的就是 RAM，也就是我们常说的内存，更远一点还有硬盘、光盘、U 盘……

从图 5.4 中可以看到一个金字塔，位于塔尖的寄存器读写速度最快，但容量极小，且价格昂贵；位于塔底的硬盘容量极大，相对便宜，但读写速度很慢；而主内存介于两者之间，容量比较大，速度也比较快，价格也居中。

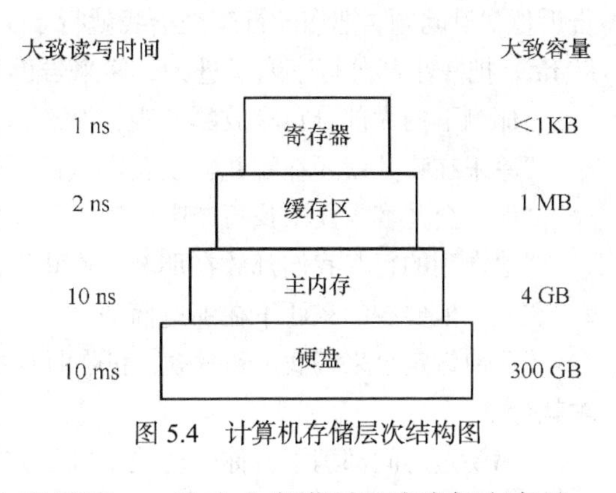

图 5.4　计算机存储层次结构图

那么，为什么非要有这么个金字塔呢？有一个速度快、容量大的存储器不就行了吗？的确，在一个完美的世界里，我们如果有一个容量超大、速度超快且断电后数据不会丢失的存储器，就不需要这个金字塔了。但你知道，世界并不完美，我们还找不到这样完美的存储器，于是就只好将就着用这个金字塔了——这个金字塔可以让我们在容量、速度和价格之间找到一个还算不错的平衡点。

前面我们提过，一个程序如果要运行，必须先被加载到内存中，为什么呢？因为寄存器和缓存区太小，通常放不下一个程序；而硬盘又太慢，如果让 CPU 直接从硬盘里读指令的话，速度将是从内存里读指令的速度的百万分之一。因此，内存这个速度较快，而且又能容纳下不少东西的地方，就成了我们加载程序的唯一选择。

那么，如果程序能长期保留在内存中，不就不需要硬盘了吗？的确如此，但内存芯片存储信息依赖于电能，断电以后，存在上面的东西就消失了。因此，为了让程序能长期保留下来，我们必须有一个不依赖于电能的存储设备，于是硬盘、光盘和 U 盘就成了必不可少的东西。

那么，内存管理是干什么的呢？内存管理是操作系统的重要工作。我们知道，操作系统是计算机内硬件资源的管理者，而内存就是最为抢手的硬件资源之一。大大小小的程序如果要运行，必须由操作系统给它们分配一定的内存空间。内存空间的分配是否合理直接关系到计算机的运行速度和效率。操作系统必须：

① 随时知道内存中的哪些地方被分配出去了，还有哪些空间可用。

② 给将要运行的程序分配空间。

③ 如果有程序结束了，就把它占用的空间收回，以便分配给新的进程。

④ 保护一个进程的空间不会被其他进程非法闯入。

⑤ 为相关进程提供内存空间共享的服务。

1. 虚拟内存

我们可以把整个系统内存想象成一个大旅馆，旅馆的一层是“旅馆管理处”，也就是操作系统。除了管理处，旅馆里最主要的东西就是客房了。这些客房，有的已经被人租住，也就是说，有进程占用；还有一些空着，也就是说，随时等待进程的入住。操作系统的主要工作就是：

① 为新来的旅客提供空房间。

② 在旅客退房之后，将其占用的房间收回。

③ 随时了解哪些房间已经被占用，哪些房间还空着，并更新房间信息。

这里，我们应该留意一个有趣的细节：旅馆的客房信息（也就是哪些房间有人，哪些房间空着）只有“管理处”才有必要知道，房客对此完全可以一无所知。当房客需要更多的房间时，他不需要自己去找，只要告诉管理处说“我需要三个房间”，管理处就会帮他解决。这个比喻可以更夸张一点。在一个住得半满的旅馆里，管理处对新来的旅客吹牛说“我们整个旅馆都空着呢，您想怎么用，就怎么用。”当旅客说“我有很多很多行李，需要一个 200 m^2 的大房间”时，管理处告诉他“没问题，把您的行李交给我就行了，包您满意。”管理员四处找了若干个小房间，才凑足 80 m^2，把一小部分行李塞了进去，回来告诉旅客说“您的行李都安置好了。”

“那剩下的大部分行李放哪儿呢？”

“原来在哪儿就还在哪儿，反正客人已经回房了，只要别让他知道就行了。”

“那一会儿客人要来找行李呢？”

“他常用的行李我们都放在那 80 m^2 里了。”

“万一他要找的东西不在那里面呢？”

“那他肯定会来问我。到时候，我临时再找个地方，把他要的行李塞进去，然后告诉他去那里拿就行了。”

“那要是房间都满了，你临时找不到地方了，怎么办呢？”

“那我就看看有没有暂时没人去的房间，把里面的东西先挪出来，再把他的东西塞进去，不就行了吗”？

“你这是拆东墙补西墙啊。”

“我这么做，他们也没什么损失。我却可以省下不少房间来招揽更多的旅客入住啊。”

“你也太狡猾了。”

“这也是不得已而为之啊。虽然广告上我们吹牛说能有 1 000 m^2 营业面积，但实际上只有 500 m^2 可用。如果实打实地分配出去，来 3 个客人地方就不够用了。而采用现在这个‘拆东墙补西墙’的骗人办法，理论上讲，来多少客人我都能应付。这就是经营之道啊。”

上面这个旅馆的故事可以说明以下几个问题。

① 实际内存的使用情况（也就是有哪些内存空间被占用，哪些空间可用）只有操作系统才需

要知道。

② 用户进程看到的内存并不是真正的物理内存，而是一个“虚拟大内存”，大到系统能支持的上限。对于 32 位系统来说，这个上限是 2^{32}，也就是 4 GB。进程傻乎乎地认为，整个 4GB 内存都是我自己的。

③ 即使实际可用的物理内存小于用户进程所需空间，进程也可以运行，因为用户进程并不需要 100%被加载到内存中。实际上，一个程序经常包含一些极少被用到的功能模块。比如，用于出错处理的功能模块，如果程序不出错的话，这部分功能模块就没必要加载到内存中。

④ 一旦需要加载程序剩余的部分，而找不到可用空间的话，操作系统可以“拆东墙补西墙”，把暂时不运行的进程挪出内存，以腾出空间加载正要运行的程序。

上述内存管理方式采用的就是“虚拟内存”技术。在 20 世纪 80 年代以前，绝大多数操作系统的内存管理方式都是相当简单粗陋的，粗陋得像一个“自助”旅馆。“自助”当然意味着凡事都要自己操心，包括找空房间都要自己操心。旅客自己找空房间，难免会出差错。一个旅客难免会有意无意地闯入其他客人的房间，甚至会有意无意地闯入“管理处”的房间，导致混乱。在一个计算机系统里，如果一个进程可以闯入其他进程的空间，甚至闯入操作系统的空间，那势必会导致系统的崩溃。

因此，将用户进程和物理内存隔离开来，给用户进程一个“虚拟内存”的概念，是内存管理的一大飞跃。虚拟内存不仅提高了系统的安全性，还可以让更多的进程同时运行，使内存的使用效率大大提高。同时，程序员在编程时，不必考虑物理内存有多大，这也降低了编程的复杂度。

2. 内存分页管理

为了方便内存管理，整个内存空间被分割成了许多大小一致的方格，每一个方格就叫一“页”。在这里，我们可以把内存和一本书作一个对比。一本书上的文字完全可以被印在长长的一大张纸上，这就像古人的“长卷”。后来，古人觉得长长的一大卷不方便，就把长卷裁开，分割成固定大小的纸页，装订成册，这就是我们现代版的图书了。

内存也是这样，一个连续完整的内存空间当然也可以用，而且 20 世纪 80 年代以前就是这样用的。但后来随着技术的发展，系统对内存管理的要求越来越高，专家们就想出了分页的办法来应付越来越细、越来越复杂的内存管理需求。

我们说过，内存有虚拟内存，还有物理内存。那么分页是分虚拟内存，还是分物理内存呢？答案是“都分了”，而且方格的大小都一致。也就是说，物理内存上的一个方格刚好能装下虚拟内存中的一页。为了把物理内存和虚拟内存中的方格区分开，我们把虚拟内存中的方格叫做“页”，把物理内存中的方格叫做“页框”（page frame）。一个页框刚好可以装下一页。

一个进程在它自己的虚拟地址空间里，是存放在一系列连续的页中。当它被加载到物理内存中时，这些连续的页就被操作系统按实际情况拆散，放到了物理内存中通常不连续的一些页框中。这就是内存分页的最大的好处。为什么呢？要回答这个问题，我们不妨想一想“不能拆散”的坏处。

举一个简单的例子，如图 5.5（a）所示，物理内存中已经存在了 3 个进程 A、B、C，它们各占用 3 页、2 页、4 页内存空间。现在，有一个进程 D 要加载进来，它要占用 4 页内存。尽管现在可用的内存的总和有 7 页之多，但都是零碎的，没有连续的 4 页内存可用，那么 D 也就无法运行了。如果允许将 D 先“拆散”，再加载的话，情况就不同了。如图 5.5（b）所示，D 被拆散为两部分，成功地加载到了内存中。

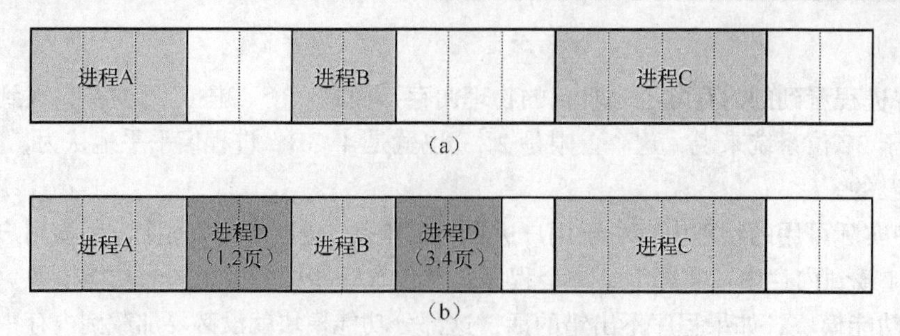

图 5.5 进程在物理内存中的分散加载

内存分页一方面可以让内存中加载更多的程序（用行话说就是，提高了计算机并行计算的能力），另一方面可以把内存中零七八碎的页都利用起来（用行话说就是，消除了内存中的碎片）。计算机因此而变得更快、更高效。

5.2.3 文件管理

计算机工作的核心就是处理信息。而信息（包括程序、文章、照片、音乐、视频……）都是以文件的形式存储在硬盘、光盘及 U 盘等存储设备上。一个文件，不论它是一张图片，还是一首歌，实质上就是存储在计算机里的一连串“0”和“1”，计算机能够以我们需要的方式把这一串“0”和“1”展现在我们面前。操作系统中负责处理文件的那部分功能模块就是文件系统。

1. 文件名

文件都是由进程创建的。进程在创建一个文件时，就会给文件起一个名字。当进程结束时，文件继续存在，其他进程可以通过文件名使用它。

不同的文件系统在命名文件时有不同的规则，但现在常见的文件系统大都支持长达 255 个字符的文件名，足够让我们在文件名上尽情发挥想象力了。有些文件系统要求给文件命名时，要区分字母大小写，如 UNIX 就是这样。在 UNIX 系统里，文件 hello、Hello 和 HELLO 是 3 个不同的文件。而 Windows 系统是不区分大小写的，因此，在 Windows 系统里，上面那 3 个名字代表的是同一个文件。

很多文件系统支持把文件名分成两部分，用一个“点”把两部分分开，如 hello.c，“点”后面的部分叫作“文件扩展名”，通常用来表示文件的类型，如表 5.1 所示。

表 5.1 常见文件扩展名

文件扩展名	文件类型
file.bak	备份文件
file.c	C 源程序
file.gif	gif 图片
file.hlp	帮助文件
file.html	网页格式文件
file.jpg	Jpeg 图片
file.mp3	mp3 音乐
file.mpg	MPEG 视频
file.o	编译生成的目标文件

续表

文件扩展名	文件类型
file.pdf	PDF 格式文件
file.tex	TeX 排版源文件
file.txt	纯文本文件
file.zip	压缩文件

有些文件系统（如 Windows）给扩展名赋予了严格的意义，也就是说，不同的扩展名代表不同类型的文件，不能乱用；而另一些文件系统（如 UNIX）对扩展名没有严格的要求，它们通过读取文件内容的“特征部分”来确定文件的类型。例如：

① UNIX shell scripts（一种程序文件）都是以“#!”开头的。

② PDF 文件都是以“%PDF……”开头的。

③ EPS 文件都是以“%! PS-……”开头的。

④ JPEG 文件的开头部分都带有“JFIF”字符。

⑤ PNG 文件的开头部分都带有“PNG”字符。

⑥ Linux 所有可执行文件的开头都带有“ELF”字符。

通过识别这些特征字符，操作系统就可以判断文件的类型了。

2. 文件类型

很多文件系统，如 UNIX 和 Windows，都支持多种多样的文件。UNIX 和 Windows 都支持普通文件和目录。普通文件里装的都是用户感兴趣的信息，而目录则是一种系统文件，用来维护文件系统的树状结构。

除此之外，UNIX 还支持一些特殊的“设备文件”。事实上，在 UNIX 系统里，所有东西都是文件，包括键盘、鼠标、硬盘、光盘、网卡、声卡、显卡、硬盘、光驱、U 盘……所有硬件设备在 UNIX 系统里，都是以文件的形式呈现在用户面前的。系统的输入/输出也都是以读/写文件的方式实现的。为了方便用户程序读写文件（包括设备），UNIX 提供了一套简单高效的“系统调用”函数（system calls），例如，“open ( )”、“read ( )”、“write ( )”、“close ( )”等。

“所有东西都是文件”这一思想非常简单，却又非常实用，成功体现了 UNIX“简单就是美”的设计原则。虽然系统里有五花八门的硬件设备，但 UNIX 为用户程序提供了一个单一的“文件”接口，使用户不必操“五花八门”的心。例如，一个程序员

① 如果要编程实现读/写硬盘上的文件，他不必去了解硬盘的相关技术，只要去读/写硬盘文件就行。

② 如果要编写一个网络应用程序，他也不必去研究网卡是怎么回事，只要去读/写网卡文件就行了。

③ 如果要编写一个音乐播放器程序，他也不必去研究声卡是如何工作的，只要去读/写声卡文件就行。

而“读/写（硬盘、网卡、声卡……）文件”无非就是调用“open ( )”、“read ( )”、“write ( )”、“close ( )”……这些系统调用函数。这大大降低了程序员编程的复杂度，同时也大大增加了程序的可移植性。比如说，如果程序员要先学习网卡是如何工作的，然后才能编程的话，那么一旦换了网卡，网卡工作方式也就随之改变了，那么程序员不得不随之修改程序。而现在“所有东西都是文件”，网卡相关的细节问题，自有操作系统去处理。无论用什么网卡，程序员的程序（面对“文

件”）都照转无误。

3. 文件属性

“文件”作为一个名词，在计算机诞生之前就存在了。一提起文件，我们脑子里出现的通常是一摞稿纸，上面写满了文字、图表等信息。存储在计算机中的文件也大致就是这个样子。每个文件除了有名字和内容，还会有一些关于这个文件的描述信息。常见的描述信息包括文件标识号、大小、修改时间、所有者、存放位置和访问权限等。

（1）文件标识号

文件就类似一个人。人可以有多个名字，如学名、笔名、网名、小名……但只有一个身份证号码。文件标识号就是文件的“身份证号码”。文件可以有多个名字，但只能有一个“标识号”。

（2）存储位置

这个信息指明了文件在存储设备上存放的位置。

（3）大小

指明了文件的大小，有多少字节、多少单词，占多大空间，等等。

（4）访问权限

指明什么人可以读、写、执行这个文件。

（5）修改时间

指明文件的创建时间、最后修改时间和最后被访问的时间。

（6）所有者

指明这个文件属于哪一个用户。

4. 文件操作

文件系统既要负责把众多的文件按部就班地存放在硬盘（或其他外围存储设备）上，还要负责维护好文件的描述信息。当然，文件系统还要提供一系列的功能以满足用户对文件的操作需求，例如，文件的建立、删除、读取、修改、复制、移动和重命名等。

（1）创建文件

创建一个文件通常需要分两步走：首先，操作系统要为这个新文件找到一个存储空间；然后，标明这个文件在目录树中的位置。

（2）写文件

写文件就是常说的修改文件，在文件中添加、删除或修改一些内容。这一操作需要调用操作系统提供的“write ( )”系统调用函数。在调用“write ( )”时，要指明文件名和要写入的内容。系统会根据你提供的文件名找到文件的存储位置，然后进行修改操作。

（3）读文件

读文件要调用“read ( )”系统调用函数。和写操作类似，在调用“read ( )”时也要指明文件名，还要指明读出的内容放到哪里去。

（4）删除文件

删除一个文件的大致过程是：先要在目录树里找到它，然后释放这个文件所占用的所有空间，最后从目录树里把它删除。

（5）复制文件

复制文件可以被看做是：创建文件 + 读文件 + 写文件。

（6）移动、重命名

这些操作对文件的内容没有影响，只是修改了文件的描述信息而已。

5. 目录

为了让用户能比较方便地操作文件，文件系统通常以树状结构的形式呈现出来，行话叫“目录树”。目录通常也叫“文件夹”。一个文件夹里可以有若干个文件和子文件夹。每个子文件夹里又可以有若干个文件和子文件夹。如图 5.6 所示，系统里所有的文件、文件夹和子文件夹都是以树状结构呈现在用户面前的。

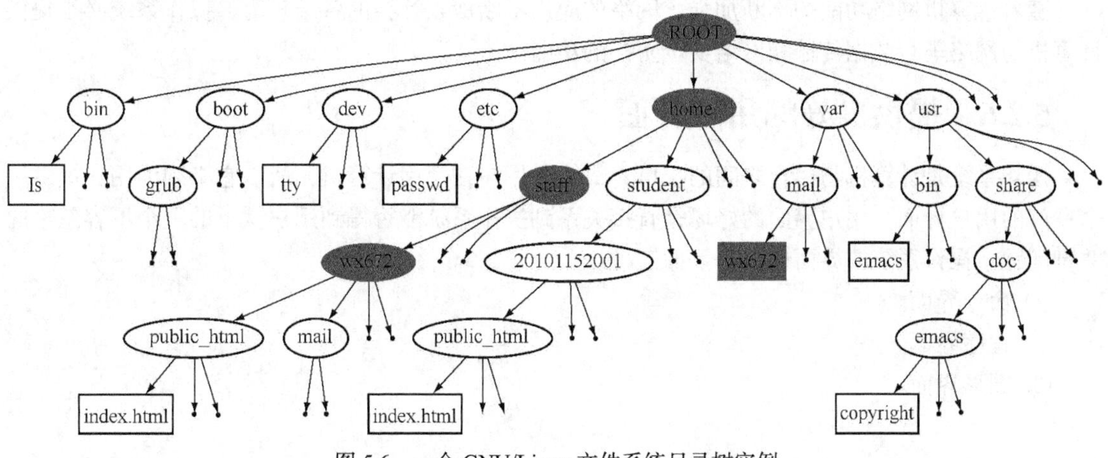

图 5.6　一个 GNU/Linux 文件系统目录树实例

针对目录的操作与针对文件的操作十分类似，用户可以添加目录，删除目录，列出目录内容，复制目录，移动目录，重命名目录，等等。

5.2.4　设备管理

操作系统是介于用户程序和硬件设备之间的一层软件。也就是说，它既要和用户程序打交道，也要和硬件设备打交道。操作系统和硬件设备打交道依靠的就是设备驱动程序。

操作系统内部有很多设备驱动程序。更直接地说，你的计算机里有哪些硬件设备，操作系统里就必然要有哪些驱动程序。离开了驱动程序，硬件就无法工作。例如，上网要用网卡，那么操作系统里就必须有相应的网卡驱动；听音乐要用声卡，那么操作系统里就必须有相应的声卡驱动；看电影当然要用显卡，那么操作系统里必须有相应的显卡驱动。键盘、鼠标、硬盘……所有这些硬件设备都必须有相应的驱动程序才能正常工作。

前面我们说过，操作系统的工作是围绕着“中断”进行的。无论是硬件中断，还是软件中断，最终的中断处理工作都是由相应的中断服务程序完成的。而所谓“中断服务程序”，实际上就是设备驱动程序的一部分。例如，一个进程要读取硬盘上的文件，它就会调用“system call”，向操作系统发出读文件（软件中断）的请求。在这个请求里，它肯定指明了要读取哪个文件（文件名）的哪些部分（读取多少）。于是，操作系统里相关的中断处理程序（也就是硬盘驱动程序）就会向硬盘控制器发出一个读文件的指令。硬盘控制器读取硬盘上的文件，并将读到的结果返回给硬盘驱动程序，最后再交给要读文件的进程。

现在硬件技术发展飞快，新硬件层出不穷。那么，一个操作系统如果要支持新新旧旧的所有硬件，岂不是要包含所有的驱动程序？操作系统软件岂不是要非常庞大？为了解决这个问题，现在流行的操作系统都采用了一个新技术，叫“驱动程序模块化”。“模块化”可以让操作系统在开机启动的时候，根据计算机硬件的实际情况，只选择加载必须使用的驱动程序。另外，需要注意的是，针对同样的硬件设备，不同的操作系统所提供的驱动程序是不同的。也就是说，一个驱动程序不能在所有操作系统里使用。比如说，Windows 的网卡驱动程序不能用于 Linux 系统，反之亦然。

5.2.5 网络管理

随着计算机网络功能的不断加强，网络的应用不断深入社会的各个角落，操作系统必须提供计算机与网络进行数据传输和网络安全防护的功能。

5.2.6 提供良好的用户界面

操作系统是计算机与用户之间的接口，最终是用户在使用计算机，所以它必须为用户提供一个良好的用户界面。用户界面的好坏是直接关系到操作系统能否得到用户认可的一个不容忽略的关键问题。操作系统的界面通常有下面三种。

① 命令界面。

② 程序界面。

③ 图形界面。

5.3 操作系统的分类

经过了 50 多年的迅速发展，操作系统已经能够适应各种不同的应用环境和各种不同的硬件配置，多种多样的操作系统功能也相差很大。操作系统按不同的分类标准可分为不同类型的操作系统，如图 5.7 所示。

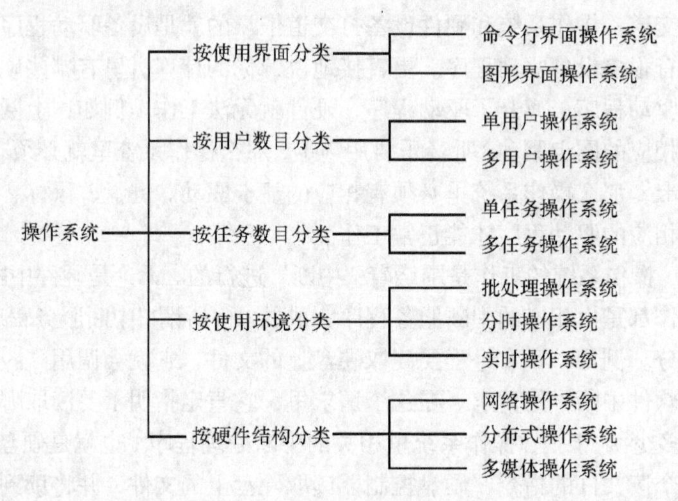

图 5.7　操作系统的分类示意图

1．按与用户交互的界面分类

（1）命令行界面操作系统

在命令行界面操作系统中，用户只能在命令提示符后（如 C:\>）输入命令才能操作计算机。其界面不友好，用户需要记忆各种命令，否则无法使用系统，如 MS-DOS、Novell 等系统。

（2）图形界面操作系统

图形界面操作系统交互性好，用户不须记忆命令，可根据界面的提示进行操作，简单易学，如 Windows 系统。

2. 按能够支持的用户数目分类

（1）单用户操作系统

单用户操作系统只允许一个用户使用操作系统，该用户独占计算机系统的全部软、硬件资源。目前，在微型计算机上使用的 MS-DOS、Windows 3.x 和 OS/2 等属于单用户操作系统。

单用户操作系统可分为单任务操作系统和多任务操作系统。其区别是一台计算机能否同时执行两项（含两项）以上的任务，比如在数据统计的同时能否播放音乐等。

（2）多用户操作系统

多用户操作系统是在一台主机上连接有若干台终端，能够支持多个用户同时通过这些终端机使用该主机进行工作。根据各用户占用该主机资源的方式，多用户操作系统又分为分时操作系统和实时操作系统。典型的多用户操作系统有 UNIX、Linux 和 VAX/VMS 等。

3. 按是否能够运行多个任务分类

（1）单任务操作系统

单任务操作系统的主要特征是系统每次只能执行一个程序。例如，打印机在打印时，微机就不能再进行其他工作了，如 DOS 操作系统。

（2）多任务操作系统

多任务操作系统允许同时运行两个以上的程序。例如，在打印时，可以同时执行另一个程序。如 Windows NT、Windows 2000/XP、Windows Vista/7 和 UNIX 等系统。

4. 按使用环境分类

（1）批处理操作系统

批处理操作系统（Batch Processing Operating System）的工作方式是：用户将作业交给系统操作员，系统操作员将许多用户的作业组成一批作业，之后输入到计算机中，在系统中形成一个自动转接的、连续的作业流，然后启动操作系统，系统自动依次执行每个作业，最后由操作员将作业结果交给用户。批处理操作系统的特点是：多道和成批处理。如 MVX、DOS/VSE 和 AOS-V 等操作系统。

（2）分时操作系统

分时操作系统（Time Sharing Operating System，TSOS）的工作方式是：一台主机连接了若干个终端，每个终端有一个用户在使用。用户交互式地向系统提出命令请求，系统接受每个用户的命令，采用时间片轮转方式处理服务请求，并通过交互方式在终端上向用户显示结果。用户根据上步结果发出下道命令。分时操作系统将 CPU 的时间划分成若干个片段，称为时间片。操作系统以时间片为单位，轮流为每个终端用户服务。每个用户轮流使用一个时间片而使每个用户并不感到有别的用户存在。分时系统具有多路性、交互性、独占性和及时性的特征。多路性是指，同时有多个用户使用一台计算机，宏观上看是多个人同时使用一个 CPU，微观上是多个人在不同时刻轮流使用 CPU。交互性是指，用户根据系统响应结果进一步提出新请求（用户直接干预每一步）。独占性是指，用户感觉不到计算机为其他人服务，就像整个系统为他所独占。及时性是指，系统对用户提出的请求及时响应。它支持位于不同终端的多个用户同时使用一台计算机，彼此独立互不干扰，使用户感到好像一台计算机全为他所用。

常见的通用操作系统是分时系统与批处理系统的结合。其原则是：分时优先，批处理在后。

“前台”响应需频繁交互的作业，如终端的要求；“后台”处理时间性要求不强的作业。其特点是具有交互性、即时性、同时性和独占性，如 UNIX、XENIX 等操作系统。

（3）实时操作系统

实时操作系统（Real Time Operating System，RTOS）是指使计算机能及时响应外部事件的请求，在规定的严格时间内完成对该事件的处理，并控制所有实时设备和实时任务协调一致地工作的操作系统。实时操作系统要追求的目标是：对外部请求在严格时间范围内做出反应，有高可靠性和完整性。其主要特点是资源的分配和调度首先要考虑实时性，然后才是效率。此外，实时操作系统应有较强的容错能力。如 IRMX、VRTX 等操作系统。

5. 按硬件结构分类

（1）网络操作系统

网络操作系统（Network Operating System，NOS），通常运行在服务器上的操作系统，是基于计算机网络的，是在各种计算机操作系统上按网络体系结构协议标准开发的软件，包括网络管理、通信、安全、资源共享和各种网络应用。其目标是相互通信及资源共享。在其支持下，网络中的各台计算机能互相通信和共享资源。其主要特点是与网络的硬件相结合来完成网络的通信任务。网络操作系统被设计成在同一个网络中（通常是一个局部区域网络 LAN，一个专用网络或其他网络）的多台计算机中的可以共享文件和打印机访问。流行的网络操作系统有 Linux、UNIX、BSD、Windows Server、Mac OS X Server、Novell NetWare、Windows NT、OS/2Warp 和 Sonos 操作系统。

（2）分布式操作系统

分布式操作系统（Distributed Operating System）是为分布式计算系统配置的操作系统。大量的计算机通过网络被连结在一起，可以获得极高的运算能力及广泛的数据共享，这种系统被称作分布式系统（Distributed System）。它在资源管理，通信控制和操作系统的结构等方面都与其他操作系统有较大的区别。由于分布式计算机系统的资源分布于系统的不同计算机上，操作系统对用户的资源需求不能像一般的操作系统那样等待有资源时直接分配的简单做法而是要在系统的各台计算机上搜索，找到所需资源后才可进行分配。对于有些资源，如具有多个副本的文件，还必须考虑一致性。所谓一致性是指若干个用户对同一个文件所同时读出的数据是一致的。为了保证一致性，操作系统须控制文件的读、写操作，使得多个用户可同时读一个文件，而任一时刻最多只能有一个用户在修改文件。分布式操作系统的通信功能类似于网络操作系统。由于分布式计算机系统不像网络分布得很广，同时分布式操作系统还要支持并行处理，因此它提供的通信机制和网络操作系统提供的有所不同，它要求通信速度高。分布式操作系统的结构也不同于其他操作系统，它分布于系统的各台计算机上，能并行地处理用户的各种需求，有较强的容错能力。

分布式操作系统是网络操作系统的更高形式，它保持了网络操作系统的全部功能，而且还具有透明性、可靠性和高性能等。网络操作系统和分布式操作系统虽然都用于管理分布在不同地理位置的计算机，但最大的差别是：网络操作系统知道确切的网址，而分布式系统则不知道计算机的确切地址；分布式操作系统负责整个的资源分配，能很好地隐藏系统内部的实现细节，如对象的物理位置等。这些都是对用户透明的。如 Amoeba 操作系统。

（3）多媒体操作系统

多媒体计算机是近几年发展起来的集文字、图形、声音和活动图像于一身的计算机。多媒体操作系统对上述各种信息和资源进行管理，包括数据压缩、声像同步、文件格式管理、设备管理及提供用户接口等。

5.4　操作系统家族

一提到“计算机”这 3 个字，你脑子里出现的是不是下面这个东西？就是一个传统意义上的个人计算机。主机、显示器、键盘、鼠标这些只是计算机硬件。这个里面装的是什么操作系统呢？其实，作为一个普通的计算机使用者，我们是不直接接触操作系统的。如图 5.1 所示，用户只使用应用程序，应用程序才需要和操作系统打交道。

但不接触不等于不关心，操作系统的优劣直接影响到整个计算机系统的性能，这就像一个政府的优劣直接关系到一个国家的兴衰一样。那么，现在我们就来对这些操作系统“品头论足”一番吧。

目前，操作系统的种类和数量用“多如牛毛”来形容并不算太过分。不信？大家可以看看维基百科上的几篇文章：

- 《List of operating systems》
- 《Comparison of operating systems》

笼统地说，常见的操作系统可以分为如下 3 类。

① UNIX 家族操作系统。

② Windows 家族操作系统。

③ 其他操作系统。

5.4.1　UNIX 家族操作系统

UNIX 诞生于 1969 年。一开始，美国计算机科学家 Ken Thompson（见图 5.8）发明了一种编程语言，叫 B 语言，并用它写出了 UNIX。但他发现 UNIX 的性能很不理想。于是，他的同事 Dennis Ritchie 又重新开发了一种编程语言，这就是著名的 C 语言。他们用 C 语言重写了 UNIX。之后 UNIX 逐渐发展成为一个庞大的操作系统家族，对现代操作系统的发展一直产生着重大的影响。UNIX 被认为是 20 世纪 IT 行业最伟大的发明。当年 Thompson 和 Ritchie 的 4 000 余行程序代码，至今仍被认为是世界上最有影响力的软件。

图 5.8　UNIX 之父，时年 31 岁的 Dennis Ritchie（立）和 29 岁的 Ken Thompson（坐）在 1972 年

在这个人丁兴旺的 UNIX 大家族里，有这么两个分支是我们不能不提的。

（1）BSD

BSD（Berkeley Software Distribution）是 UNIX 大家族中一个久负盛名的“家庭”，其中包括 FreeBSD、NetBSD、OpenBSD 和 PC-BSD 等优秀家庭成员。这些操作系统因为它们出色的性能和安全性而广受赞誉，它们普遍被用来做 Web 服务器。当然，也有不少 BSD 粉丝把它们装到个人计算机上。互联网的发展在很大程度上要归功于 BSD 一家，因为众多的网络协议都是首先在 BSD 系统上尝试、实施并优化的。世界上的第一个 Web 服务器就是首先在 BSD 的一个分支系统上运行的。

早在 1974 年，美国加州大学伯克利分校就已经用上了 UNIX 系统。该校计科系的师生们以 UNIX 为基础，进行了大量的学习、研究和开发工作。1978 年，该校 Bill Joy 同学在 UNIX 第 6 版的基础上推出了自己的 BSD 系统，它标志着 BSD 家族的诞生。Bill Joy 同学实非等闲之辈，1982 年，他与其他人合创了自己的公司，那就是大名鼎鼎的 SUN Microsystem。

BSD 家族里还有一个不太起眼的分支 NeXTSTEP。后来，NeXT 公司被苹果公司收购。苹果在 NeXTSTEP 的基础上开发出了今天炙手可热的 Mac OS X 系统（见图 5.9）。

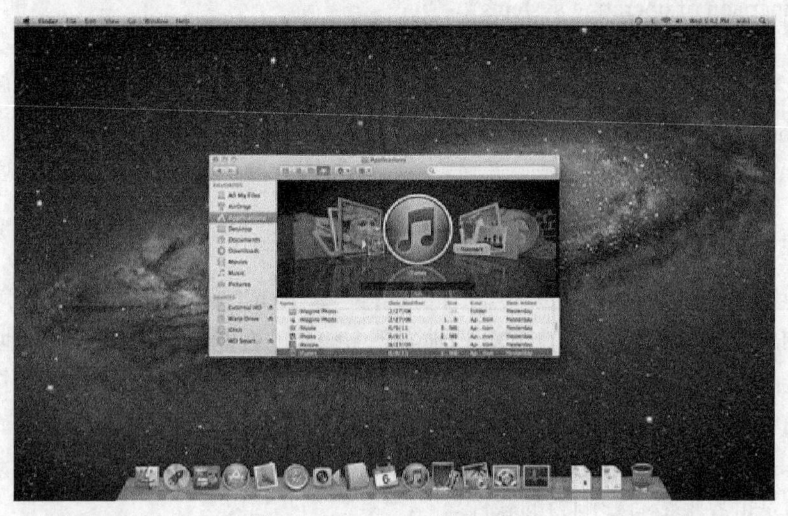

图 5.9　Mac OS X 的标准桌面

（2）GNU/Linux

GNU/Linux 对很多同学来讲，是一个陌生、奇怪而拗口的名字。但它却是 UNIX 家族中最为兴旺发达的一个大家庭。它的家庭成员之多，应用之广，远远超过了现有的任何操作系统家族（或家庭）。大到世界上最强大的超级计算机，小到手机，甚至手表上，都可以看到 Linux 的身影。广受企业用户欢迎的 RedHat（红帽），拥有百万桌面用户的 Ubuntu，还有在手机、平板电脑市场上独占鳌头的 Android 系统，它们都是 Linux 家族的成员。

图 5.10　Richard Stallman，GNU 项目的创始人

GNU 是“GNU is Not Unix!”的递归缩写。

说来话长，要知道 GNU 是什么，我们必须先认识一个人，他叫 Richard Matthew Stallman（见图 5.10），江湖人称 rms。在计算科学的王国里，rms 是个备受尊崇的神话式英雄。他令人景仰的职业生涯是从大名鼎鼎的 MIT 人工智能实验室开始的。20 世纪 70 年代中后期，他在那里开发出了著名的 Emacs 编辑器。直到 30 多年后的今天，Emacs 还是世界上最强大的编辑器，是职业程序员的首选编程工具。

20 世纪 80 年代早期，UNIX 的所有者 AT&T 公司不再对外公开 UNIX 的源代码。同时，商业软件公司从人工智能实验室吸引走了绝大多数优秀的程序员，并和他们签署了严格的保密合同。rms 孤零零地坐在空荡荡的办公室里，而且看不到 UNIX 的源代码。作为一个软件研究员，其郁闷之情难免会引发极端的想法。他认为软件和其他产品不同，在复制和修改方面不该受到任何限制。只有这样，才能开发出更好、更强的软件。1983 年，他在著名的《GNU 宣言》中，向世人宣告了 GNU 项目的启动，开始了贯彻其哲学的"自由软件运动"。

rms 要开发出一套和 UNIX 一样优秀的操作系统，这个系统的名字就叫 GNU，在技术上，它将不输于 UNIX。不同于 UNIX 的是，它是自由、开放的操作系统，任何人都可以自由地获得它的源代码。这就是"GNU is Not Unix!"的意义所在。

为了最终实现开发出一个自由操作系统的梦想，他得先制造些工具。于是，在 1984 年初，rms 开始创作一个令商业企业程序员叹服的作品——GNU C 编译器（gcc）。他出神入化的技术才能，令所有商业软件程序员自愧不如。gcc 被公认为是世界上最高效、最强健的编译器之一。

到 1991 年，GNU 项目已经开发出了众多工具软件，大家期待已久的 GNU C 编译器也问世了，但自由操作系统还没有出现。GNU 操作系统内核——HURD 还在开发之中，几年之内还不可能面世。但就在这一年，一个自由的操作系统在芬兰的赫尔辛基大学悄然诞生了，它就是 Linux。

1991 年，Linus Benedict Torvalds（见图 5.11）还是个学生，在芬兰赫尔辛基大学念计算机专业二年级。同时，他也是个自学成才的黑客。这个长着沙滩色黄头发，说话软绵绵的 21 岁芬兰帅哥喜欢折腾他的计算机，把它不断推向能力的极限。但他缺少一个合适的操作系统来满足他如此专业的需求。MINIX 不错，可它只适合学生，是个教学工具，而不是一个强大的实战系统。

图 5.11　Linus Torvalds 和 Linux 吉祥物

1990 年，服了一年兵役的 Linus 重新回到学校，开始钻研 UNIX。一年之后，1991 年 8 月 25 日，Linus 在 MINIX 新闻组发出了历史性的一贴，由此宣告了 Linux 操作系统的诞生。

Linus 自己并没预料到他的小创造将会改变整个计算科学领域。1991 年 9 月中旬，Linux 0.01 版问世了，并且被放到了网上。它立即引起了人们的注意。源代码被下载、测试、修改，最终被反馈给 Linus。1991 年 10 月 5 日，0.02 版出来了。几周以后，Linux 0.03 版发布了。1991 年 12 月，Linux 0.10 版发布了。这时的 Linux 还显得很简陋，它只能支持 AT 硬盘，而且不用登录（启动就进入 bash）。Linux 0.11 版有了不少改进，可以支持多国语言键盘、软驱、VGA、EGA 及 Hercules 等。Linux 的版本号从 0.12 直接上升到了 0.95、0.96……

Linux 的开发非常活跃。加入开发的人数很快就超过了 100，然后是数千，再然后是数十万。Linux 不再只是个黑客的玩具，配合上 GNU 项目开发出的众多软件，Linux 已经可以走向市场了。1992 年 12 月中旬，Linus 正式以 GNU 公共许可证（GPL）发布了 Linux 的 0.99 版，这标志着"自由软件运动"从此真正有了自己的操作系统。任何人都可以自由获得它的源代码，可以自由复制、学习和修改它。学生和程序员们都没错过这个机会。Linux 的源代码通过在芬兰和其他一些地方的 FTP 站点传遍了全世界。

不久，软件商们也看到了巨大的商机，闻风而至。Linux 是自由的操作系统，软件商们需要做的只是把各种各样的软件在 Linux 平台上编译，然后把它们组织成一种可以推向市场的形式。这和其他操作系统的运作模式没什么区别，只是 Linux 是自由的。RedHat、Caldera 和其他一些公司都获得了相当大的市场，获得了来自世界各地的用户。除了这些商业公司，非商业的编程专家们也志愿地组织了起来，推出了他们自己的品牌——享誉全球的 Debian。配上崭新的图形界面（如 X Window System、KDE、GNOME），Linux 的各个品牌都备受欢迎。

Linux 的最大优势就是推动它前进的巨大开发热情。一旦有新硬件问世，Linux 内核就能快速被改进以适应新硬件。比如，Intel Xeon 微处理器才问世几个星期，Linux 新内核就跟上来了。它还被用在了 Alpha、ARM、MAC 及 PowerPC 等几十种硬件架构上。目前，Linux 是世界上支持硬件架构最多的操作系统。

至于 Linus 本人，他保持着简单的生活。不像比尔 · 盖茨，Linus 不是亿万富翁。完成学业之后，他移居美国，一直领导着 Linux 内核的开发工作。世界范围内的计算机社区都对 Linus 推崇备至，到目前为止，他仍是我们这个星球上最受欢迎的程序员。

5.4.2 Windows 家族操作系统

中学时代的比尔 · 盖茨就在计算机编程方面表现出了浓厚的兴趣和超人的天赋。他曾经和几个同学（包括 Paul Allen，后来的微软合伙创始人）入侵学校主机系统，以获取更多的免费上机时间。东窗事发后，学校让他们负责寻找系统的软件漏洞，以换取自由上机时间，同时还付给他们一定的报酬。在工作过程中，比尔 · 盖茨有机会接触到各种各样的程序，包括 FORTRAN、LISP，还有直接用机器码编写的程序。

1973 年秋天，比尔 · 盖茨以优异的成绩考入哈佛大学。在哈佛，尽管盖茨的成绩一直很不错，但他并没有一个很明确的学习目标和计划，他把大量的时间花在了学校的计算机上。他和中学好友 Paul Allen 保持着联系。他们都怀着一颗跃跃欲试的心，密切关注着计算机科学日新月异的快速发展。终于，在 1975 年，他们再也坐不住了，比尔 · 盖茨从哈佛退学，与 Paul Allen 共同创办了自己的软件公司——Microsoft。

1980 年 7 月，IBM 为了即将推出的 IBM PC 来找微软公司，希望微软能为他们写一个 BASIC 解释器。同时，比尔 · 盖茨得知 IBM 向另一家公司购买操作系统的谈判刚刚失败，希望微软能帮他们找一个操作系统。精明的比尔 · 盖茨没有坐失商机，他迅速地花 5 万美元从一个西雅图黑客手里买了一个简陋的操作系统，略加改进就满足了 IBM 的需求。从此，微软和 IBM 建立了重要的伙伴关系。IBM 卖出的每一台 PC 里都装上了微软操作系统——MS-DOS。

盖茨并没有把 DOS 系统的版权卖给 IBM。因为精明的他相信其他计算机硬件厂家很快就会"克隆" IBM 的系统。果不其然，在很短的时间内，各种 IBM 兼容机如雨后春笋般纷纷上市，它们装的都是廉价的 MS-DOS 系统。凭借着聪明的市场策略，这个简陋的操作系统悄悄渗透到了世界的每一个角落。

1985 年 11 月，微软公司为 MS-DOS 添加了一个简单的图形界面，并将它取名为 Windows，这就是微软视窗系统的开端。之后的十余年，Windows 系统不断地改进、完善。1990 年，微软公司推出 Windows 3.0，1992 年推出 Windows 3.1，这两个版本在虚拟内存等方面都做了显著的改进，被认为是 Windows 系统发展的一个里程碑。Windows 的下一个里程碑是 1995 年的 Windows 95 和 1998 年的 Windows 98。它们支持 32 位应用程序，在用户界面设计上采用了面向对象技术，而且支持长文件名和即插即用硬件。

在个人计算机市场上，微软系统凭借其价格优势，很快就取代了苹果计算机的主导地位。2000年前后的10年间，MS-Windows一直占据着超过90%的桌面计算机市场份额，成为桌面计算机市场上名副其实的霸主。直到近年，随着Linux和Mac OS X系统的逐渐流行，MS-Windows的市场份额开始下降。2012年7月份的网上调查显示，MS-Windows的市场占有率已下降到了85%左右。

Windows 7是微软公司于2009年推出的个人计算机操作系统，市场反映相当不错。Windows 8也在2012年底推向了市场，如图5.12所示。

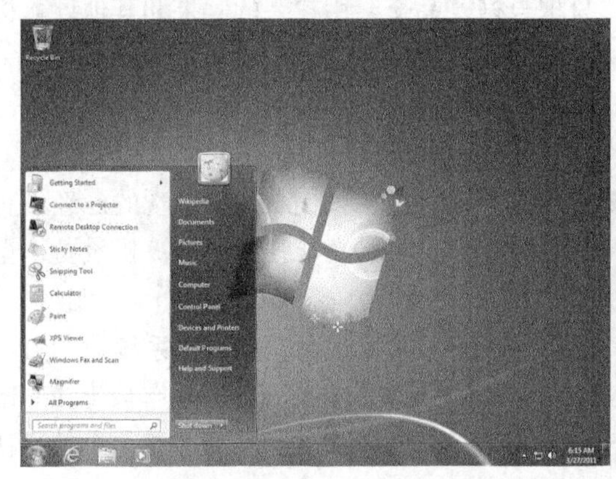

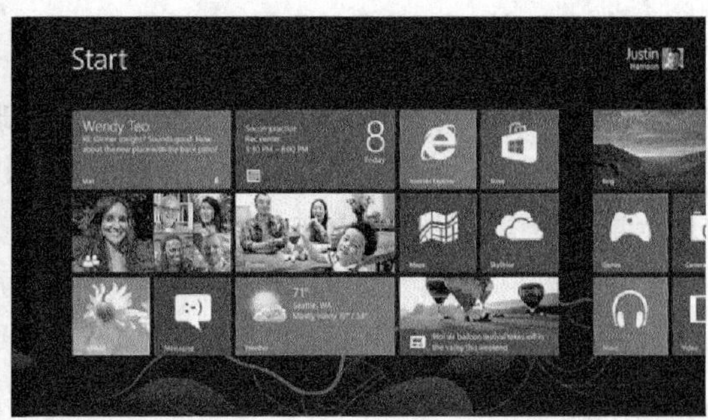

图5.12 Windows 7桌面和Windows 8桌面

为了走向服务器市场，微软公司在1993年开始推出它的Windows NT多用户操作系统。随后，Windows NT系列中的Windows 2000、Windows Server 2003渐次推出，并取得了巨大的商业成功。

MS-Windows从诞生之初就饱受非议。随着其市场占有率的逐年提高，批评的声浪也随之加大，这其中有3方面的原因：其一，西方人有民主、平等和言论自由的传统，他们笃信“社会是在抱怨声中进步的”，因此，在西方，强者面对的大多是批评，而不是歌功颂德；其二，微软公司的商业策略和竞争手段都有“不正当”之嫌，如在第三世界国家，尤其是中国，纵容盗版以达到垄断市场的目的，再如IE浏览器与其操作系统的捆绑销售，这些事例令微软的公众形象大受损伤；其三，也是最为重要的一点，MS-Windows的安全性与其他主流操作系统相比，实在是太脆弱了。

Windows的安全性问题由来已久。微软操作系统最初的设计目标就是要给用户提供一个便宜的、单用户的、不连网的、“好用”的系统。因此，安全功能根本就不在设计目标之内。与之形成鲜明对比的是UNIX系统。UNIX最早的设计目标是简单、高效、联网、多用户。联网和多用户支持这样的功能需求，要求UNIX在设计之初就必须充分地考虑到系统的安全性。同时，因为UNIX并没有把“好用”考虑在内，所以它去除了很多“对用户友好”而对专业人士可有可无的东西，这就更大大加强了它的安全性、可靠性和高效性。

后来，微软公司推出的Windows NT系列虽然也是面向多用户的，也在设计中考虑了安全性，但是由于当时（20世纪90年代初期）互联网才刚刚为人所知，Windows NT设计者的头脑中似乎没有太多网络安全的概念。这些设计上的先天不足，加上编程中的漏洞，使日益流行的Windows系统自然而然地成为了网络蠕虫等病毒的首选攻击目标。与Windows NT系列相比，微软的Windows 9x系列都是单用户系统，其安全设计更加简陋，其脆弱的安全性招致了广泛、激烈的批评。2005年6月，美国权威的计算机网络安全公司Counterpane Internet Security在一份报告中说，2005年上半年出现了1 000多种蠕虫和病毒。还是在2005年，卡巴斯基实验室发现了大约11 000

个针对 Windows 系统的恶意程序，包括病毒、木马、后门和破解程序。

微软公司通过它的 Windows Update 更新系统，大约每个月都会发布一个安全补丁。微软公司的“安全服务包”可达百兆之巨。但如此频繁而巨大的补丁也无法满足用户的需求。Google 工程师 Tavis Ormandy 向微软报告过一个 Windows VDM 安全漏洞，该漏洞在被报告了 7 个月之后才被补上。更有报告宣称，有的安全漏洞在被发现了 200 天以后才被补上。其实这绝不代表微软的员工不敬业，而实在是系统漏洞太多，纵是千手观音也补之不及吧。

微软公司先将一个漏洞百出的产品推向市场，抢占市场之后再不断地给用户打补丁。这一“市场第一”的做法，使微软公司与坚持“质量第一，只把合格产品交给用户”的苹果和其他计算机业大公司相比，诚信广受质疑，其“聪明”的做法也成为业界笑柄。

5.4.3 其他操作系统

随着硬件技术的发展，计算机越做越小巧。现在一提到计算机，我们脑子里出现的已经不止是台式机和笔记本，还有智能手机、平板电脑、PDA……它们也都是功能强大的计算机设备，里面也装着一个功能完备的操作系统。

智能手机、平板电脑和 PDA，我们都称之为“移动设备”。移动设备里的操作系统我们自然也称之为“移动设备操作系统”，西方人称为 Mobile OS。Mobile OS 在传统 PC 操作系统的基础上又加入了触摸屏、移动电话、蓝牙、Wi-Fi、GPS 和近场通信等功能模块，以满足移动设备所特有的需求。

现在市面上比较有点名气的 Mobile OS 有 Google 的 Android、苹果的 iOS、Accenture 的 Symbian、RIM 的黑莓及微软的手机系统等。

1. Android

Android 是 Google 开发的一个 Linux 分支系统，它是开源的自由软件，也是 UNIX 大家族的一员。从 2007 年问世以来，Android 系统增长迅速。从 2009—2010 年的两年间，市场份额增长了 850%，很快就超过了苹果的 iOS。现在，Android 已经占据了超过 60%的移动平台市场。从图 5.13 中可以看到，用“一枝独秀”来形容 Android 也并不过分。

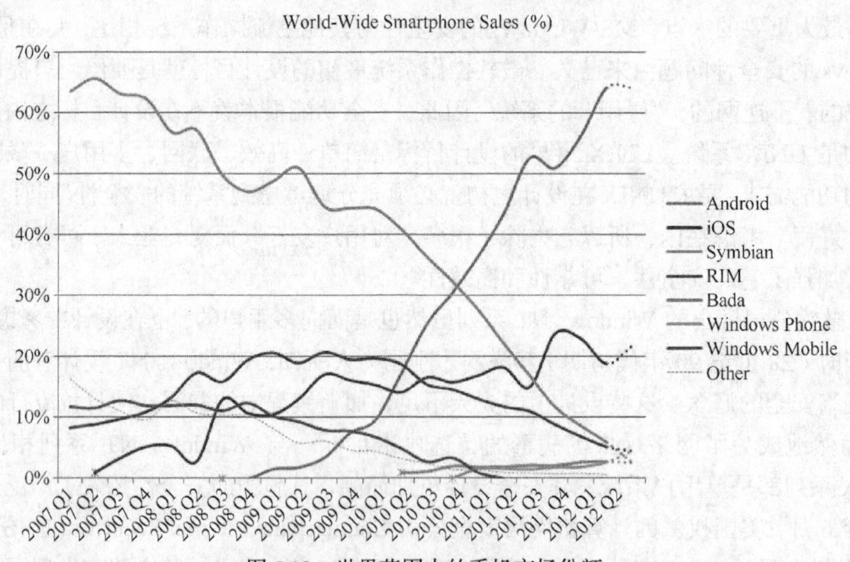

图 5.13 世界范围内的手机市场份额

2. iOS

苹果出产的 iPhone、iPod touch、iPad 和第二代 Apple TV 都装着同样的操作系统，那就是 iOS。iOS 是从苹果的 Mac OS X 分支出来的。而 Mac OS X，我们前面已经提到过，它也是 UNIX 的一个分支系统。苹果的产品一直凭借其过硬的品质和出色的用户体验保有着一个庞大而忠实的用户群体。

3. Linux

最初，由于芬兰赫尔辛基大学学生 Linus Torvalds 不满意教学中使用的 MINIX 操作系统，所以他在 1990 年底基于个人爱好设计出了 Linux 系统核心。后来，Linux 被发布于芬兰最大的 FTP 服务器上，用户可以免费下载，所以它的周边程序越来越多，Linux 本身也逐渐发展壮大起来。之后 Linux 在不到 3 年的时间里成为了一个功能完善，稳定可靠的操作系统。Linus Torvalds 没有想过 Linux 发展到今天会变得这么大，他说当初他写 Linux 只是当作一个短期的项目，并随时准备用更好的设计来替代的——他认为一定会有其他人做出更强大、更专业的内核来。同时，当时他只是将 Linux 当做自己的一个小爱好而已。Linus 认为开源软件是一个了解世界编程情况的好方法。开源不像课堂项目，一个活跃的项目需要与人交流来共同解决问题。一些公司需要技术人才，常常会在开源社区中找那些活跃分子。所以参与到开源项目中来，也是一个向全世界推销自己的好方式。

Linux 是一套免费使用和自由传播的类 UNIX 操作系统，是一个基于 POSIX 和 UNIX 的多用户、多任务、支持多线程和多 CPU 的操作系统。它能运行主要的 UNIX 工具软件、应用程序和网络协议。它支持 32 位和 64 位硬件。Linux 继承了 UNIX 以网络为核心的设计思想，是一个性能稳定的多用户网络操作系统。它主要用于基于 Intel x86 系列 CPU 的计算机上。这个系统是由全世界各地的成千上万的程序员设计和实现的。其目的是建立不受任何商品化软件的版权制约的、全世界都能自由使用的 UNIX 兼容产品。

Linux 以它的高效性和灵活性著称，Linux 模块化的设计结构，使得它既能在价格昂贵的工作站上运行，也能够在廉价的 PC 机上实现全部的 UNIX 特性，具有多任务、多用户的能力。Linux 是在 GNU 公共许可权限下免费获得的，是一个符合 POSIX 标准的操作系统。Linux 操作系统软件包不仅包括完整的 Linux 操作系统，而且还包括了文本编辑器、高级语言编译器等应用软件。它还包括带有多个窗口管理器的 XWindow 图形用户界面，如同我们使用 Windows 一样，允许我们使用窗口、图标和菜单对系统进行操作。

5.4.4　X Window

X 窗口系统（X Window System，也常称为 X11 或 X）是一种以位图方式显示的软件窗口系统。最初是 1984 年麻省理工学院的研究项目，之后变成了 UNIX、类 UNIX 及 OpenVMS 等操作系统所一致适用的标准化软件工具包和显示架构的运作协议。X 窗口系统通过软件工具及架构协议来创建操作系统所用的图形用户界面，此后则逐渐扩展适用到各形各色的其他操作系统上。现在几乎所有的操作系统都能支持与使用 X。更重要的是，今日知名的桌面环境——GNOME 和 KDE 也都是以 X 窗口系统为基础建构成的。

由于 X 只是工具包及架构规范，本身并无实际参与运作的实体，所以必须有人依据此标准进行开发撰写。如此才有真正可用、可运行的实体，始可称为实现体。目前依据 X 的规范架构所开发撰写成的实现体中，以 X.Org 最为普遍且最受欢迎。X.Org 所用的协议版本，X11，是在 1987 年 9 月发布的。而今最新的参考实现（参考性、示范性的实现体）版本则是 X11 Release 7.7

（简称 X11：R7.7），而此项目由 X.Org 基金会所领导，且是以 MIT 授权和相似的授权许可的自由软件。

X 的设计原则，早在最初仍在麻省理工学院的阶段（1984 年）就已经成形，由鲍伯·斯凯夫勒和吉姆·杰提斯两人制订出 X 最早的开发、强化及改进原则，原则大体如下。

① 除非没有它就无法完成一个真正完整的应用程序，否则不用增加新的功能。

② 决定一个系统不是什么和决定它是什么同样重要。与其去适应整个世界的需要，宁可使得系统可以扩展，如此才能以持续兼容的方式来满足新增需求。

③ 只有完全没实例时，才会比只有一个实例来的糟。

④ 如果问题没完全弄懂，最好不要去解决它。

⑤ 如果可以通过 10%的工作量得到 90%的预期效果，应该用更简单的办法解决。

⑥ 尽量避免复杂性。

⑦ 提供机制而不是策略，有关用户界面的开发实现，交给实际应用者自主。

之后，上述原则中的第一项原则在设计 X11 时被加以修改，修订成："除非已有真正的应用程序，真的需要 X 为其修订、增订等支持，否则不会为 X 增加新功能。"X 基本上一直遵循这些原则，参考实现的扩展及改进也是以此原则的角度来着手，也因为奉行上述原则，使至今的最新版 X 仍能与最初（1987 年）发布的协议标准近乎完全兼容。

X 刻意不去规范应用程序在用户界面上的具体细节设计，这些包括按钮、菜单和窗口的标题栏等，它们都由窗口管理器（Window Manager）、GUI 构件工具包、桌面环境（Desktop Environment）或者应用程序指定的 GUI（如 POS）等的用户软件来提供。然而因为架构设计上保留了高度的弹性发挥空间，致使多年来 X 在"基础、典型、一般性"的用户界面上，也都有数目惊人的多样性选择。

在 X 的系统架构中，窗口管理器用于控制窗口程序的位置和外观，其界面类似 Microsoft 的 Windows 或者 Macintosh（例如：KDE 的 KWin 或者 GNOME 的 Metacity），不过在控制机制上却截然不同（例如：X 提供的基本窗口管理器 TWM）。窗口管理器可能只是个框架（例如：TWM），但也可能提供了全套的桌面环境功能（例如：Enlightenment）。

虽然不同的 X 用户界面可以有很大的差距、差异，然而绝大多数的用户在使用 X 时，多是用已经高度全套化的桌面环境，桌面环境不仅有窗口管理器，还具备各种应用程序以及协调一致的界面。目前最流行的桌面环境是 GNOME 和 KDE，此两者已普遍使用于 Linux 操作系统上，而 UNIX 所用的标准桌面环境多是通用桌面环境 CDE，然而也有些 UNIX 也开始采行 GNOME。

此外，X 桌面环境及组件虽然极其多样，但同时也需要保持兼容性与互通性，关于此则有 freedesktop.org 积极与努力地维持各种不同 X 桌面环境的兼容性，使相竞态势下仍不失 X 的兼容本色。

Ubuntu 是基于 Debian 发布版和 GNOME 桌面环境的，与 Debian 的不同在于它每 6 个月会发布一个新版本，每 2 年发布一个 LTS 长期支持版本，其界面如图 5.14 所示。普通的桌面版可以获得发布后 18 个月内的支持，标为 LTS（长期支持）的桌面版可以获得更长时间的支持。Ubuntu 在 Ubuntu 12.04 的发布页面上使用了"友帮拓"一词作为其官方译名。Ubuntu 在 2013 年推出了新产品 Ubuntu Phone OS 和 Ubuntu Tablet，意图统一桌面设备和移动设备的屏幕。

Ubuntu 12.04 LTS 一大特性是 Unity，这是一个全新的用户界面。Unity 旨在将干扰降至最低，让您有更大的工作区，并帮助您完成任务。

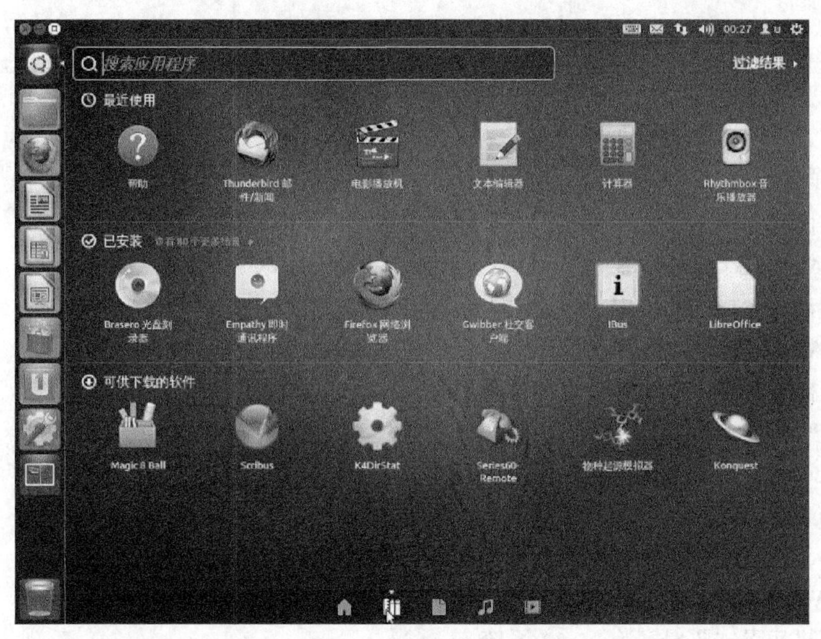

图 5.14　Ubuntu 界面

启动器在登录到桌面时自动显示，让您更容易启动最常用的应用程序。Dash 旨在让用户更容易查找、打开和使用应用程序、文件和音乐。例如，如果用户在搜索栏中键入“文档”，则 Dash 将向用户显示有助于用户撰写和编辑文档的应用程序。它也将向用户显示最近处理的相关文件夹和文档，如图 5.15 所示。Dash 也为用户提供了常用网络、照片、电子邮件、和音乐应用程序的快捷方式。Ubuntu 按钮位于屏幕左上角附近，并始终为启动器中的首项。如果您单击 Ubuntu 按钮，Unity 会向您呈现该桌面的其他功能，Dash。

图 5.15　dash 按钮

习 题 5

一、单项选择题

1. 在桌面计算机市场上，目前占主导地位的操作系统是（　　）。

A. Android　　B. Windows　　C. Mac OS X　　D. GNU/Linux

2. 在移动平台操作系统中，目前最为流行的是（　　）。

A. Android　　B. Windows　　C. iOS　　D. GNU/Linux

3. 下列操作系统中对时间要求最为苛刻的是（　　）。

A. 实时系统　　B. 批处理系统　　C. 分时系统　　D. 分布式系统

4. Windows 系统起源于（　　）。

A. UNIX 系统　　B. DOS 系统　　C. BSD 系统　　D. Linux 系统

5. Android 系统是（　　）的一个分支系统。

A. Windows　　B. Mac OS X　　C. Linux　　D. UNIX

6. 计算机病毒主要侵害（　　）系统。

A. Windows　　B. Mac OS X　　C. Linux　　D. Android

7. 下列几类进程中优先级最高的通常是（　　）。

A. 批处理进程　　B. 人机互动进程　　C. 实时进程　　D. 其他

8. 进程间通信的方式有（　　）。

A. 共享内存　　B. 共享硬盘　　C. 共享 CPU　　D. 共享一切硬件

9. 进程间同步是指多个进程在系统中（　　）。

A. 和谐相处　　B. 步调一致　　C. 同时行动　　D. 共用资源

10. 32 位操作系统的虚拟内存是（　　）。

A. 1 GB　　B. 2 GB　　C. 4 GB　　D. 8 GB

11. 在世界上 500 强超级计算机中绝大多数都安装（　　）系统。

A. Windows　　B. Linux　　C. Mac OS X　　D. UNIX

12. 给文件命名时，（　　）不区分大小写。

A. Windows　　B. Linux　　C. Mac OS X　　D. UNIX

13. 下列哪个操作系统支持的内存不大于 4 GB（　　）？

A. Windows XP　　B. Linux　　C. Mac OS X　　D. UNIX

14. 64 位系统最多可支持（　　）内存。

A. 4 GB　　B. 8 GB　　C. 64 GB　　D. 更多

15. 常用的进程间通信方式有（　　）种。

A. 2　　B. 4　　C. 8　　D. 更多

16. 进程的英文是（　　）。

A. Process　　B. Processor　　C. Program　　D. Software

17. 操作系统为（　　）提供服务。

A. 计算机硬件　　B. 应用程序　　C. 计算机用户　　D. 计算机管理员

18. 下列操作系统中，属于开源操作系统的是（　　）。

A. GNU/Linux　　B. Windows　　C. Mac OS X　　D. UNIX

19. 开源操作系统是（　　）。

A. 完全免费的　　B. 需要花少量的钱购买

C. 很贵　　D. 比 Windows 贵

20. UNIX 操作系统诞生于 20 世纪（　　）。

A. 60 年代末　　B. 70 年代末　　C. 80 年代末　　D. 90 年代末

二、判断题

1. Android 系统是一个 Linux 的分支系统。（　　）
2. Windows 系统是免费的。（　　）
3. GNU/Linux 系统是免费的。（　　）
4. Android 系统是免费的。（　　）
5. 设备驱动程序是操作系统的一部分。（　　）
6. 配备了多个 CPU 的计算机才能运行多任务系统。（　　）
7. C 语言是为 UNIX 系统而诞生的。（　　）
8. 分布式系统离不开网络。（　　）
9. 云计算系统离不开网络。（　　）
10. 进程是一个运行着的程序。（　　）
11. 现代操作系统的工作是围绕着中断来进行的。（　　）
12. 内存分页管理可以提高内存的利用率。（　　）
13. 在 UNIX 系统中，所有东西都是文件。（　　）
14. 文件是计算机中数据存放的最小单位。（　　）
15. 程序必须首先被加载到内存中，然后才能运行。（　　）
16. 软件中断都是由程序指令触发的中断。（　　）
17. 我们在键盘上每按下一个键，就会触发一次硬件中断。（　　）
18. 针对同样的硬件设备，不同的操作系统所提供的驱动程序是不同的。（　　）
19. 操作系统是介于系统硬件和应用程序之间的一层软件。（　　）
20. 计算机的使用者只使用应用程序，并不直接使用操作系统。（　　）

三、思考题

1. 我们说过，对于操作系统还没有一个大家都满意的定义。可现在如果有人问你："操作系统到底是什么啊？"你该如何回答呢？千万别说"没定义"、"不知道"……请耐心给人家一个解释。

2. 计算机非要有操作系统吗？我们知道做一件事完全可以采用不同的方式，那么除了操作系统之外，是否还有其他什么办法也可以让计算机工作呢？发挥一下你的想象力，世界也许会因为你的异想天开而改变。

3. 我们知道在桌面计算机市场上，除了便宜的 Windows，还有精美华丽但价格昂贵的 Mac OS X 和自由、开放、安全、高效、免费的 GNU/Linux。那么，如果你是第一次接触计算机，你会选用哪个系统呢？

4. 进程和程序的关系是什么？如果你同时打开了 3 个浏览器窗口，那么系统中是有一个浏览器进程，还是有 3 个浏览器进程呢？

5. 作为一个简短的操作系统介绍，这一章里的内容肯定不能解答你所有的疑问，比如：

① 什么是 32 位系统？什么是 64 位系统？

② 为什么 32 位系统只能支持 4 GB 内存？

③ 我的系统里最多可以有多少个进程？

④ 我的文件系统里最多可以有多少个文件？

这一章不过是为大家了解操作系统提供一个入口而已。你知道，互联网就是个巨大的图书馆，你可以从这个大图书馆里找到更多、更好的答案。而这个大图书馆的入口就是 Google，例如，我要找到关于第一个问题的答案，我就“Google”一下“32 bit system vs 64 bit”，于是得到了图 5.16 所示的结果。

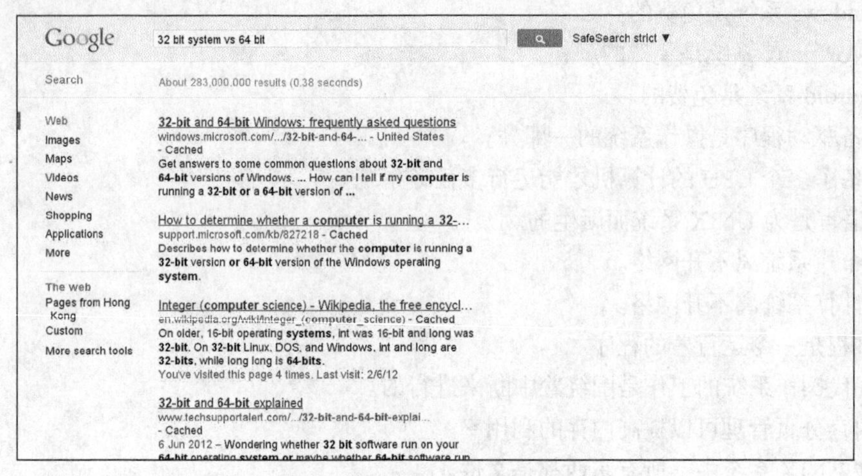

图 5.16　用 Google 搜索“32 bit system vs 64 bit”

好了，希望你通过 Google 和英文找到上面 4 个小问题的答案。

第6章 数据库应用基础

数据是人类活动的重要资源，目前计算机的各类应用中，用于数据处理的约占 80%。数据处理是指对数据进行收集、管理、加工和传播等工作，而其中数据管理是对数据的组织、存储、检索和维护等工作，因此它是数据处理的核心。数据库系统是研究如何妥善保存和科学地管理数据的计算机系统。

数据库技术是目前使用计算机进行数据处理的主要技术，是计算机科学与计算的重要分支，是信息系统的核心和基础。数据库技术广泛地应用于人类社会的各个方面。当今社会上各种各样的信息系统都是以数据库为基础，对信息进行处理和应用的系统。数据库能借助计算机保存和管理大量的数据，快速而有效地为不同的用户和各种应用程序提供需要的数据，以便人们能更方便、更充分地利用这些资源。

本章首先对数据库系统进行概述，然后在 Microsoft Access 环境中，介绍数据库的建立、维护、查询、窗体和报表的创建。

6.1 数据库系统概述

数据库技术产生于 20 世纪 60 年代末 70 年代初，它的出现使得计算机应用领域渗透到了工农业生产、商业、行政管理、科学研究、工程技术以及国防军事等各个领域。20 世纪 80 年代微机的出现，使得数据库技术得到了广泛的应用和普及。

6.1.1 常用术语

1. 数据

数据（data）是用来记录信息的可识别的符号，是信息的载体和具体表现形式。尽管信息有多种表现形式，它可以通过手势、眼神、声音或图形等方式表达，但数据是信息的最佳表现形式。由于数据能够书写，因而它能够被记录、存储和处理，从中挖掘出更深层的信息。可用多种不同的数据形式表示同一信息，而信息不随数据形式的不同而改变。

数据的概念在数据处理领域已大大地拓宽了，其表现形式不仅包括数字和文字，还包括图形、图像及声音等。这些数据可以记录在纸上，也可以记录在各种存储器中。

2. 数据库

数据库（DataBase，DB）是存储在计算机内、有组织、可共享的数据集合，它将数据按一定的数据模型组织、描述和储存，具有较小的冗余度、较高的数据独立性和易扩展性，可被多个不同的用户共享。形象地说，“数据库”就是为了实现一定的目的而按某种规则组织起来的“数据”的“集合”，在现实生活中这样的数据库随处可见。学校图书馆的所有藏书及借阅情况、公司的人事档案和企业的商务信息等都是“数据库”。

数据库的概念实际上包含下面两种含义。

① 数据库是一个实体，它是能够合理保管数据的“仓库”，用户在该“仓库”中存放要管理的事务数据。

② 数据库是数据管理的新方法和新技术，它能够更合理地组织数据，更方便地维护数据，更严密地控制数据和更有效地利用数据。

3. 数据库管理系统

数据库管理系统（DataBase Management System，DBMS）是专门用于管理数据库的计算机系统软件。数据库管理系统能够为数据库提供数据的定义、建立、维护、查询及统计等操作功能，并具有对数据的完整性、安全性进行控制的功能。

数据库管理系统的目标是让用户能够更方便、更有效、更可靠地建立数据库和使用数据库中的信息资源。数据库管理系统不是应用软件，它不能直接用于诸如工资管理、人事管理或资料管理等事务管理工作，但数据库管理系统能够为事务管理提供技术和方法以及应用系统的设计平台和设计工具，使相关的事务管理软件很容易设计。也就是说，数据库管理系统是为设计数据管理应用项目提供的计算机软件，利用数据库管理系统设计事务管理系统可以达到事半功倍的效果。我们周围有关数据库管理系统的计算机软件有很多，其中比较著名的系统有 Oracle 公司开发的 Oracle、Sybase 公司开发的 Sybase、Microsoft 公司开发的 SQL Server 和 IBM 公司开发的 DB2 等。本章后面将介绍的 Microsoft Access 2010 也是一种常用的数据库管理系统。

数据库管理系统具有以下 4 个方面的主要功能。

（1）数据定义功能

数据库管理系统能够提供数据定义语言（Data Description Language，DDL），并提供相应的建库机制。用户利用 DDL 可以方便地建立数据库，当需要时，用户还可以将系统的数据及结构情况用 DDL 描述，数据库管理系统能够根据其描述执行建库操作。

（2）数据操纵功能

实现数据的插入、修改、删除、查询及统计等数据存取操作的功能称为数据操纵功能。数据操纵功能是数据库的基本操作功能，数据库管理系统通过提供数据操纵语言（Data Manipulation Language，DML）实现其数据操纵功能。

（3）数据库的建立和维护功能

数据库的建立功能是指数据的载入、转储、重组织功能及数据库的恢复功能。数据库的维护功能是指数据库结构的修改、变更及扩充功能。

（4）数据库的运行管理功能

数据库的运行管理功能是数据库管理系统的核心功能，它包括并发控制、数据的存取控制、数据完整性条件的检查和执行及数据库内部的维护等。所有数据库的操作都要在这些控制程序的统一管理下进行，以保证计算机事务的正确运行，并保证数据库的正确、有效。

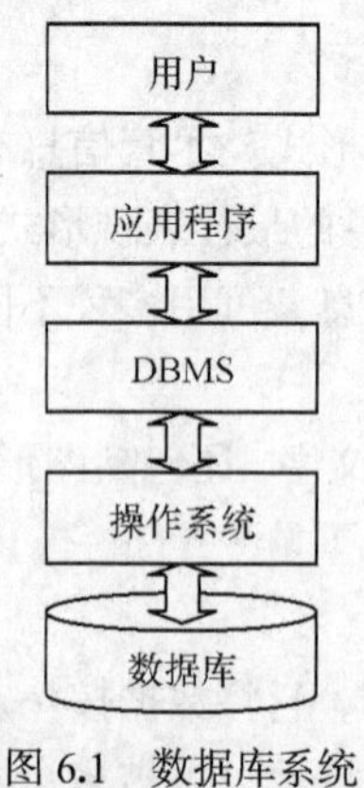

图 6.1　数据库系统

4. 数据库系统

数据库系统是指带有数据库并利用数据库技术进行数据管理的计算机系统（见图 6.1）。一个数据库系统应由计算机硬件、数据库、数据库管理系统、数据库应用系统和数据库管理员 5 部分构成。数据库系统的体系由支持系统的计算机硬件设备、数据库及相关的计算机软件系统和开发管理数据库系统的人员 3 部分组成。

数据库系统的软件中包括操作系统（Operating System，OS）、数据库管理系统（DBMS）、主语言编译系统、数据库应用开发系统及工具、数据库应用系统和数据库，它们的作用如下所述。

（1）操作系统

操作系统是所有计算机软件的基础，在数据库系统中它起着支持数据库管理系统及主语言编译系统工作的作用。如果管理的信息中有汉字，则需要中文操作系统的支持，以提供汉字的输入/输出方法和对汉字信息的处理方法。

（2）数据库管理系统和主语言编译系统

数据库管理系统是为定义、建立、维护、使用及控制数据库而提供的有关数据管理的系统软件。主语言编译系统是为应用程序提供的诸如程序控制、数据输入/输出、功能函数、图形处理及计算方法等数据处理功能的系统软件。由于数据库的应用很广泛，它涉及的领域很多，其功能数据库管理系统是不可能全部提供的，因而，应用系统的设计与实现需要数据库管理系统和主语言编译系统配合才能完成。

（3）数据库应用开发系统及工具

数据库应用开发系统及工具是数据库管理系统为应用开发人员和最终用户提供的高效率、多功能的应用生成器、第四代计算机语言等各种软件工具，如报表生成器、表单生成器、查询和视图设计器等。它们为数据库系统的开发和使用提供了良好的环境和帮助。

（4）数据库应用系统和数据库

数据库应用系统包括为特定应用环境建立的数据库、开发的各类应用程序、编写的文档资料等内容，它们是一个有机的整体。数据库应用系统涉及各个方面，如信息管理系统、人工智能、计算机控制和计算机图形处理等。通过运行数据库应用系统，可以实现对数据库中数据的维护、查询、管理和处理操作。

数据库系统的人员由软件开发人员、软件管理人员及软件使用人员 3 部分组成。

① 软件开发人员包括系统分析员、系统设计员及程序设计员，他们主要负责数据库系统的开发设计工作。

② 软件管理人员称为数据库管理员（DataBase Administrator，DBA），他们负责全面管理和控制数据库系统。

③ 软件使用人员即数据库的最终用户，他们利用功能选项、表格、图形用户界面等实现数据的查询及数据管理工作。

6.1.2 数据库技术的发展

早期的计算机主要用于科学计算，当计算机应用于档案管理、财务管理、图书资料管理及仓库管理等领域时，它所面对的是数量惊人的各种类型的数据。为了有效地管理和利用这些数据，就产生了计算机的数据管理技术。

随着数据管理规模的扩大，计算机的数据管理技术经历了人工管理、文件系统管理和数据库系统三个阶段。

1. 人工管理阶段

20 世纪 50 年代以前，计算机主要用于数值计算。从当时的硬件看，外存只有纸带、卡片和磁带，没有直接存取的储存设备；从软件看（实际上，当时还未形成软件的整体概念），那时还没有操作系统，没有管理数据的软件；从数据看，数据量小，数据无结构，由用户直接管理，且数据间缺乏逻辑组织，数据依赖于特定的应用程序，缺乏独立性。数据处理是由程序员直接与物理的外部设备打交道，数据管理与外部设备高度相关，一旦物理存储发生变化，数据则不可恢复。

人工管理阶段的特点是：

① 用户完全负责数据管理工作，如数据的组织、存储结构、存取方法和输入输出等。

② 数据完全面向特定的应用程序，每个用户使用自己的数据，数据不保存，用完就撤走。

③ 数据与程序没有独立性，程序中存取数据的子程序随着存储结构的改变而改变。

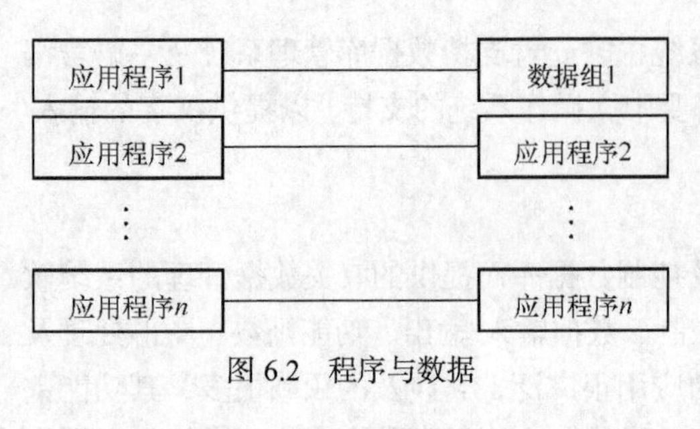

图 6.2　程序与数据

这一阶段管理的优点是廉价地存放大容量数据；缺点是数据只能顺序访问，耗费时间和空间。此时程序与数据的关系如图 6.2 所示。

2. 文件系统阶段

1951 年出现了第一台商业数据处理电子计算机 Univac（Universal Automatic Computer，通用自动计算机），标志着计算机开始应用于以加工数据为主的事务处理阶段。20 世纪 50 年代后期到 60 年代中期，出现了磁鼓、磁盘等直接存取数据的存储设备。这种基于计算机的数据处理系统也就从此迅速发展起来。

这种数据处理系统是把计算机中的数据组织成相互独立的数据文件，系统可以按照文件的名称对其进行访问，对文件中的记录进行存取，并可以实现对文件的修改、插入和删除，这就是文件系统。文件系统实现了记录内的结构化，即给出了记录内各种数据间的关系，但是，文件从整体来看却是无结构的。其数据面向特定的应用程序，因此数据的共享性、独立性差，且冗余度大，管理和维护的代价也很大。

文件系统阶段的特点如下。

① 系统提供一定的数据管理功能，即支持对文件的基本操作（增添、删除、修改和查询等），用户程序不必考虑物理细节。

② 数据的存取基本上是以记录为单位的，数据仍是面向应用的，一个数据文件对应一个或几个用户程序。

③ 数据与程序有一定的独立性，文件的逻辑结构与存储结构由系统进行转换，数据在存储上的改变不一定反映在程序上。

这一阶段管理的优点是，数据的逻辑结构与物理结构有了区别，文件组织呈现多样化；缺点是，存在数据冗余性，数据不一致性，数据联系弱。此时程序与数据的关系如图 6.3 所示。

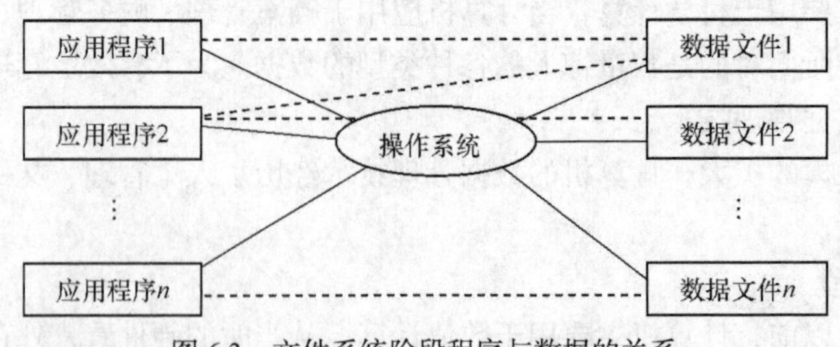

图 6.3　文件系统阶段程序与数据的关系

3. 数据库系统阶段

20 世纪 60 年代后期，计算机性能得到提高，重要的是出现了大容量磁盘，存储容量大大增加且价格下降。在此基础上，有可能克服文件系统管理数据时的不足，而去满足和解决实际应用中多个用户、多个应用程序共享数据的要求，从而使数据能为尽可能多的应用程序服务，这就出现了数据库这样的数据管理技术。数据库的特点是数据不再只针对某一特定应用，而是面向全组织，具有整体的结构性，共享性高，冗余度小，具有一定的程序与数据间的独立性，并且实现了对数据进行统一的控制。

数据库技术是在文件系统的基础上发展起来的新技术，它克服了文件系统的弱点，为用户提供了一种使用方便、功能强大的数据管理手段。数据库技术不仅可以实现对数据集中统一的管理，而且可以使数据的存储和维护不受任何用户的影响。数据库技术的发明与发展，使其成为计算机科学领域内的一个独立的学科分支。此时程序与数据的关系如图 6.4 所示。

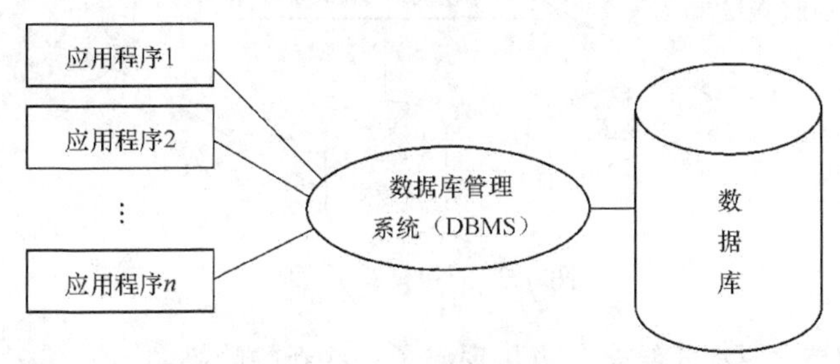

图 6.4　数据库系统阶段程序与数据的关系

数据库技术的诞生以下列三大事件为标志。

① 1968 年，IBM 公司推出了基于层次模型的数据库管理系统 IMS（Information Management System）。

② 1969 年，美国数据系统语言协商会（Conference On Data System Language，CODASYL）下属数据库任务组（DataBase Task Group, DBTG）发布了一系列的报告，奠定了网状数据模型的基础。

③ 1970 年，IBM 公司的研究人员 E.F.Codd 发表了大量论文，提出了关系模型，奠定了关系型数据库管理系统的基础。

6.1.3　数据库系统的三级模式

概念模式（Conceptual Schema）是数据库中全部数据的整体逻辑结构的描述。

外模式（External Schema）是用户与数据库系统的接口，是用户用到的那部分数据的描述。

内模式（Internal Schema）是数据库在物理存储方面的描述，定义所有内部记录类型、索引和文件的组织方式，以及数据控制方面的细节。

模式/内模式映射存在于概念级和内部级之间，用于定义概念模式和内模式之间的对应性。

外模式/概念模式映射存在于外部级和概念级之间，用于定义外模式和概念模式之间的对应。

数据库系统的三级模式结构如图 6.5 所示。

6.1.4　数据库的发展趋势

从最早用文件系统存储数据算起，数据库的发展已经有 50 多年了，其间经历了 20 世纪 60 年代的层次数据库（IBM 的 IMS）和网状数据库（GE 的 IDS）的并存，20 世纪 70 年代到 80 年代关系数据库的异军突起及 20 世纪 90 年代对象技术的影响。如今，关系数据库依然处于主流地位。未来数据库市场竞争的焦点已不再局限于传统的数据库，新的应用不断赋予数据库新的生命

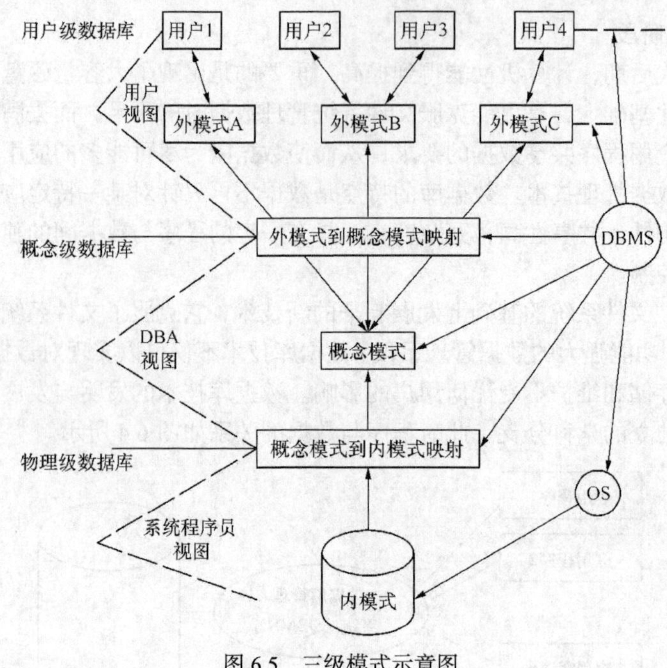

图 6.5　三级模式示意图

力，随着应用驱动和技术驱动相结合，也呈现出了一些新的趋势。

一些主流企业数据库厂商包括甲骨文、IBM、Microsoft 和 Sybase 目前认为，关系技术之后，对 XML 的支持、网格技术、开源数据库、整合数据仓库和 BI 应用以及管理自动化已成为下一代数据库在功能上角逐的焦点。

6.1.5　数据库的发展

1. XML 数据库

XML 全称是“可扩展标识语言”（Extensible Markup Language），XML 是一种简单的、与平台无关并被广泛采用的标准，是用来定义其他语言的一种元语言，其前身是 SGML（标准通用标记语言）。简单地说，XML 提供了一种描述结构化数据的方法，为互联网世界提供了定义各行各业的“专业术语”的工具。

XML 数据是 Web 上数据交换和表达的标准形式，和关系数据库相比，XML 数据可以表达具有复杂结构的数据，如树状结构的数据。正因如此，在信息集成系统中，XML 数据经常被用作信息转换的标准。

基于 XML 数据的特点，XML 数据的高效管理通常有着以下的应用。

① 复杂数据的管理。XML 可以有效地表达复杂的数据。这些复杂的数据虽然利用关系数据库也可以进行管理，但是这样会带来大量的冗余。比如说文章和作者的信息，如果利用关系数据库，需要分别用关系表达文章和作者的信息，以及这两者之间的关系。这样的表达，在文章和作者的关系中分别需要保存文章和作者对应的 ID，如果仅仅为了表达文章和作者之间的关系，这个 ID 是冗余信息。在 XML 数据中对象之间的关系可以直接用嵌套或者 ID—IDREF 的指向来表达。此外 XML 数据上的查询可以表达更加复杂的语义，比如 XPath 可以表达比 SQL 更为复杂的语义。因此，利用 XML 对复杂数据进行管理是一项有前途的应用。

② 互联网中数据的管理。互联网上的数据与传统的事务数据库与数据仓库都不同，其特点可

以表现为模式不明显，经常有缺失信息，对象结构比较复杂。因此，在和互联网相关的应用，特别是对从互联网采集和获取的信息进行管理的时候，如果使用传统的关系数据库，存在着产生过多的关系、关系中存在大量的空值等问题。而 XML 可以用来表达半结构数据，对模式不明显、存在缺失信息和结构复杂的数据可以非常好的表达。特别在许多 Web 系统中，XML 已经是数据交换和表达的标准形式。因此，XML 数据的高效管理在互联网的系统中存在着重要的应用。

③ 信息集成中的数据管理。现代信息集成系统超越了传统的联邦数据库和数据集成系统，需要集成多种多样的数据源，包括关系数据库、对象—关系数据库以及网页和文本形式存在的数据。对于这样的数据进行集成，XML 由于既可以表达结构数据也可以表达半结构数据的形式而成为首选。而在信息集成系统中，为了提高系统的效率，需要建立一个 Cache，把一部分数据放到本地。在基于 XML 的信息集成系统中，这个 Cache 就是一个 XML 数据管理系统。因此，XML 数据的管理在信息集成系统中也有着重要的应用。

2. 网格数据库

商业计算的需求使用户需要高性能的计算方式，而超级计算机的价格却阻挡了高性能计算的普及能力。于是造价低廉而数据处理能力超强的计算模式——网格计算应运而生。网格计算的定义包括 3 部分：一是共享资源，将可用资源汇集起来形成共享池；二是虚拟化堆栈的每一层，可以如同管理一台计算机一样管理资源；三是基于策略实现自动化负载均衡。数据库不仅仅是存储数据，而且是要实现对信息整个生命周期的管理。数据库技术和网格技术相结合，也就产生一个新的研究内容，称之为网格数据库。

“网格就是下一代 Internet”，这句话强调了网格可能对未来社会的巨大影响。在历史上，数据库系统曾经接受了 Internet 带来的挑战。毫无疑问，现在数据库系统也将应对网格带来的挑战。业内专家认为，网格数据库系统具有很好的前景，会给数据库技术带来巨大的冲击，但它面临一些新的问题需要解决。网格数据库当前的主要研究内容包括 3 个方面，即网格数据库管理系统、网格数据库集成和支持新的网格应用。网格数据库管理系统应该可以根据需要来组合完成数据库管理系统的部分或者全部功能，这样做的好处除了可以降低资源消耗，更重要的是使得在整个系统规模的基础上优化使用数据库资源成为可能。

3. 整合数据仓库和 BI 应用

数据库应用的成熟，使得企业数据库里承载的数据越来越多。但数据的增多，随之而来的问题就是如何从海量的数据中抽取出具有决策意义的信息（有用的数据），更好地服务于企业当前的业务，这就需要商业智能（Business Intelligence，BI）。从用户对数据管理需求的角度看，可以划分两大类：一是对传统的、日常的事务处理，即经常提到的联机事务处理（OLTP）应用；二是联机分析处理（OLAP）与辅助决策，即商业智能（BI）。数据库不仅支持 OLTP，还应该为业务决策、分析提供支持。目前，主流的数据库厂商都已经把支持 OLAP、商业智能作为关系数据库发展的另一大趋势。

商业智能是指以帮助企业决策为目的，对数据进行收集、存储、分析和访问等处理的一大类技术及其应用，由于需要对大量的数据进行快速地查询和分析，传统的关系型数据库不能很好地满足这种要求。或者说传统上，数据库应用是基于 OLTP 模型的，并不能很好地支持 OLAP。商业智能则是以数据仓库为基础，目前同时支持 OLTP 和 OLAP 这两种模式，是关系数据库的着眼点所在。

4. 管理自动化

企业级数据库产品目前已经进入同质化竞争时代，在功能、性能及可靠性等方面差别已经不是很大。但是随着商业环境竞争日益加剧，目前企业面临着另外的挑战，即如何以最低的成本高质量地管理其 IT 架构。这也就带来了两方面的挑战：一方面系统功能日益强大而复杂；另一方面，对这些系统进行管理和维护的成本越来越昂贵。正是意识到这些需求，自我管理功能包括能自动地对数据库自身进行监控、调整及修复等已成为数据库追求的目标。

5. 新型数据库系统

随着数据库技术的不断发展和应用领域的拓展，出现了许多新型的数据库系统。下面介绍几种典型的新型数据库系统。

（1）分布式数据库系统

随着地理上分散的用户对数据库共享的要求，结合计算机网络技术的发展，在传统的集中式数据库系统基础上产生和发展了分布式数据库系统。

分布式数据库的定义：分布式数据库由一组数据组成，这些数据物理上分布在计算机网络的不同结点（亦称场地或站点）上，逻辑上是属于同一个系统。有两种典型的分布式数据库，一种是中央数据库，包括分区数据库和副本式数据库；另一种是中央索引数据库，包括中央索引数据库和网络请求分布式数据库。

目前，许多大型数据库管理系统都支持分布式数据库，如 Oracle、Sybase 和达梦Ⅱ号（DM2）等。DM2 是国内具有自主知识产权的分布式多媒体数据库，由华中理工大学开发，已经成功地应用在许多系统中。

（2）面向对象数据库系统

面向对象数据库系统是面向对象技术与最先进的数据库技术进行有机结合而形成的新型数据库系统。传统的数据库主要存储结构化的数值和字符等信息，而面向对象数据库能够方便地存储如声音、图形、图象和视频等复杂信息对象。目前，面向对象数据库系统的实现一般有两种方式：一种是在面向对象的设计环境中加入数据库的功能，因为其中的如对象标识符等各种概念在传统的关系型数据库中没有对应的东西，所以数据难以实现共享；另一种则是对传统数据库进行改进，使其支持面向对象数据库模型，是许多传统的如 Oracle 等数据库管理系统实现面向对象数据库的方法，它的好处可以直接借用关系数据库已有的成熟经验，可以和关系数据库共享信息，缺点是需要用专门的应用程序进行中间转换，将损失性能。

虽然面向对象数据库系统的概念早在 20 世纪 80 年代就已提出，但是发展至今还没能拿出一件象样的产品。

（3）多媒体数据库

媒体是信息的载体。多媒体是指多种媒体，如数字、正文、图形、图象和声音的有机集成，而不是简单的组合。其中数字、字符等称为格式化数据，文本、图形、图象、声音及视象等称为非格式化数据，非格式化数据具有数据量大、处理复杂等特点。多媒体数据库可实现对格式化和非格式化的多媒体数据的存储、管理和查询。

（4）数据仓库

传统的数据库技术是以单一的数据资源为中心，进行各种操作型处理。操作型处理也叫事务处理，是指对数据库联机地进行日常操作，通常是对一个或一组记录的查询和修改，主要是为企业的特定应用服务的，人们关心的是响应时间、数据的安全性和完整性。分析型处理则用于管理人员的决策分析。例如：DSS、EIS 和多维分析等，经常要访问大量的历史数据。于是，数据库由旧的操作型环境发展为一种新环境——体系化环境。体系化环境由操作型环境和分析型环境（数据仓库级，部门级，个人级）构成。

数据仓库是体系化环境的核心，它是建立决策支持系统（DSS）的基础。数据仓库是面向主题的、集成的、稳定的和随时变化的数据集合，主要用于决策制定。数据仓库并不是一个新的平台，它仍然使用传统的数据库管理系统，但它是一个新的概念。数据仓库是一个处理过程，该过程从历史的角度组织和存储数据，并能集成地进行数据分析。换句话说，数据仓库是一个很大的数据库，存储了经营过程中的所有业务数据。数据仓库允许各个部门之间共享数据，为企业更快、更好地做出经营决策提供准确、完整的信息。

（5）工程数据库

工程数据库是一种能存储和管理各种工程设计图形和工程设计文档，并能为工程设计提供各种服务的数据库。工程数据库是针对计算机辅助系统领域的需求而提出来的，目的是利用数据库技术对各类工程对象有效地进行管理，并提供相应的处理功能及良好的设计环境。

多年来，工程数据库技术广泛地应用于各个领域，开发了许许多多工程数据库系统，如存储了从公元前49年到现在地中海、加勒比海、大西洋、太平洋和印度洋海啸资料的美国国家地球物理数据中心海啸数据库，以及存储了矿种的晶体学数据、化学成分、物理性质和光学性质的矿物学数据库等。

（6）空间数据库

空间数据库系统是描述、存储与处理具有位置、形状、大小、分布特征及空间关系等属性的空间数据及其属性数据的数据库系统。它是随着地理信息系统GIS的开发与应用而发展起来的数据库新技术。目前，空间数据库仍然是利用关系数据库管理系统对地理信息进行物理存储。近年来，我国在空间数据库的研究和应用上取得了巨大的成就，开发了多种国家级的实用系统，如基础地理信息空间数据库、国土资源环境空间数据库、城市基础空间数据库及海洋空间数据库等。

（7）基于知识的数据库

在基于知识的数据库系统中，知识不仅是传统的统计资料和数据，它也是以真实信息和能帮助决策者作出正确决策的专家知识的规则形式存在。数据库技术（DB）和人工智能技术（AI，Artificial Intelligence）的结合推动了知识库、智能数据库、演绎数据库的发展，这种既具有传统数据库功能，同时又具有逻辑推理和知识定义的数据库系统称为智能推理数据库系统。

6.1.6 数据库系统的特点

数据库技术满足了集中存储大量数据以方便众多用户使用的要求。数据库系统的特点有以下几个方面。

1. 采用复杂结构化的数据模型

数据模型不仅要描述数据本身，还要描述数据之间的联系。这种联系是通过存取路径来实现的，通过存取路径来表示自然的数据联系是数据库与传统文件的根本区别。这样，数据库中的数据不再是面向特定的某个应用，而是公用的、综合的，以最优的方式去适应多个应用程序的要求。

2. 最低的冗余度

在文件系统中，数据不能共享，当不同的应用程序所需要使用的数据有许多是相同的，也必须建立各自的文件，这就造成了数据的重复，浪费了大量的存储空间，这也使得数据的修改变得困难，因为同一个数据会存储于多个文件之中，修改时稍有疏漏，就会造成数据的不一致。而数据库具有最低的冗余度，能够尽量地减少系统中不必要的重复数据，在有限的存储空间内存放更多的数据，也提高了数据的正确性。

3. 有较高的数据独立性

用户所面对的是简单的逻辑结构操作数据而不涉及具体的物理存储结构，数据的存储和使用数据的程序彼此独立，数据存储结构的变化尽量不影响用户程序的使用，用户程序修改时也不要求数据结构做较大的改变。

4. 安全性

并不是每一用户都应该访问全部数据。通过设置用户的使用权限可以防止数据的非法使用，还能防止数据的丢失。在数据库被破坏时，系统有能力把数据库恢复到可用状态。

5. 完整性

系统采用一些完整性检验以确保数据符合某些规则，保证数据库中数据始终是正确的。总之，数据库系统能实现有组织地、动态地存储大量有关联的数据，能方便多用户访问。

6.2 数据描述

一个信息管理系统，总是从客观事物出发，经过人们的综合归纳，抽象成计算机能够接受的数据，流经数据库，通过控制决策机构，最后用来指导客观事物。信息的这一循环经历了三个领域：现实世界、信息世界和数据世界。在这三个领域中对信息的描述采用不同的术语。

6.2.1 信息的三个领域

1. 现实世界

它是存在于人们头脑之外的客观世界，由客观事物及其相互联系组成。我们把客观事物称为实体，如教师、职工及零件等。每一类实体具有一定的特征，如教师有姓名、年龄、性别、职称和专业等；零件有名称、规格、颜色、重量和产地等。有相同特征集的实体集合称为实体集。能唯一区别实体集合中一个实体与其他实体的特征项称为实体标识符，如教师的姓名、零件的名称。

2. 信息世界

信息是现实世界中实体的特性在人们头脑中的反映，它用一种人为的文字、符号和标记来表示。对应于现实世界中的实体、实体集、特征和实体标识符，在信息世界中的术语为记录、文件、属性（字段）和记录关键字。

3. 数据世界

数据世界又称为计算机世界，由于计算机只能处理数据化的信息，因此必须对信息进行数据化处理。对应于信息世界中的记录、文件、属性（字段）和记录关键字，在数据世界中的术语为记录值、数据集、数据项和关键数据项。

6.2.2 概念模型

现实世界的事物反映到人类的大脑中来，人们对这些事物有个认识过程，经过选择、命名及分类等抽象工作之后，形成一种信息结构，进入信息世界。这种信息结构并不依赖于具体的计算机系统，而是一个概念级的模型。概念模型是现实世界到机器世界的一个中间层次。

信息世界涉及的主要概念有以下几条。

① 实体：客观存在并可相互区分的事物就叫实体。如：一个学生、一门课、一次订货。

② 属性：实体所具有的某一特性。一个实体可以由若干个属性来刻画。如：学生可以包括姓名、学号、年龄、专业等属性（张三、064070301、19、计算机应用…）。

③ 码（Key）：唯一标识实体的属性集称为码。如学生的学号。

④ 域（Domain）：某个属性的取值范围称为域。如：性别的域为（男、女），学号的域为 9 位数字。

⑤ 实体型（Entity Type）：用实体名及其属性名集合来抽象和刻画同类实体称为实体型。如：学生（姓名、学号、年龄、专业）就是一个实体型。

⑥ 实体集（Entity Set）：同型实体的集合称为实体集。如：全部课程就是一个实体集。

⑦ 联系（Relation）：分为实体内部的联系（刻画实体的属性之间的联系）和实体之间的联系。

实体之间的联系错综复杂，但经抽象化以后可以归纳为三种类型。

1. 1—1 关系

如果两个实体集 E1、E2，其中任一个实体集中每一个实体至多和另一个实体集中的一个实体有联系，则称 E1、E2 为“一对一关系”，记为“1—1 关系”。如部门与部门经理、房屋与房主、汽车与司机等。

2. 1—*m* 关系

如果两个实体集 E1、E2，其中一个实体集 E1 中每一个实体与另一个实体集 E2 任意个实体有联系，而实体集 E2 中每一个实体至多和另一个实体集 E1 中一个实体有联系， 则称该种联系为“从 E1 到 E2 的一对多关系”，记为“1—*m* 关系”。如部门与职工、房屋与房客、汽车与乘客等。

3. *n*—*m* 关系

如果两个实体集 E1、E2 中每一个实体集中每一个实体都与另一个实体集中任意个实体有联系，则称该种联系为“多对多关系”，记为“*n*—*m* 关系”。如学生与课程、零件与供应商等。

从上述三种联系可以看出：1—1 关系是 1—*m* 关系的特例，而 1—*m* 关系又是 *n*—*m* 关系的特例。

6.2.3　实体联系图

1. E-R 图简介

E-R 图：实体联系图（Entity Relationship）是一种可视化的图形方法，它基于对现实世界的一种认识，即客观现实世界由一组称为实体的基本对象和这些对象之间的联系组成，是一种语义模型，使用图形模型尽力地表达数据的意义。

E-R 图的基本思想就是分别用矩形框、椭圆形框和菱形框表示实体、属性和联系，使用无向边将属性与相应的实体连接起来，并将联系分别和有关实体相连接，并注明联系类型，如图 6.6 所示。

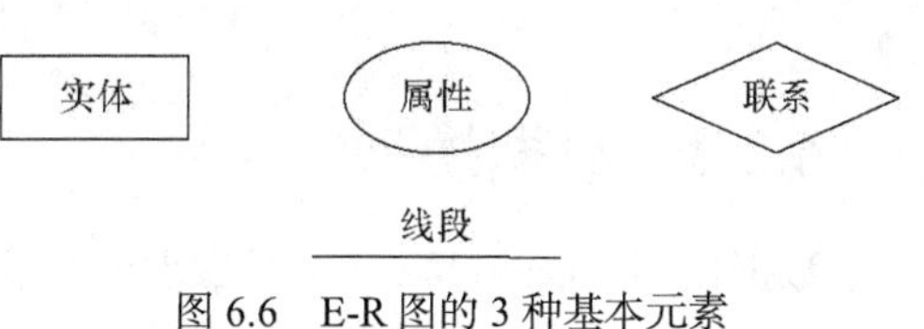

图 6.6　E-R 图的 3 种基本元素

2. E-R 图的绘制步骤

① 首先确定实体类型。

② 确定联系类型（1—1，1—*n*，*n*∶*m*）。

③ 把实体类型和联系类型组合成 E-R 图。

④ 确定实体类型和联系类型的属性。

⑤ 确定实体类型的键，在 E-R 图中属于键的属性名下画一条横线。

【例 6.1】 学生与课程联系的 E-R 图。

二元实体间联系的简易 E-R 图如图 6.7 所示。一个学生可以选修多门课程，一门课程可被多个学生选修，学生和课程是多对多的关系；成绩既不是学生实体的属性，也不是课程实体的属性，而是属于学生和课程之间选修关系的属性，如图 6.8 所示。

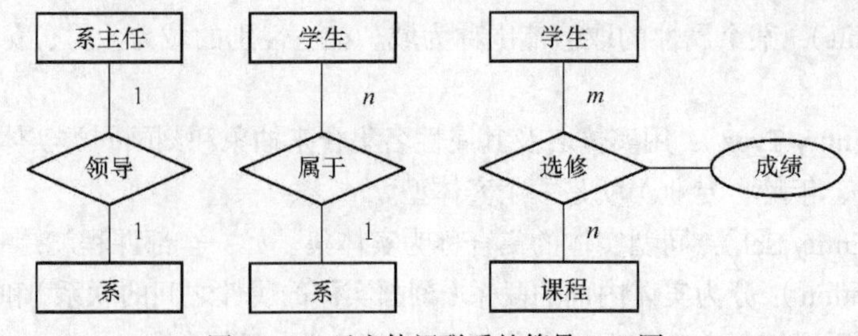

图 6.7　二元实体间联系的简易 E-R 图

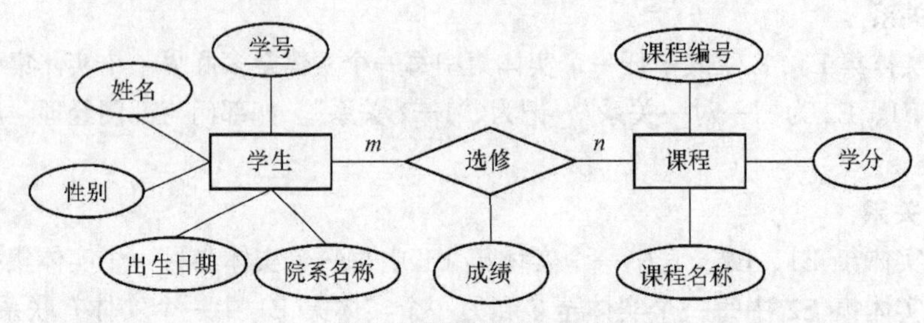

图 6.8　学生与课程联系的完整 E-R 图

【例 6.2】 图书借阅 E-R 图。

一个读者可以借阅多本图书，一本图书可以被多个读者借阅，读者和图书之间的关系为多对多的关系，只有当读者和图书之间发生借阅关系时，才有借书日期和归还日期，因此，借书日期和归还日期属于借阅联系的属性，如图 6.9 所示。

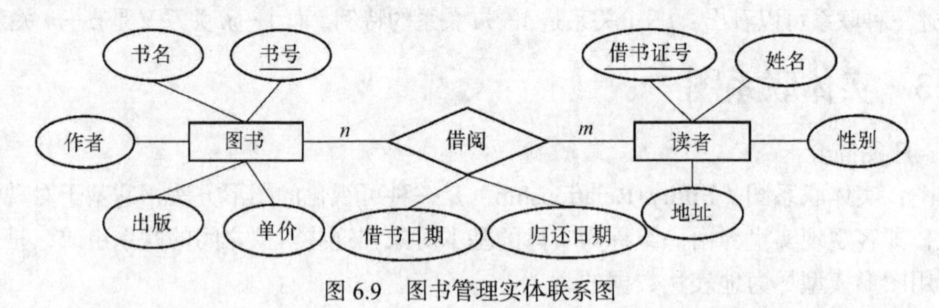

图 6.9　图书管理实体联系图

6.2.4　数据模型

数据模型（Data Model）是数据库系统中用于提供信息表示和操作手段的形式框架，不同模型是提供给我们模型化数据和信息的不同工具。根据模型应用的不同目的，可以将模型分为两类或两个层次：第一层是概念模型，用于信息世界的建模，也称信息模型，是按用户的观点来对数据和信息建模，强调其语义表达能力，要能够较方便、直接地表达应用中各种语义知识，应该概念简单、清晰、易于用户理解，是现实世界到信息世界的第一层抽象，是用户和数据库设计人员之间进行交流的语言；第二层是数据模型，用于机器世界，是按计算机系统的观念对数据建模，需要有严格的形式化定义，而且常常会加上一些限制或规定，便于在机器上实现，人们可以使用它来定义、操作数据库中的数据。

数据模型是数据库中数据的存储方式，是数据库系统的核心和基础。一般地讲，数据模型是严格定义的概念的集合，这些概念精确地描述了一个系统的静态特性、动态特性和完整性约束条件。因此，数据模型通常由数据结构、数据操作和完整性约束条件三部分组成。

1．数据结构

数据结构是所研究的对象类型（Object Type）的集合。这些对象是数据库的组成部分，一般可分为两类：一类是与数据类型、内容、性质有关的对象；一类是与数据之间联系有关的对象。数据结构是对系统静态特性的描述。

在数据库系统中通常按照数据结构的类型来命名数据模型：层次结构的模型称为层次模型，网状结构的模型称为网状模型，关系结构的模型称为关系模型。当前，实际数据库系统中所支持的主要模型有三种：一是层次模型（Hierachical Model），它用树状结构来表示实体及实体间的联系，如早期的 IMS 系统；二是网状模型（Network Model），它用网状结构来表示实体及实体间的联系，如 DBTG 系统；三是关系模型（Relational Model），它采用一组二维表表示实体及实体间的关系，如 Microsoft Access。在这三种数据模型中，前两种现在已经很少见到了，目前应用最广泛的是关系数据模型。自 20 世纪 80 年代以来，软件开发商提供的数据库管理系统几乎都是支持关系模型的。

关系模型将数据组成二维表格的形式，这种二维表在数学上称为关系。表 6.1 所示的关系模型由两个关系组成，分别为关系 Students（学生信息表）和关系 Scores（学生成绩表）。

表 6.1 关系模型

学号	姓名	性别	班级	入学年份	选课状态
04200101	张三	女	0810401	2004	正常选修
04200102	李四	女	0810401	2004	正常选修
04200103	王五	女	0810401	2004	正常选修
04200105	赵六	女	0810401	2004	正常选修

学号	课程名称	成绩
0401030301	C 语言程序设计	88
3160107	C 语言程序设计	89
3160112	C 语言程序设计	94
3160113	C 语言程序设计	95
0401030301	大学计算机基础	88
3160107	大学计算机基础	66
3160112	大学计算机基础	71
3160113	大学计算机基础	72

下面介绍有关关系模型的基本术语。

（1）关系

一个关系对应一张二维表。例如，表 6.1 中的两张表对应两个关系。

（2）关系模式

关系模式是对关系的描述，一般形式为：关系名（属性 1，属性 2，…，属性 n）。

例如，关系 Students 和关系 Scores 的关系模式分别为：

Students（学号，姓名，性别，班级，入学年份，选课状态）

Scores（学号，课程，成绩）

（3）关系数据库

对应于一个关系模型的全部关系的集合称为关系数据库。

（4）记录

表中的一行称为一条记录，记录也被称为元组。例如，表 Scores 有 8 行，因此，它有 8 条记录，其中的一行（3160107，计算机文化基础，66）为一条记录。

（5）属性

表中的一列为一个属性，属性也被称为字段。每一个属性都有一个名称，被称为属性名。例如，表 Scores 有 3 个属性，它们的名称分别为学号、课程名称和成绩。

（6）关键字

表中的某个属性组可以唯一确定一条记录。例如，表 Students 的学号可以唯一确定一个学生，也就是说，表 Students 中不可能出现学号相同的记录，因此学号是一个关键字。但是，在表 Scores 中，学号不是关键字，而属性组（学号、课程名称）可以唯一确定一个学生的某一门课程的成绩，所以是关键字。

（7）主键

一个表中可能有多个关键字，但在实际的应用中只能选择一个，被选用的关键字称为主键。

（8）值域

属性的取值范围。例如，性别的域是{男，女}，成绩的域为 0～100，专业的域为学校所有专业的集合。

每一种数据库管理系统都是基于某种数据模型的，例如，Microsoft Access、SQL Server 和 Oracle 都是基于关系模型的数据库管理系统。在建立数据库之前，必须首先确定选定何种类型的数据模型，即确定采用什么类型的数据库管理系统。

2. 数据操作

数据操作是指对数据库中各种对象（型）的实例（值）允许执行的操作的集合，包括操作及有关的操作规则。数据库主要有检索和更新（包括插入、删除和修改）两大类操作。数据模型要定义这些操作的确切含义，操作符号，操作规则（如优先级别）以及实现操作的语言。数据操作是对系统动态特性的描述。

3. 完整性约束条件

完整性约束条件是完整性规则的集合。完整性规则是给定的数据模型中数据及其联系所具有的制约和依存规则，用以限定符合数据模型的数据库状态的变化，从而保证数据的正确、有效、相容。数据模型应该反映和规定符合该数据模型所必须遵守的基本的、通用的完整性约束条件（如实体完整性和参照完整性），此外，数据模型还应该提供定义完整性约束条件的机制，以反映某一部门的应用所涉及的数据必须遵守的特定语义约束条件（如百分制成绩不得超过 100 分）。

6.3 结构化查询语言 SQL

结构化查询语言（Structured Query Language，SQL）是 1974 年 IBM 圣约瑟研究实验室为关系数据库 System R 研制的，当时称为 SEQUEL 语言，之后不断对其进行了改进。20 世纪 80 年代初，先后由 Oracle 公司与 IBM 公司推出基于 SQL 的关系数据库系统。1986 年美国国家标准局(ANSL)批准 SQL 为数据库语言的美国标准，不久国际标准化组织(ISO)也批准 SQL 作为关系数据库的公共语言。此后各数据库产品公司纷纷推出各自支持 SQL 的软件或者与 SQL 的接口。这就有可能出现这样的局面：不管微型机、小型机、大型机，不管是哪种数据库，都采用 SQL 作为共同的数据存取语言，从而使未来的数据库世界可以连接成为一个统一的整体。因此 SQL 在未来相当长的一段时期中，将成为关系数据库领域中的一个主流语言。

1. SQL 特点

① SQL 是具有数据定义、查询、操纵及控制功能的一体化数据语言，可以实现数据库整个生命期中的所有活动。

② SQL 是基于关系代数与关系演算的非过程化语言，使用方便，它的语法与英语很接近，其核心功能为 8 个动词，如表 6.2 所示。

表 6.2　　SQL 核心功能动词

功能	动词
定义	CREATE，DROP
查询	SELECT
操作	INSERT，UPDATE，DELETE
控制	GRANT，REVOKE

③ 使用方式有两种。

a. 自含式：可在终端上以命令形式进行查询、修改等交互操纵，也可以编制成程序（SQL 文件）执行。

b. 嵌入式：可以嵌入到多种高级语言中一起使用，如 PL/1、COBOL、FORTRAN、PASCAL 和 C 等。

④ 具有完善的故障恢复功能，能快速处理由于软、硬件产生的破坏。

⑤ 具有灵活分散的授权方式。各用户既有权在自己生成的关系或视图上进行操作，也可通过授权机制动态地使用其他用户数据或收回授权。

2. SQL 的功能

SQL 作为一种关系数据语言，提供给用户对数据进行操作。它以关系运算和关系演算（谓词演算）为基础，结构简单，是一种十分方便的用户接口，具有以下三方面的功能。

① 数据定义：定义数据模式、数据类型，从而建立数据模型。

② 数据操纵：对数据进行查询、更新（插入、删除、修改）等操作。

③ 数据控制：对数据的使用权限、完整性、一致性等进行控制，以达到数据既能共享又安全保密。

3. SQL 基本命令

为了便于说明，我们以 EMP 与 DEPT 两个关系为例，使读者了解如何通过各种命令对关系进行定义、分割、拼接和组装以获取所需的数据（见表 6.3）。

表 6.3　　EMP 表

E-NO	ENAME	JOB	SALARY	D-NO
7369	YANG JIAN	CLERK	800	20
7499	ZHAO HUA	SALESMAN	1600	30
7521	LIHONG	SALESMAN	1250	30
7566	MA JUN	MANAGER	2975	20
7654	LIYIAO ME	SALESMAN	1256	30
7698	WANG XIAO	MANAGER	2850	30
7782	CHEN HUA	MANAGER	2450	10
7788	ZHANG ZHI	ANAL YST	3000	20

续表

D-NO	DNAME	MANAGER	LOCATION
10	ACCOUNTING	CHEN HUA	TIANJIN
20	RESEARCH	MA JUN	BEIJING
30	SALES	WANG XIAO	SHAANGHAI
40	OPERATIONS		WUHAN

在 SQL 中称关系为表（TABLE），属性为列（COL），元组为行（ROW）。

（1）数据定义

① 定义关系（TABLE）。若关系模型已经确定，用户或数据库管理员可以用数据定义语言类建立库结构。

命令格式：

```
CREATE TABLE <关系名> (属性1名 类型1,属性2名 类型2,… );
```

其中类型有

```
NUMBER(n.d)        数字型，n为字长，d为小数位
CHAR(n)            字符型，n为字长
DATE               日期型，日-月-年
```

例：

```
CREATE TABLE EMP(E-NO NUMBER(4),ENAME CHAR(10),JOB CHAR(9),SALARY NUMBER(7.2),D-NO
NUMBER(2));
```

② 定义视图（VIEW）。视图是一种虚拟关系，用户可以通过建立视图的命令从一个或多个关系中选择所需的数据项构成一个新的关系。但视图并不以文件形式存放在外存中。视图一旦建立以后，就可以和其他关系一样进行各种操作。

命令格式：

```
CREATE VIEW <视图名> AS SELECT 属性名1,属性名2,…,属性名n
    FROM <关系名>
WHWERE <条件>;
```

例：

```
CREATE VIEW EMP1 AS SELECT ENAME,JOB,SALARY
    FROM EMP
WHERE SALARY>2000;
```

此时定义了一个名为 EMP1 的视图，其数据项是取关系 EMP 中的 ENAME、JOB 和 SALARY，且满足 SALARY>2000。

也可以从多个关系中建立视图，例：

```
CREATE VIEW EMP-DEPT(DNAME,ENAME,JOB,SALARY) AS SELECT ENAME,JOB,SALARY,DNAME
    FROM EMP,DEPT
WHERE D-NO=DEPT.D-NO;
```

此时定义了一个名为 EMP-DEMP 视图，且数据项取自关系 EMP 中的 ENAME、JOB、SALARY 和关系 DEPT 中的 DNAME，且满足 EMP 与 DEPT 中 D-NO 相等的记录项。

③ 定义索引（INDEX）。为了加快查询速度，可以按某关键字建立索引表。

命令格式：`CREATE INDEX <索引表> ON <关系名(索引关键字)>;`

例：`CREATE INDEX EMP-ENAME ON EMP(ENAME);`

此时以关系 EMP 中 ENAME 作为索引关键字建立索引表 EMP-ENAME。

④ 撤销定义。当要撤销已建立的表、视图或索引表时，用 DROP 命令。

例：

```
DROP TABLE EMP; 撤销关系 EMP
DROP VIEW EMP-DEPT; 撤销视图 EMP-DEPT
DROP INDEX EMP-ENAME; 撤销索引表 EMP-ENAME
```

（2）查询

该语句用途广泛，应用灵活，功能丰富。常见的 SELECT 语句包含 4 部分，其语法形式为：

```
SELECT[ALL|DISTINCT]目标列 FROM 表（或查询）
[WHERE 条件表达式]
[GROUP BY 列名 1 HAVING 过滤表达式]
[ORDER BY 列名 2[ASC|DESC] ]
```

整个语句的功能是：根据 WHERE 子句中的表达式，从 FROM 子句指定的基本表或视图中找出满足条件的记录，再按 SELECT 子句中的目标列显示数据。如果有 GROUP 子句，则按列名 1 的值进行分组，列名 1 值相等的记录分在一组，每一组产生一条记录。如果 GROUP 子句再带有 HAVING 短语，则只有满足过滤表达式的组才予以输出。如果有 ORDER BY 子句，则查询结果按列名 2 的值进行排序。

在 SELECT 语句中，第一部分是最基本的和不可缺少的，其余部分被称为子句，可以缺省。查询是从某一关系按用户需要查找相关数据项(列)和记录项(行)，相当于在原关系中裁剪下用户所需的部分数据，不会更改数据库中的数据。

1）基本部分

基本部分：SELECT[ALL|DISTINCT] 目标列 FROM 表（或查询）

SELECT 语句的一个简单用法是：

```
SELECT 字段 1，…，字段 n FROM 表
```

如：SELECT 姓名，学号 FROM Students

表示从表 Students 中选择了姓名和学号两列；

```
SELECT * FROM Students
```

表示从表 Students 中选择了所有的字段。

① 目标列的格式是：列名 1[AS 列名 1]，列名 2[AS 列名 2]，…，列名 n [AS 列名 n]。

② FROM 子句指明了从何处查询所需要的数据，可以是多个表或视图。对 SELECT 语句来说，FROM 子句是必需的，不能缺省。

③ ALL 表示查询结果中可以包含重复的记录，是默认值；DISTINCT 表示查询结果中不能出现重复的记录，如果有相同的记录只保留一条。

④ 一般情况下，目标列中的列名是 FROM 子句中基本表或视图中的字段名。如果 FROM 子句中指定了多个基本表或视图，并且列名有相同时，则列名之前应加前缀，格式为：“表名.列名”或“视图名.列名”。AS 子句用来以新的名称命名输出列。

⑤ 目标列是“*”|表示输出所有的字段。

⑥ 目标列中的列名可以是一个使用 SQL 库函数的表达式，通常的函数如表 6-6 所示。需要注意的是，如果没有 ORDER BY 子句，则这些函数是对整个表进行统计，整个表只产生一条记录，否则是分组统计，一组产生一条记录。

例：查询所有学生的基本情况。

```
SELECT 学号，姓名，性别，党员，专业，出生年月，照片 FROM students;
```

因为“*”可以表示所有的字段，所以上述语句可以改为

```
SELECT * FROM Students
```

例：查询学生人数、最早出生、最晚出生和系统日期。

```
SELECT COUNT(*)          AS 总人数,
       MIN(出生年月)  AS 最早出生,
       MAX(出生年月)  AS 最晚出生,
       DATE()          AS 系统日期
FROM students;
```

这里的 Count（*）可以改为 Count（学号），因为学号是唯一的，一个学号对应一条记录。如果改为 Count（专业），则查询的是专业数，结果显示为 3，因为表中只有 3 个专业。

例：`SELECT 专业 FROM Students;`

查询所有的专业，查询结果中出现重复的记录。

```
SELECT DISTINCT 专业 FROM Students;
```

查询所有的专业，查询结果中不出现重复的记录。

例：
```
SELECT count(学号)  AS 总人数,
       Year(date())-year(MIN(出生年月))  AS 最大年龄,
       year(date())-year(MAX(出生年月))  AS 最小年龄,
       avg(year(date())-year(出生年月))  AS 平均年龄,
       date()  AS 系统日期
FROM students;
```

查询学生的人数和平均年龄。出生年月是日期/时间型字段，使用 Year 函数可以得到其中的年份，Date（）是系统日期函数。

2）WHERE 子句

WHERE 子句有双重作用：一是选择记录，输出满足条件的记录；二是建立多个表或查询之间的连接，这一点将在后面详细介绍。

例：查询计算机专业学生的学号、姓名和专业。

```
SELECT 学号，姓名，专业 FROM Students WHERE 专业="计算机科学与技术"
```

例：显示所有非计算机专业学生的学号、姓名和年龄。

```
SELECT 学号，姓名，Year（Date（））-Year（出生年月））AS 年龄
FROM Students
WHERE 专业< >"计算机科学与技术"
```

例：查询 1981 年（包括 1981 年）以前出生的女生姓名和出生年月。可以用#MM/DD/YYYY#的形式表示日期，例如，1989 年 4 月 22 日在这里应写成#4/22/1989#。

```
SELECT 姓名，出生年月 ROM Students
WHERE 出生年月< #1/1/1982# AND 性别="女"
```

3）ORDER BY 子句

ORDER BY 子句用于指定查询结果的排列顺序。ASC 表示升序，DESC 表示降序。

ORDER BY 可以指定多个列作为关键字。例如，ORDER BY 专业 ASC，出生年月 DESC 表示查询结果首先排专业从小到大排序，如果专业相同，则再排助学金，从大到小排列。专业是第一排序关键字，助学金是第二排序关键字。

例：查询所有党员学生的学号和姓名，并按出生年月从小到大排序。

```
SELECT 学号，姓名 ROM Students
```

```
WHERE=True
ORDER BY 出生年月
```

4）GROUP BY 子句和 HAVING 子句

GROUP BY 子句用来对查询结果进行分组，把某一列的值相同的记录分在一组，一组产生一条记录。例如，GROUP BY 专业，它将专业相同的记录分在一组。表 Students 共有两个专业，按专业分组将被分为两个组，查询结果中也就只有两条记录。

GROUP BY 后可以有多个列名，分组时把在这些列上值相同的记录分在一组。例如，GROUP BY 专业，性别，它将专业和性别都相同的记录分在一组。表 Students 共有 8 条记录，按专业和性别分组将被分为 3 个组，查询结果中有 3 条记录。

当 SELECT 语句含有 GROUP BY 子句时，HAVING 子句用来对分组后的结果进行过滤，选择由 GROUP BY 子句分组后并且满足 HAVING 子句条件的所有记录，不是对分组之前的表或视图进行过滤。没有 GROUP BY 子句时，HAVING 的作用等同于 WHERE 子句。HAVING 后的过滤条件一般都要使用合计函数。

例：查询选修了 2 门（包括 2 门）以上课程的学生的学号和课程数。

```
SELECT 学号，Count（*）AS 课程数 FROM Scores
GROUP BY 学号
HAVING Count（*）>=2
```

这里使用了 Count（*）函数，统计每一组的人数。

例：查询所有课程的成绩在 70 分以上的学生的学号。

```
SELECT 学号 FROM Scores
GROUP BY 学号
HAVING Min（成绩）>=70
```

例：查询平均分在 70 分以上，并且没有一门课程在 75 分以下的学生的学号。

```
SELECT 学号 FROM Scores
GROUP BY 学号
HAVING Avg（成绩）>=75AND Min（成绩）>=70
```

5）连接查询

在查询关系数据库时，有时需要的数据分布在几个基本表或视图中，此时需要按照某个条件将这些表或视图连接起来，形成一个临时的查询表，然后再对该临时表进行简单的查询。

下面通过一个实例说明连接查询的原理和过程。

例：查询所有学生的学号、姓名、课程名称和成绩。

分析表 Students 和 Scores 可以知道，需要的数据分布在这两个表中，因此需要把它们连接起来,。连接的条件为 Students.学号=Scores.学号。在表 Scores 中，学号为“0401030301”的记录有 2 条，所以在临时表中形成了 2 条记录，而因为没有学号为“3160109”的记录，所以最后不产生记录，尽管它在表 Students 中有相应的记录。

把学号相同的表连接起来形成临时表后，就只需像前面一样进行简单的查询设计就可以了。需要注意的是，两个表中都有“学号”字段，所以在 SELECT 语句中学号前应加表名作为前缀，以区分来自哪个表。

完整的查询语句为

```
SELECT Students .学号，Students.姓名，Scores.课程名称，Scores.成绩
FROM  Students , Scores
```

```
WHERE Students.学号= Scores.学号
```

上述语句可以改写为

```
SELECT Students .学号, Students.姓名, Scores.课程名称, Scores.成绩
FROM  Students INNER JOIN Scores ON Students.学号= Scores.学号
```

上述“FROM 表 1 INNER JOIN 表 2 ON 连接条件”子句表示查询数据来自一个临时表，该临时表是根据“连接条件”把“表 1”和“表 2”连接起来后形成的。

例：查询选修了“计算机文化基础”课程的学生的学号、姓名和成绩。

用条件 Students .学号= Scores.学号进行连接，然后进行选择，把课程名为“计算机文化基础”的记录选择出来。

```
SELECT Students .学号, Students.姓名, Scores.成绩
FROM  Students , Scores
WHERE Students.学号= Scores.学号 AND Scores.课程名称="计算机文化基础"
```

上述语句可以改写为

```
SELECT Students .学号, Students.姓名, Scores.成绩
FROM  Students INNER JOIN Scores ON Students.学号= Scores.学号
WHERE Scores.课程="计算机文化基础"
```

6）嵌套查询

在 SQL 中，一个 SELECT…FROM…WHERE 称为一个查询块，将一个查询块嵌套在另一个 SELECT 语句的 WHERE 子句或 HAVING 子句中称为嵌套查询，也就是说，SELECT 语句中还有 SELECT 语句叫做嵌套查询。嵌套查询的优点是让用户能够用多个简单查询构造复杂的查询，从而增加 SQL 的查询能力，体现查询的结构化。

下面通过几个实例说明嵌套查询的原理和应用。

例：查询没有读过计算机文化基础课程的学生的学号、姓名和专业。

语句 SELECT Scores.学号 FROM Scores WHERE Scores.课程名称="计算机文化基础"把表 Scores 中读过“计算机文化基础”的学生的学号选择出来，因此在表 Students 中查询时就查询那些学号不在上述查询结果中的学生。下面用到了运算符 NOT IN 表示不在其中的意义。

完整的 SELECT 语句为

```
SELECT Students .学号, Students.姓名, Students.专业
FROM  Students
WHERE Students.学号 NOT IN
(SELECT Scores.学号
        FROM Scores
        WHERE Scores.课程="计算机文化基础")
```

例：查询与“邓倩梅”在同一个专业的学生的学号和姓名。

```
SELECT Students .学号, Students.姓名
FROM  Students
WHERE 专业 IN(SELECT Students.专业 FROM  Students WHERE Students.姓名="邓倩梅")
```

上述语句可以改写为：

先将 SELECT Students.专业 FROM Students WHERE Students.姓名="邓倩梅" 保存为查询表“嵌套”，再利用以下查询语句即可。

```
SELECT Students .学号, Students.姓名
FROM Students INNER JOIN 嵌套 ON Students.专业=嵌套.专业
```

（3）数据操纵

① 插入。在已建立的关系中插入新的记录。

命令格式：

```
INSERT INTO 表名（字段 1，字段 2，…，字段 n）
    VALUES（常量 1，常量 2，…，常量 n）
INSERT INTO 表名（字段 1，字段 2，…，字段 n）  VALUES  子查询
```

例：

```
INSERT INTO DEPT (DNAME,D-NO) VALUES ("ACCONTING",10);
```

在关系 DEPT 中插入一条记录，其数据项 DNAME、D-NO 值分别为"ACCONTING"和 10，其他数据项为空值。

② 更新数据。

对关系中某些满足条件的数据项进行修改。

命令格式：

```
UPDATE 表 SET 字段 1=表达式 1，…，字段 n=表达式 n
[WHERE 条件]
```

例：

```
UPDATE EMP SET JOB="MANAGER"
    WHERE E-NO=7654;
```

对关系 EMP 中 E-NO 为 7654 的记录中 JOB 值修改为"MANAGER"。

例：

```
UPDATE Students SET 助学金=助学金+30
    WHERE 助学金<200
```

将表 Students 中助学金低于 200 的学生加 30 元。

需要注意的是，UPDATE 语句一次只能对一个表进行修改，这就有可能破坏数据库中数据的一致性。例如，如果修改了表 Students 中的学号，而成绩表等没有相应地调整，则两个表之间就存在数据一致性的问题。解决这个问题的一个方法是执行两个 UPDATE 语句，分别对两个表进行修改。

③ 删除行。

命令格式：DELETE FROM <关系名>[WHERE<条件>]；

例：DELETE FROM EMP WHERE E-NO=7654;

删除关系 EMP 中 E-NO=7654 的记录。

DELETE 语句从表中删除满足条件的所有记录。如果 WHERE 子句缺省，则删除表中所有的记录，但是表没有被删除，仅仅删除了表中的数据。

（4）控制

为保证数据库的数据既能共享又安全保密，并能使数据完整、一致，SQL 提供一些控制功能。

① 授权。

授权是指对数据库中的数据使用权限的控制。在 SQL 中分为两级控制：在系统级中，当每个用户要参与享用数据库时，必须先由数据库管理员(DBA)为他建立用户名及口令，每次在进入数据库前必须告诉用户名及口令，系统核对口令并用 CONNECT 命令与数据库建立联系后才可使用；在用户级中，凡各用户自己用 CREATE 命令建立的关系和视图，本用户对它享有所有权限(SELECT、INSERT、UPDATE、DELETE、INDEX 等)，其他用户若要共享，则必须由该关系或视图的主人授权后方可使用。

命令格式：GRANT <授权的内容> ON <关系名> TO <用户名>;

例：GRANT SELECT,INSERT ON EMP TO CHANG;

EMP 的主人把关系 EMP 的 SELECT、INSERT 权限授予用户 CHANG。若关系的主人把所有的权限都授予某一用户，可用 ALL 代替，若把某关系授予所有用户，可用 PUBLIC 代替用户名。

例：GRANT ALL ON ENP TO PUBLIC;

当被授权用户使用该关系时，应在关系名前冠以该用户名。

例：SELECT * FROM SHEN.EMP;

其中 SHEN 是 EMP 关系的主人。

② 撤销授权。

当关系的主人要撤销对某关系的授权时，用 REVOKE 命令。

命令格式：REVOKE <授权内容> ON <关系名> FROM <用户名>;

例：REVOKE INSERT ON EMP FROM CHANG;

撤销用户 CHANG 对关系 EMP 的 INSERT 权限。

③ 数据的完整性、一致性。

在关系数据模型中，每一元组中主关键字项的数值不能为空值，为保证这一点，可以在建立关系命令中对主关键项后加“NOT NULL”。

例：CREATE TABLE DEPT(D-NO NOMBER(2) NOT NULL,DNAME CHAR(4),LOCATION CHAR(13));

这样，在输入数据时，若主键项出现空值，系统就会发出出错信息。

在建立索引文件时，在命令中增加“UNIQUE”可以保证此项数值不能重复出现，从而保证主关键字数值的唯一性。

例：CREATE UNIQUE INDEX EMP-ENAME ON EMP(ENAME)

这时若插入两个相同的 ENAME，系统发出出错信息。

习 题 6

一、单项选择题

1. 狭义的数据库系统可由（　　）和数据库管理系统两个部分构成。

A. 数据库　B. 用户　C. 应用系统　D. 数据库管理员

2. 数据库系统的三级模式结构是外模式、（　　）和内模式。

A. 概念模式　B. 模式　C. 逻辑模式　D. 关系模式

3. 数据库设计按 6 个阶段进行，可分为需求分析、（　　）、逻辑设计、物理设计、数据库实施、数据库运行维护阶段。

A. 概念设计　B. 数据分析　C. 结构分析　D. 结构建立

4. 二元实体之间的联系可分为一对一的联系、（　　）的联系、多对多的联系 3 种。

A. 一对多　B. 一对二　C. 二对多　D. 一对三

5. 关系模型的完整性规则是用来约束关系的，以保证数据库中数据的正确性和一致性。关系模型的完整性共有 3 类：（　　）、参照完整性和用户定义的完整性。

A. 主键约束　B. 外键约束　C. 实体完整性　D. CHECK 约束

6. 在图书借阅关系中，图书和读者的关系是（　　）。
A. 一对多　　B. 多对多　　C. 一对一　　D. 一对二

7. 用二维表结构来表示实体及实体之间联系的模型称为（　　）。
A. 层次模型　　B. 网状模型　　C. 关系模型　　D. 对象模型

8. 数据操纵语言用于改变数据库数据。主要有 3 条语句：INSERT、UPDATE、（　　）。
A. DELETE　　B. GRANT　　C. CREATE　　D. REVOKE

9. 在 SQL Server 中，以下标识符正确的是（　　）。
A. InsertA　　B. Delete　　C. 6SQL　　D. &sever

10. 专门的关系运算包括选择、（　　）、联系 3 类。
A. 并　　B. 交　　C. 差　　D. 选择

11. 在以下 SQL 语句中，查询所有姓“李”的学生的信息的 SQL 语句是（　　）。
A. SELECT * FROM StudInfo WHERE StudName='李'
B. SELECT * FROM StudInfo WHERE StudName like '李_'
C. SELECT * FROM StudInfo WHERE StudName like '李%'
D. SELECT * FROM StudInfo WHERE StudName like '%李'

12. 在以下 SQL 语句中，查询成绩在 90 分以上的学生的信息的 SQL 语句是（　　）。
A. SELECT * FROM StudScoreInfo WHERE StudScore >=90
B. SELECT * FROM StudScoreInfo HAVING StudScore > =90
C. SELECT * FROM StudScoreInfo HAVING StudScore≥90
D. SELECT * FROM StudScoreInfo WHERE StudScore≥90

13. 在以下 SQL 语句中，查询学生成绩在 60～70 之间的所有记录的 SQL 语句是（　　）。
A. SELECT * FROM StudScoreInfo WHERE StudScore≥60 AND StudScore≤70
B. SELECT * FROM StudScoreInfo WHERE StudScore >=60 OR StudScore < =70
C. SELECT * FROM StudScoreInfo WHERE BETWEEN StudScore > =60 AND StudScore < =70
D. SELECT * FROM StudScoreInfo WHERE StudScore >=60 AND StudScore <=70

14. SQL 语句中用于排序的关键字是（　　）。
A. ORDER BY　　B. GROUP BY　　C. WHERE　　D. CREATE

15. 以下不是数据库管理系统的是（　　）。
A. Windows　　B. SQL Server　　C. DB2　　D. Oracle

16. 专门的关系运算不包括（　　）。
A. 查询　　B. 投影　　C. 选择　　D. 连接

17. 以下函数能够实现求和功能的是（　　）。
A. SUM　　B. AVG　　C. COUNT　　D. MAX

18. 在以下 SQL 语句中，查询学生信息表（StudInfo）中前 10 条记录的 SQL 语句是（　　）。
A. SELECT * FROM StudInfo WHERE TOP <=10
B. SELECT 10 * TOP FROM StudInfo
C. SELECT 10 TOP * FROM StudInfo
D. SELECT TOP 10 * FROM StudInfo

19. 以下函数能够实现计数功能的是（　　）。

A. SUM　　B. AVG　　C. MAX　　D. COUNT

20. 要向表中插入一条记录应该使用的 SQL 语句是（　　）。

A. CREATE　　B. DELETE　　C. UPDATE　　D. INSERT

二、判断题

1. 用二维表结构来表示实体及实体之间联系的模型称为“关系模型”。（　　）
2. 实体是表示一类客观现实或抽象事物的一种特征或性质。（　　）
3. 数据库管理系统是一种负责数据库的定义、建立、操作、管理和维护的系统管理软件。（　　）
4. 主键是能唯一标识关系中的不同元组的属性或属性组。（　　）
5. 在关系数据库中，不同的列允许出自同一个域。（　　）
6. 在关系运算中，投影运算是从列的角度进行的运算，相当于对关系进行垂直分解。（　　）
7. 在关系运算中，选择运算是从列的角度进行的运算。（　　）
8. 在 SQL Server 中，标识符不能有空格符或特殊字符“_”、“#”、“@”、“$”以外的字符。（　　）
9. 在关系模型中，父亲与孩子的关系是一对多的关系。（　　）
10. 在 SQL 语句中，Primary Key 用来表示外键。（　　）
11. DELETE 语句可以删除表中的记录。（　　）
12. 在关系模型中，行称为“属性”。（　　）
13. 在关系模型中，列称为“元组”。（　　）
14. 在关系模型中，“表名+表结构”就是关系模式。（　　）
15. E-R 图中椭圆表示的是实体。（　　）
16. E-R 图中菱形表示的是关系。（　　）
17. 在 SQL Server 数据库中，master 数据库用于记录 SQL Server 系统的所有系统级别信息。（　　）
18. DBS 表示的是数据库管理系统。（　　）
19. 在 SQL 语句中，可以用 INTO 子句将查询的结果集创建为一个新的数据表。（　　）
20. 实体是具有相同属性或特征的客观现实和抽象事物的集合。（　　）

三、填空题

1. 狭义的数据库系统可由__________和数据库管理系统两个部分构成。

2. 数据库系统的三级模式结构是外模式、__________和内模式。

3. 数据库设计按 6 个阶段进行，可分为需求分析、__________、逻辑设计、物理设计、数据库实施、数据库运行维护阶段。

4. 实体之间的联系可分为一对一的联系、__________的联系、多对多的联系 3 种。

5. 关系模型的完整性规则是用来约束关系的，以保证数据库中数据的正确性和一致性。关系模型的完整性共有 3 类：__________、参照完整性和用户定义的完整性。

四、综合题

下面是某个学校的学生成绩管理系统的部分数据库设计文档，按要求完成下面各题。

1. 学生信息表（StudInfo）

字段名称	数据类型	字段长度	是否为空	PK	约束	字段描述	举例
StudNo	Varchar	15		Y		学生学号	99070470
StudName	Varchar	20				学生姓名	李明
StudSex	Char	2			'男','女'	学生性别	男
StudBirthDay	DateTime		Y			出生年月	1980-10-03
ClassName	Varchar	50				班级名称	Computer

2. 课程信息表（CourseInfo）

字段名称	数据类型	字段长度	是否为空	PK	字段描述	举例
CourseID	Varchar	10		Y	课程编号	A0101
CourseName	Varchar	50			课程名称	SQL Server
CourseDesc	Varchar	100	Y		课程描述	SQL Server

3. 学生成绩表（StudScoreInfo）

字段名称	数据类型	字段长度	是否为空	PK	约束	字段描述	举例
StudNo	Varchar	15		Y		学生学号	99070470
CourseID	Varchar	10		Y		课程编号	A0101
StudScore	Numeric	4,1			0～100	学生成绩	80.5

注：一个学生可选修多门课，同一门课可由多个学生选修。

题目：

1. 写出创建以上各表的 SQL 语句。

2. 画出以上各表间的 E-R 图。

3. 分别写出在以上各表中插入一条记录（示例中的数据）的 SQL 语句。

4. 写出更新学生成绩表（StudScoreInfo）中学号为“99070470”的学生的相关信息的 SQL 的语句，课程编号为“A0101”，成绩为“85.5”。

5. 在课程信息表（CourseInfo）中，写出删除课程编号为“A0101”的记录的 SQL 语句。

6. 在学生成绩表（StudScoreInfo）中，写出将课程编号为“A0101”的课程成绩从高到低排序的 SQL 语句。

7. 在学生成绩表（StudScoreInfo）中，写出统计各学生总分的 SQL 语句。

8. 写出统计学生平均分大于 80 的 SQL 语句。

9. 写出将学生信息表中的前 10 条记录插入新表（StudInfoBack）的 SQL 语句。

10. 写出统计各门课程的平均分（AvgScore）、参考人数（CountPerson）、最高分（MaxScore）、最低分（MinScore）的 SQL 语句，统计结果要求包括课程编号、课程名称、平均分、参考人数、最高分、最低分字段。

五、简答题

1. 什么是数据库？数据库系统由哪些部分组成？

2. 请简要说明数据库系统的特点。

3. 关系模型有什么特点？
4. 关键字与主键的区别是什么？
5. 典型的新型数据库系统有哪些？
6. Access 中数据库是由哪些对象组成？请简述它们之间的关系。
7. 假定有一个数据库“教师.mdb”有两个关系,其中一个关系的关系模式为：

Teachers（教师号,姓名,性别,年龄,参工时间,党员,应发工资,扣除工资）

另一个关系的关系模式为：

Students（学号，教师号，成绩）

请写出下列 SQL 命令：

（1）插入一条新记录：

300008　杨梦　女　59　1966/04/22　YES　1660　210

（2）删除年龄小于 36 岁且性别为女的所有记录。
（3）对工龄超过 25 年的教师加 20%的工资。
（4）查询教师的教师号、姓名、实发工资。
（5）查询教师的人数和平均工资。
（6）查询 1990 年以前参加工作的所有教师的姓名和实发工资。
（7）查询所有教师的最低实发工资、最高实发工资、平均实发工资。
（8）查询所有党员的姓名、教师号，并且按年龄由大到小排列。
（9）查询每个教师的学生人数。
（10）查询每个教师的学生的最低分、最高分和平均成绩。
（11）查询学号为 03160111 的学生的所有任课教师的姓名、性别。

第 7 章 网络技术基础

计算机网络是计算机技术和通信技术两大现代技术密切结合的产物，它代表了当代计算机体系结构发展的一个极其重要的方向。计算机网络技术包括了硬件、软件、网络体系结构和通信技术。计算机网络对计算机、信息、电子商务等基于网络的产业发展产生了巨大影响。

7.1 计算机网络概述

20 世纪 60 年代，随着计算机技术和信息技术的普及和发展，计算机应用逐步渗透到各个领域和整个社会的各个方面，从而促进了当代计算机技术和现代通信技术的发展，并密切结合形成了一个崭新的技术领域——计算机网络。

7.1.1 计算机网络的定义和功能

1. 计算机网络的定义

计算机网络是一群地理位置分散、具有自主功能的计算机，通过通信设备及传输媒体连接起来，在通信软件的支持下，实现计算机间的资源共享、信息交换、协同工作的系统。图 7.1 所示为一个简单的计算机网络示意图，它将若干台计算机、服务器、打印机、扫描仪互连成一个整体，这些连接在网络中的计算机、外部设备、通信控制设备等称为网络节点。

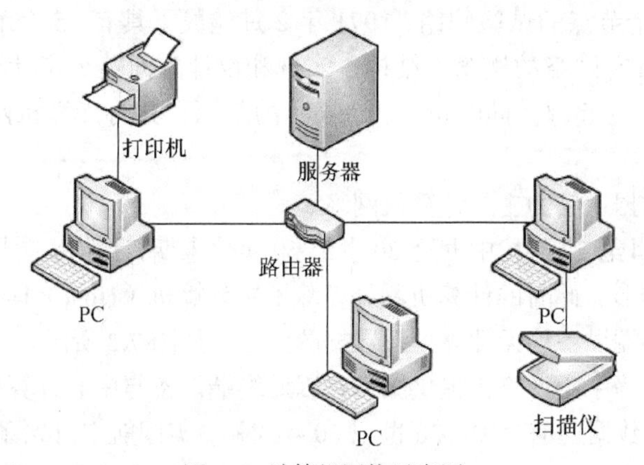

图 7.1 计算机网络示意图

从定义可以看出，计算机网络涉及如下所述 3 个要点。

（1）自主性

一个计算机网络可以包含多台具有“自主”功能的计算机。“自主”指这些计算机离开计算机网络后，也能独立地工作和运行。网络中的共享资源，即软件资源、硬件资源和数据资源，一般都分布在这些计算机中。

（2）在通信软、硬件支持下连接

构成网络的计算机往往分散在不同地理位置，需要通过通信设备和线路连接起来，并且在功能完善的网络操作系统和通信协议管理下，将各节点有机连接起来。

（3）网络组建的 3 个目的

建立网络的目的是：实现计算机分布资源的共享、通信的交往或协同工作，一般将计算机资源共享作为网络的基本特征。

2. 网络的基本功能

具体地说，计算机网络应该具有以下 3 个基本功能。

（1）数据交换和通信

数据交换和通信是指计算机之间、计算机与终端之间或者计算机用户之间能够实现快速、可靠和安全的通信交往，例如，进行文件的传输或者通信（E-mail）。

（2）资源共享

资源共享的目的在于充分利用网络中的各种资源，减少用户的投资，提高资源的利用率。这里的资源主要指计算机中的硬件资源、软件资源和数据与信息资源。例如，大型绘图仪、高速激光打印设备等硬件资源；各种软件资源，以及数据、信息资源，如企业的大型数据库等都是网络中可以共享的资源。

（3）计算机之间或计算机用户之间的协同工作

面对大型任务或网络中某些计算机负荷过重时，可以将任务化整为零，有多台计算机共同完成这些复杂和大型的计算任务，以达到均衡负载的目的。

3. 计算机网络的产生和发展

20 世纪 50 年代中期，美国的半自动地面防空系统（SAGE）是计算机技术和通信技术相结合的最初尝试。世界上公认的、第一个最成功的远程计算机网络是 1969 年由美国高级研究计划局（Advanced Research Project Agency，ARPA）组织和成功研制的 ARPAnet。ARPAnet 在 1969 年建成了具有 4 个节点的试验网络，1971 年 2 月建成了具有 15 个节点、23 台主机的网络并投入使用。ARPAnet 在网络的概念、结构、实现和设计方面奠定了计算机网络的理论基础。人们通常认为它是网络的起源，同时也是 Internet 的起源，并将计算机网络的形成和发展分为 4 代。

（1）第一代：以数据通信为主的计算机网络

这一阶段是从 20 世纪 50 年代中期至 20 世纪 60 年代末期，计算机技术与通信技术初步结合，形成了计算机网络的雏形。此时的计算机网络，除了主计算机（Host）具有独立的数据处理能力外，系统中所连接的终端设备均无独立处理数据的能力，如图 7.2 所示。

由于终端设备不能为中心计算机提供服务，因此终端设备与中心计算机之间不能提供相互的资源共享，网络功能以数据通信为主。20 世纪 60 年代初，美国航空订票系统 SABRE-1 就是这种计算机通信网络的典型应用，该系统由一台中心计算机和分布在全美范围内的 2000 多个终端组成，各终端通过电话线连接到中心计算机。

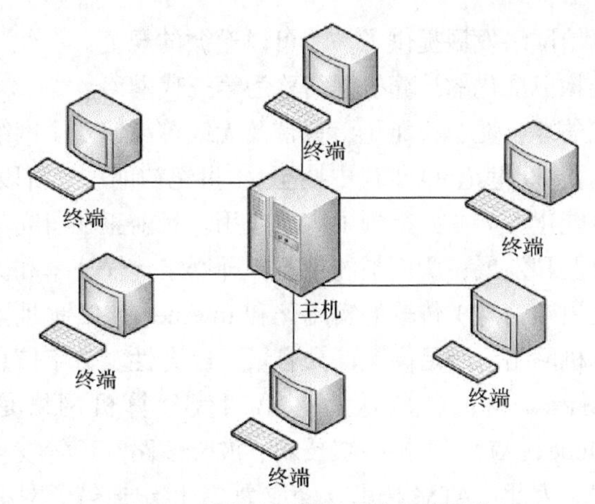

图 7.2　以单个计算机为中心的网络

（2）第二代：以资源共享为主的初级计算机网络

第二代计算机网络也被称为“计算机-计算机”网络。该阶段是从 20 世纪 60 年代末期至 20 世纪 70 年代中后期，在单处理机联机网络的基础上形成了多处理中心（即多主机通过分组交换网连接），实现了计算机间的资源共享，如图 7.3 所示。第二代计算机完成了计算机网络体系结构与协议的研究，形成了初级计算机网络。这时的典型网络 ARPAnet，首次将计算机网络分为通信子网和资源子网两大部分。因此，ARPAnet 被认为是计算机网络技术发展的里程碑。

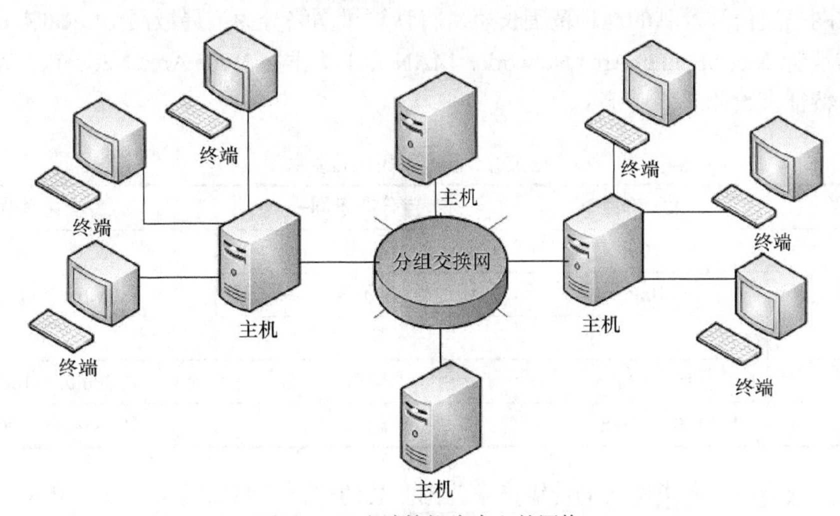

图 7.3　以多计算机为中心的网络

第二代计算机网络与第一代计算机网络的区别主要表现在两个方面：网络中的通信双发都是具有自主处理能力的计算机，而不是终端到计算机；计算机网络功能以资源共享为主，而不是以数据通信为主。

（3）第三代：开放式的标准化计算机网络

第三代计算机网络指从 20 世纪 70 年代初期至 20 世纪 90 年代中期的发展阶段。在这个阶段中，各种不同的网络体系结构相继出现。同一体系结构的网络互联是非常容易的，但不同体系结构的网络互连十分困难。然而，社会的发展迫使不同体系结构的网络都要能互连。因此 ISO（国际标准化组织）在 1983 年提出了开放系统互连参考面模型（Open System Interconnection Basic

Reference Model，OSI），给网络发展提供了一个可以遵循的规范。从此，计算机网络走上了标准化的轨道。我们把体系结构标准化的计算机网络称为第三代网络。

（4）第四代：新一代的综合性、智能化、宽带及无线等高速安全网络

第四代计算机网络是指 20 世纪 90 年代中期至 21 世纪初期这个阶段。计算机网络与 Internet 向着全面互联、高速、智能化发展，并得到了广泛应用。目前正在研究与发展着的计算机网络将由于 Internet 的进一步普及和发展，所面临的带宽（即网络传输速率和流量）限制问题会更加突出。多媒体信息（尤其是视频信息）传输的实用化和 Internet 上 IP 地址紧缺等各种困难正在逐步显现。因此，新一代计算机网络应满足高速、大容量、综合性、数字信息传递等多方位的需求。随着高速网络技术的发展，目前一般认为，第四代计算机网络是以异步传输模式技术（Asynchronous Transfer Mode，ATM）、帧中继技术、波分多路复用等技术为基础的宽带综合业务数字化网络为核心来建立。为此，ATM 技术已经成为 21 世纪通信子网中的关键技术。

随着信息高速公路的提速与发展，各种计算机、网络都面临着全面互联。计算机网络正在对世界的经济、政治、军事、教育和科技的发展产生着重大的影响，并全面进入到人们的社会生活中。

7.1.2　计算机网络的分类

计算机网络的分类标准很多。可以按照网络覆盖的范围大小、网络用户的性质、网络的拓扑结构和网络使用的协议等分类。各种分类标准一般只能给出网络某一方面的特征。最常见的分类方法是按照网络通信涉及到的地理范围长短，将计算机网络分为：局域网（Local Area Network，LAN）、城域网（Metropolitan Area Network，MAN）、广域网（Wide Area Network，WAN）。各类网络具有的特征参数如表 7.1 所示。

表 7.1　各类计算机网络的特征参数

网络分类	大致分布距离	节点分布于同一	传输速率范围
局域网	10m	房间	10Mbit/s～10Gbit/s
	100m	建筑物	
	1km	校园	
城域网	10～100km	城市	50kbit/s～10Gbit/s
广域网	100～1000km	国家	9.6kbit/s～10Gbit/s

表 7.1 大致给出了各类网络的传输速率范围。总的规律是距离越长，速率越低。局域网距离最短，传输速率最高。一般来说，传输速率是关键因素，它极大地影响着计算机网络硬件技术的各个方面。在距离、速率和技术细节的相互关系中，距离影响速率、速率影响技术细节。这便是按分布距离划分计算机网络的原因之一。

1．局域网

局域网又称局部区域网，一般用微型计算机通过通信线路相连，其本质特征是分布距离短、数据传输速度快。局域网的覆盖范围一般在几 km 以内，最大距离不超过 10 km，往往是一个部门或单位组建的网络。

由于局域网易于组建和管理、数据传输速率高、误码率小、组网成本低，因此深受用户欢迎，LAN 目前是计算机网络技术中，发展最快、最活跃的一个分支。

2. 城域网

城域网原本指介于局域网与广域网之间的一种大范围的高速网络，覆盖的地理范围可以从几十千米到几百千米。城域网通常有多个局域网互联而成，并为一个城市的多家单位拥有。由于各种原因，城域网的特有技术没能在世界各国得到迅速的推广；反之，在实践中，人们通常用 LAN 或 WAN 的技术去构建与 MAN 目标范围、大小相当的网络。这样反而显得更加方便与实用。因此，这里将不对 MAN 进行更为详细的介绍。

3. 广域网

广域网也称远程网，人们提到计算机网络时，通常指的是广域网。计算机广域网一般指分布在不同国家、地域、甚至全球范围内的各种局域网、计算机、终端等互联而成的大型计算机通信网络。广域网的特点是采用的协议和网络结构多样化，速率较低、延迟较大。通信子网通常归电信部门所有，而资源子网通常归大型单位所有。广域网覆盖的地理范围可以从几十千米到成百上千、甚至上万千米。因此，可跨越城市、地区、国家甚至洲。WAN 往往是以连接不同地域的大型主机系统或局域网为目的。例如，国家级信息网络、海关总署、IBM 或惠普等大型跨国公司等都拥有自己的广域网。其中，网络之间的连接大多租用电信部门的专线。

7.1.3 计算机网络的组成

计算机网主要完成数据处理和数据通信。因此，计算机网络对应的基本结构也可以分成相应的两个部分：资源子网和通信子网。其中，资源子网负责数据处理的计算机与终端设备；通信子网负责数据通信的路由器和通信线路。图 7.4 所示为计算机网络的实际组成结构。这里说的计算机网络组成结构主要针对广域网，因此将局域网划在资源子网。

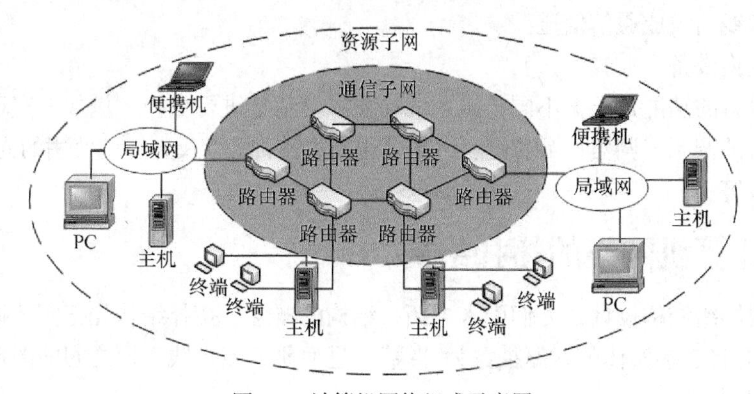

图 7.4 计算机网络组成示意图

1. 资源子网

如图 7.4 所示，资源子网由拥有资源的主机系统、请求资源的用户终端、终端控制器、通信子网的接口设备、软件子软、硬件共享资源和数据资源等组成。资源子网负责全网的数据处理业务，并向网络客户提供各种网络资源和网络服务。

（1）主机

计算机网络中的“主机”可以是大型机、中型机、小型机、工作站或者 PC。主机是资源子网的主要组成单元，它通过高速线路与通信子网的通信控制处理机相连接。普通的用户终端机通过主机连接入网。主机还为本地用户访问网络的其他计算机设备和共享资源提供服务。随着 PC 的飞速发展和普及，连入网络中的 PC 与日俱增，它既可以作为主机的一种类型通过通信控制处理机直接连接入网，也可以通过各种大、中、小型计算机间接地连入网中。

（2）终端

终端是用户访问网络的界面装置。终端一般是指没有存储与处理信息能力的简单输入、输出终端设备。有事也指带有微处理器的智能型终端。智能型终端除了具有输入、输出信息的基本功能外，本身还具有存储和处理信息的能力。各类终端既可以通过主机连入网中，也可以通过终端控制器、报文分组组装/拆卸装置或通信控制处理机连入网中。

（3）网络中的共享设备

网络共享设备一般指计算机的外部设备，例如高速网络打印机、高档扫描仪等。

2. 通信子网

从硬件的角度看，通信子网由路由器、通信线路和其他通信设备组成。通信子网提供网络通信功能，完成全网主机之间或 LAN 与栏之间的数据传输、交换、控制和变换等通信任务，负责全网的数据传输、转发及通信处理等工作。

（1）路由器

路由器是网络中的交通枢纽。在信息高速公路中，路由器能够根据网络实际情况自动选择最佳路径完成数据传输。同时，路由器是实现多个网络之间互联的设备，也是局域网、大型主机接入广域网的主要设备。

（2）通信线路

通信线路也称为通信介质。它是为各子网之间提供数据通信的通道。通信线路和网络上的各种通信设备一起组成了通信信道。计算机网络中采用的通信线路很多。例如，可以使用双绞线、同轴电缆、光导纤维电缆等有线通信线路组成通信信道，也可以使用无线通信、微波通信和微型通信等无线通信线路组成通信信道。

（3）信号变换设备

信号变换设备的功能是根据不同传输系统的要求对信号进行变换。例如，实现数字信号和模拟信号之间变换的调制解调器；无线通信的发送和接收设备；以及光纤中使用的光-电信号之间的变换和收发设备等。

7.1.4 计算机网络的拓扑结构

对于复杂的网络结构设计，人们引入了拓扑结构的概念。拓扑结构先把实体抽象为与其大小无关的“点”，并将连接实体的线路抽象为“线”，进而研究点、线、面之间的图形关系。

1. 拓扑结构的定义

网络拓扑结构（topology）一般指计算机通信子网的拓扑结构。通常将网络中的主机、终端和其他设备抽象为节点，通信线路抽象为线路，而将节点和线路连接而成的几何图形称为网络的拓扑结构。简单地说，计算机网络拓扑结构，就是网络中各节点通过线路连接后，排列形成的几何关系。

拓扑结构既是影响网络性能的主要因素之一，也是实现各种协议的基础。通常网络拓扑结构的设计选型是网络设计的第一步，将直接关系到网络的性能、系统可靠性、通信和投资费用等因素。

2. 基本拓扑类型

常见的基本拓扑结构有总线型、星型、环型、树型、网状等，如图 7.5 所示。

（1）总线型拓扑结构

总线型拓扑结构使用单根传输线路（总线）作为传输介质，所有网络节点都通过接口串接在总线上。总线是信息传送的公共通道。在任一时间内，只允许一个节点使用该公共通道“发送”

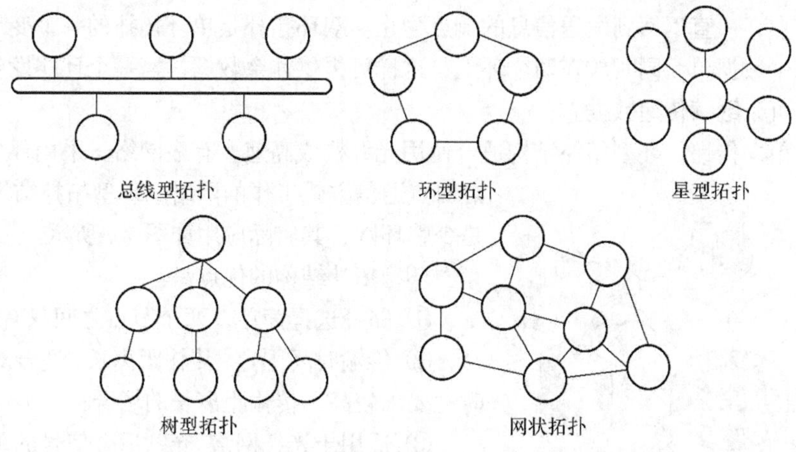

图 7.5　计算机网络基本拓扑结构

数据，其他节点只能“接听”正在发送的数据。采用总线型的网络是广播式网络。总线型拓扑结构的典型应用是以太网（Ethernet）。这里，以太网指遵循 IEEE 802.3 标准组建的局域网。

总线型拓扑结构的优点是：

① 结构简单灵活，易于安装、配置、使用和维护；

② 在连接线路上，较星型结构更为节省，因此硬件设备造价低；

③ 传输介质是无源元件，从硬件角度看，十分可靠；

④ 共享能力强，适合于一点发送，多点接收的广播通信场合。

总线型拓扑结构的缺点是：

① 网络内的所有节点共享总线的带宽和信道，因此总线带宽成为网络的瓶颈，网络的效率随着节点数目的增加而急剧下降；

② 信号随距离的增加而衰减，因此，网络的传输距离受到限制，负载能力有限；

③ 故障诊断困难，当电缆发生故障时，检测工作通常需要涉及整个网络。

图 7.6 所示为细缆以太网的实际连接结构。其中，总线使用称为干线的中央电缆（同轴电缆）将服务器和工作站以现行方式连接在一起。由于干线长度有限，它能够连接的节点数据和距离都受到限制。

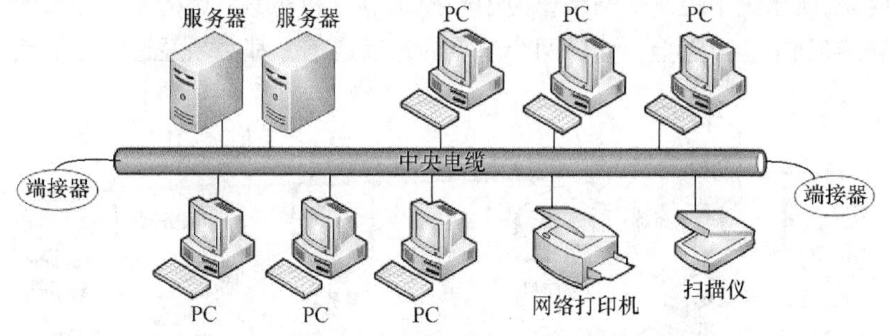

图 7.6　总线型拓扑结构的应用——细缆以太网

总线型拓扑结构适用于小型实验室等低负荷、输出实时性要求不高的环境。

（2）环型拓扑结构

环型拓扑结构的各节点通过点到点的通信线路（电缆或光纤）首尾相接，形成闭合的环型。环路中的数据单向传递，由于环路是公用的，一个节点发出的信息会依次通过环路中所有的节点。当信息中包含的目的地址与环上某节点的地址相符时，该信息就被此节点接收；而后，信息将继续流向下一节点，一直返回到发送信息的节点为止。双环拓扑是单环拓扑的一个变形产品，在双环情况下，每个数据单元同时放在两个环上，这样可提供冗余数据，当一个环路发生故障时，另一个环路仍然可以继续传递数据。

由于信号单向传递，环型拓扑结构适合使用光纤构成高速、有序网络。采用环型的网络按照点对点通信方式工作的网络。环型拓扑结构的典型应用是令牌环网，其实际应用如图 7.7 所示。

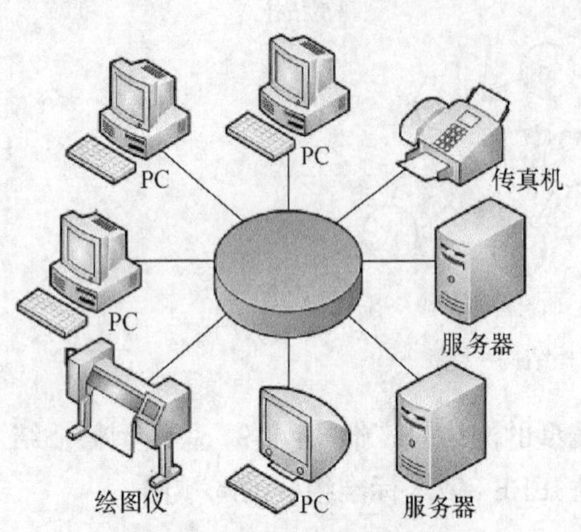

图 7.7　环型拓扑结构应用

环型拓扑结构的优点是：

① 路径选择简单，两个节点之间只有唯一通路；

② 传输时间固定、传输距离长，适合对数据传输实时性要求较高、传输距离长的场合；

③ 适用于光纤网络。光纤适合信号的单向传递和点对点式连接，因此环型结构最适合用光纤。目前，光纤被认为是抗干扰能力最强、传输距离最长、衰减最小的一种传输介质，适合组件高性能网络；

④ 适用于负荷较重的场合。环型网络在高负荷时，比争用信道的总线型网络的传输速率更高。

环型网络的缺点是：

① 传输效率低：信号以串行方式通过多个节点，因此，在节点过多时，传输效率较低，网络响应时间变长；

② 可靠性差：网络中任何一个节点出现故障，整个网络都将瘫痪，因此每个节点都可能成为网络的瓶颈；

③ 灵活性差：环节点的加入和撤出过程都很复杂，网络扩展和维护都不方便；

④ 环路维护费用高。

环型拓扑结构适用于对数据传输实时性要求较高的应用场合，以及负荷较重的大型网络和信息管理系统。

（3）星型拓扑结构

星型拓扑结构属于集中控制式网络，由中心控制节点和外围节点构成。外围的每个节点由单独的通信线路连接到中心节点上，任何两个节点的相互通信，都必须经过中心节点。

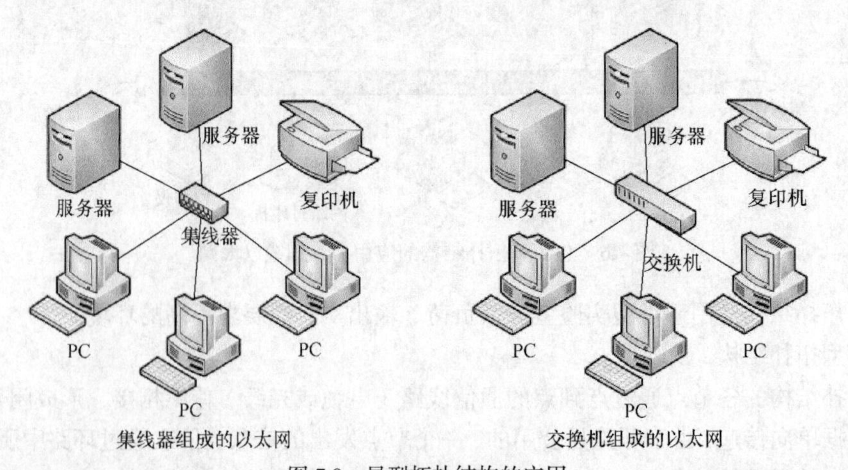

图 7.8　星型拓扑结构的应用

在应用时，外围节点通过双绞线或者电缆连接到中央设备上，中央设备通常是以太网交换机或集线器，如图 7.8 所示。其中，集线器属于共享式中心控制节点，即：若有 N 个外围节点和集线器连接，则每个节点所占用的理论带宽只有 1/N。因此，以共享式集线器组成的星型拓扑只是其物理拓扑结构，从网络上节点的信息流动形式来看，该网络的逻辑拓扑结构是总线型。交换机为每个与其连接的外围节点提供专用带宽的信息通道，即每个节点独享带宽，多个节点可以同时传递信息，因此交换机的信息流通量是各个节点专用传输速率之和。因此，以交换机作为中心控制节点的网络，其物理拓扑结构和逻辑拓扑结构都是星型拓扑。

星型拓扑结构的优点是：

① 网络结构简单，每个节点与中心节点使用单独的连接线路，易于组建、安装和维护；

② 易于检查故障。由于线路集中，并且各节点相互独立，通常可以利用交换机或集线器上 LED 灯的状况，来判断计算机是否出现故障；

③ 扩展性好。在中心节点上增加或删除节点不需要中断网络。

星型拓扑结构的缺点是：

① 需要较多的传输介质，通信线路利用率低，连接费用大；

② 中心节点的负荷较重，是网络的瓶颈。外围节点故障不会影响整个网络，但是一旦中心节点故障，将导致网络瘫痪。目前，交换机和集线器的质量一般较好，价格正逐步下降。因此，星型拓扑结构的网络已经逐步取代了总线型拓扑网络，成为网络市场的主流。

星型拓扑结构适用性很广，主要用于以下场合。

① 工作间网络：通常指办公室、实验室和网吧类的小型网络。

② 智能大厦：在智能大厦中，通常设有整个建筑的总交换机，在每层安装与总交换机相连接的分交换机或集线器，各工作节点与每层的交换机或集线器连接，从而将整个建筑连接起来。

（4）树型拓扑结构

树型拓扑结构若只有两层，则演变为星型，因此可以看成是星型拓扑结构的扩展。树型拓扑结构采用了层次化的结构，具有一个根节点和多层分支节点。树型网络中除了叶节点外，所有的根节点和层分支节点都是转发节点。信息的交换主要在上下节点间进行，相邻的节点之间一般不进行数据的交换或者数据的交换量很小。树型拓扑属于集中控制式网络，适用于分级管理的场合或者是控制式网络。

其典型的应用是交换机与集线器级联后组成的网络，如图 7.9 所示。

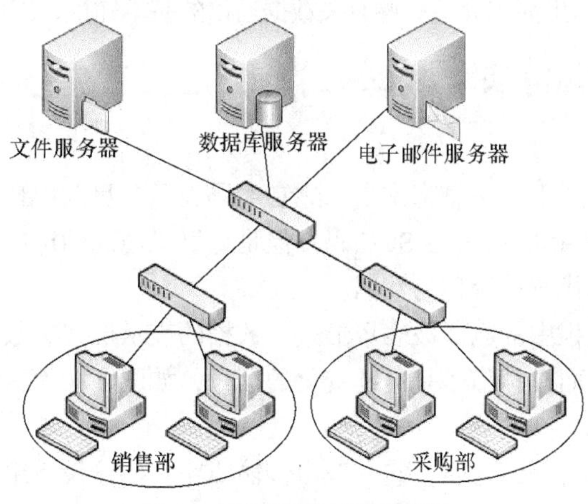

图 7.9 树型拓扑结构的应用

树型拓扑结构的优点是：和星型拓扑结构相似，易于扩展、故障隔离容易，网络层次清楚。设计合理的树型拓扑可以比星型拓扑结构节约线路连接费用。

树型拓扑结构的缺点是：由于数据在传输过程中要经过多条链路，因此时延较大。另外，要求根节点和各级分支节点都具有较高的可靠性。

（5）网状拓扑结构

网状拓扑结构的网络由分布在不同地理位置的计算机经过传输介质和通信设备连接而成，网络中节点之间的连接是任意的、无规则的，每两个节点之间的通信链路可能有多条，因此必须使用算法进行路径选择。

网状结构的优点是系统可靠性高，缺点是结构复杂。目前，大型广域网络和远程计算机网络大都采用网状拓扑结构，其目的在于通过电信部门提供的线路和服务，将若干个不同位置的局域网连接在一起。

3. 通信子网的分类

通信子网根据其使用技术的不同，可以分为两类：广播信道通信子网和点对点线路通信子网。在局域网中常采用广播式的通信子网，而广域网中常采用点对点式的通信子网。

（1）广播式的通信子网

在采用广播式的通信子网中，一个公共通信信道被多个节点使用。在任意时间内只允许一个节点使用公共通信信道，当一个节点利用公共通信信道发送数据时，其他节点只能收听正在发送的数据。最典型的代表就是总线型拓扑结构、无线通信和卫星通信。

（2）点对点式的通信子网

在点对点式的通信子网中，每条物理线路连接一对节点。如果节点之间没有直接连接的物理线路，则它们之间的通信只能通过其他节点转接。采用点对点式通信子网的常见拓扑结构有：星型、环型、树型和网状等。

7.2 数据通信基础

数据通信技术是构成现代计算机网络的重要基石之一。随着计算机网络的发展，计算机技术与数据通信技术融为一体、密不可分。在计算机网络中，通信的目的是在两台计算机之间进行数据交换，其本质是数据通信问题。这里简单介绍一些有关数据通信的基本知识，以便更好地理解计算机网络。

7.2.1 数据通信的基本概念

1. 数据和信号

计算机及其外围设备产生的信息都是由二进制代码表示。目前，最常用的二进制编码标准是美国标准信息交换码，即 ASCII 码。ASCII 码不但是计算机内码的标准，而是数据通信的编码标准。网络中传输的二进制代码被统称为数据。

信号是数据在传输过程中的电磁波表示形式。数据的表示形式有数字信号和模拟信号两种，数字信号是离散的信号，而模拟信号是连续变化的信号，如图 7.10 所示。

2. 信道

信道是数据信号传输的必经之路，它一般由传输线路和传输设备组成。在计算机网络中，有物理信道和逻辑信道之分。

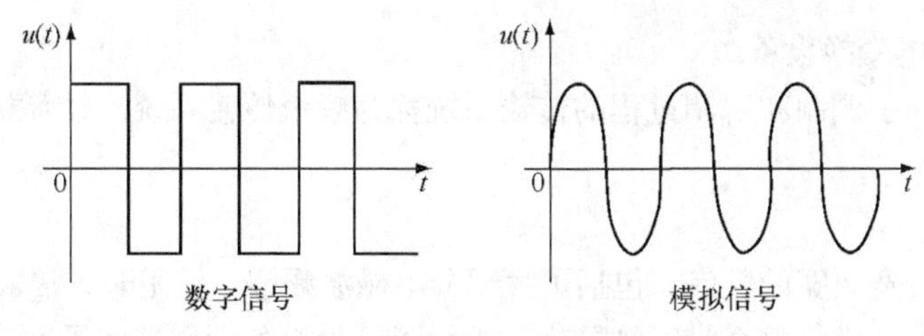

图 7.10　数字信号和模拟信号

物理信道指用来传送信号或数据的物理通路。它由信道中的实际传输介质与相关设备组成。逻辑信道指在信号的接收端和发送端之间的物理信道上同时建立的多条逻辑上的“连接”。人们将在物理信道基础上，通过节点内部建立的多条连接称为逻辑信道。例如，在同一条 ADSL 的电话线路上，可以同时建立起上网和打电话两个逻辑上的连接。这就是说，在 1 条电话线的物理信道上建立起 2 个逻辑信道。

根据传输介质是否有形，物理信道还可以分为有线信道和无线信道。有线信道使用电话线、双绞线、同轴电缆、光缆等有形传输介质；而无线信道使用无线电、微波、卫星通信信道与远红外线无形传输介质，这些介质中的信号均以电磁波的形式在空间中传播。

根据信道中传输的数据信号类型来分，物理信道又可以分为模拟信道和数字信道。通常，在模拟信道中传输的是连续的模拟信号，而在数字信道中传输的是离散的数字脉冲信号。

3. 基带与频带

信号每秒钟变化的次数称为“频率”，单位是赫兹（Hz）。和声音一样，信号的频率有高有低，低频到高频的范围叫频带，不同的信号有不同的频带。目前，数据通信系统的数据传输方式分为基带传输和频带传输两种。

（1）基带

数据通信中，由计算机或终端等数字设备直接发出的二进制数字信号形式称为方波，即“0”或“1”，分别用高（低）电平或低（高）电平表示。人们把方波固有的频带称为基本频带，也称为固有频率，简称基带。简单地说，数字基带信号（简称基带信号）就是二进制消息代码的电波形。理论上基带信号的频谱是从 0 到无穷大。

在线路上直接传输基带信号的方法称为基带传输方法，其优点是无需调制就可传送信号，设备费用低，是最简单、最基本的传输方式。但是基带的频带宽，传输时必须占用整个信道，因此信道利用率低、信号易衰减，传输距离受到很大限制，通常在近距离传输时，都采用基带传输方式，比如，从计算机到打印机、监视器等外设的信号就是基带传输，大多数的局域网也使用基带传输技术。

（2）频带

远程通信中，由于基带信号具有频率很低的频谱分量，出于抗干扰和提高传输率考虑，基带信号一般不宜直接传输，必须先将数字信号转换成模拟信号再进行传输。为此，发送端需要选取某一频率的正（余）弦波作为载波，用它运载所要传输的数字信号，并通过信道将其传送至另一端；在接收端再将数字信号从载波上分离出来，恢复为原来的数字信号波形。这种利用模拟信道（通常是普通电话线路）作为传输介质实现数字信号传输的方法称为频带传输。

在发送端将数字信号转换为模拟信号的过程称为调制（modulation），相应的设备称为调制器（modulator）。在接收端把模拟信号还原为数字信号的过程称为解调（demodulation），相应的设备称为解调器（demodulator）。而同时具有调制和解调功能的设备称为调制解调器（modem）。Modem

就是实现数/模转换的变换设备。

简单地说，包含了调制和解调过程的传输系统称为频带传输系统。计算机网络的远程通信通常采用频带传输。

（3）宽带

宽带指比音频带宽更宽的频带，包括了大部分电磁波频谱。使用时，常采用 75Ω的同轴电缆或光纤作为传输媒体，常将整个带宽划分为若干个子频带，分别用这些子频带传输音频、视频和数字信号，实现声音、文字、图形的一体化传输，也就是通常所说的“三网合一”，即语音网、电视网和数据网合一。

宽带传输的优点是传输距离远，可达几十公里，同时提供多个信道，但技术相对复杂，传输系统的成本也相对较高。

4. 多路复用

多路复用技术指在同一传输介质上“同时”传送多路信号，且信号之间互不影响的技术，即在一个物理信道上，同时建立多条逻辑信道的技术。多路复用技术的应用目标是共享物理信道，更加有效地利用通信线路带宽资源，大幅节约通信成本。

多路复用技术主要包括频分多路复用、时分多路复用、波分多路复用等。

（1）频分多路复用

频分多路复用将物理信道按频率划分为多个逻辑上的子信道，每个子信道用来传送一路信号。频带越宽，在频带宽度内所能划分的子信道就越多。频分多路复用常用在多路模拟信号同时传递的场合。例如，有线电视信号就采用了频分多路技术在一条线路同时传送多套节目信号。

（2）时分多路复用

在实际通信中，物理信道所允许的传输速率，往往大于单个信号源所需要的传输速率。时分多路复用技术，实质上是分时使用物理信道，即将时间分割为许多时间片，轮流交替传送多路信号。由于时间片极小，从宏观上看，每个用户同时使用一条传输线路进行通信，并拥有整个带宽。时分多路复用通常用于数字信号的传送。

（3）波分多路复用

随着光纤技术的应用越来越普及，基于光信号传输的多路复用技术越来越得到重视。但是光纤的铺设和施工的费用很高。因此，在 20 世纪 90 年代末出现了波分复用理论。波分复用技术指充分利用光具有不同波长的特征，在同一根光纤上使用不同的波长，同时传送多路光波信号。波分复用理论彻底改变了时分复用理论为基础的整个传统电信世界。近几年来光通信技术的发展，每过一年，光通信成本降低一半，带宽增加 3 倍。

5. 数据单元

在数据传输时，通常将较大的数据块（如报文）分割成较小的数据单元（如分组），并在每一段数据上附加一些信息。这些数据单元及其附加的信息在一起被称为数据单元，其中附加的信息通常是序号、地址及校验码等。

在实际传输时，可能还要将数据单元分割成更小的逻辑数据单位（如数据帧）。网络中使用的报文、分组（数据包）和帧等都是数据传输过程中所使用的数据单元的逻辑称谓。

7.2.2 通信系统的主要技术指标

计算机网络的性能一般由其重要的性能指标来描述，主要包括传输速率、波形调制速率、带宽、信道容量、误码率、时延和吞吐量。

1. 传输速率 S（比特率）

局域网中，计算机与计算机在直接通信时，通常传输的信号为数字信号，其传输速度用“S”表示。S 指在信道的有效带宽上，单位时间内所传送的二进制代码的有效位（bit）的数目。S 的单位为：bit/s（比特每秒）、kbit/s（1×10^3bit/s）、Mbit/s（1×10^6bit/s）、Gbit/s（1×10^9bit/s）、Tbit/s（1×10^{12}bit/s）等。

计算机领域和通信领域中的 K、M、G、T 等含义有所不同。计算机领域中，K 表示 2^{10}，即 1 024；而通信领域中，用小写的 k 表示 10^3，即 1 000。而有的书大写的 K 既表示 1 024 也表示 1000。由于没有统一，因此并不是很严格。

2. 波形调制速率 B（波特率）

在远程计算机之间传递信号时，计算机产生的数字信号会经过调制解调器（Modem）变化为模拟信号再进行传输。在计算机输出端的传输速率用 S 表示，而经过 Modem 变化后的模拟信号用波特率 B 表示。波特率指模拟信号中的波形每秒钟变化次数，单位为 Baud/s。1Baud/s 就表示每秒钟传送一个码元或一个波形。

3. 带宽

对于模拟信道，带宽（bandwidth）是指某个信号或物理信道的频带宽度，是信道允许传送信号的最高频率和最低频率之差，单位为：赫兹（Hz）、千赫兹（kHz）、兆赫兹（MHz）等。

在计算机网络中，带宽常用来表示网络中通信线路所能传输的数据能力。因此，人们在描述网络时所说的“带宽”实际上是指在网络中能够传送数字信号的最大传输速率 S。此时的带宽单位就是 bit/s、kbit/s、Mbit/s、Gbit/s、Tbit/s。

4. 信道容量

信道容量是一个极限参数，一般指物理信道上能够传输数据的最大能力。当信道上传输的数据速率大于信道所允许的数据速率时，信道就不能用来传输数据了。因此，在网络设计中，数据传输速率一定要低于信道容量所规定的数值。

5. 误码率

误码率指二进制码元在数据传输中被传错的概率，也称为出错率。误码率是数据通信系统在正常工作状态下，传输的可靠性指标。在实际数据传输系统中，往往通过对某种通信信道进行大量重复测试，才能求出该信道的平均误码率。通常情况下，数据传输速率越高，平均误码率就越高。计算机网络对平均误码率的要求是低于 10^{-6}，即平均每传送 1Mbit 二进制位，才允许错一位。

6. 时延

时延（delay 或 latency）是信道或网络性能的另一个参数，其数值是指数据（报文、分组、比特）从网络的一端传送到另一端所需要的时间，其单位是 s、ms 和 μs 等。

7. 吞吐量

吞吐量（throught）是在一个给定的时间段内介质能够传输的数据量。通俗地讲，吞吐量表示在单位时间内能够通过某个网络（信道、接口、设备）的数据量。因此，带宽往往是指网络的设计能力，而吞吐量是指网络的实际传输能力。在网络设备的选择中，吞吐量是一个非常关键的参数。

7.2.3　数据传输方式

在进行数据信号的传输时，有并行传输和串行传输两种方式。

1. 并行传输

并行传输是指二进制的数据流以成组的方式，在多个并行信道上同时传输的方式。

并行传输可以一次同时传输若干比特的数据，因此从发送端到接收端的物理信道要安装多条。常用的并行方式是将构成一个字符 ASCⅡ码的若干位分别通过同样多的并行信道同时传输，还可附加一位数据校验位。如图 7.11 所示，一个字符分 8 位，每次并行传输 8 bit 信号。并行传输的速率高，但传输线路和设备都需要增加若干倍，因此一般用于短距离、传输速度要求高的场合。

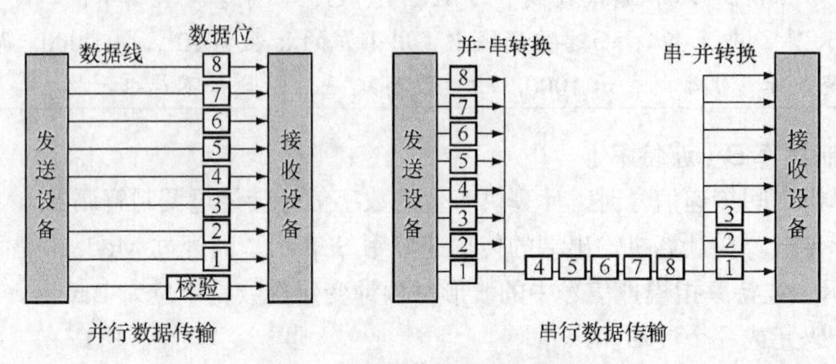

图 7.11 并行传输和串行传输

2. 串行传输

串行传输是指通信信号的数据流以串行方式，一位一位地在信道上传输，发送端到接收端只需一条传输线路，可以节省大量的传输介质和设备，因此串行传输方式大量用于远程传输场合，是目前计算机网络中普遍采用的传输方式。

串行传输又有 3 种不同的方式：单工通信、半双工通信和全双工通信。

（1）单工通信

单工通信指通信信道是单向信道，数据只能沿一个方向传输。发送端和接收端的身份是固定的，发送端只能发送信息，不能接收信息；接收端只能接收信息，不能发送信息，任何时候都不能改变信号传输方向。无线电广播和电视都属于单工通信。

信号在信道中只能从发送端传送到接收端的单向传输方式，如图 7.12 所示。单工通信信道是单向信道，数据信号仅从一端传送到另一端，即信息流是单方向的。

比如，计算机的主机和显示器、显示器和主机之间都是单工通信；BP 机也只能接收寻呼台发送的信息，不能发送信息给寻呼台。

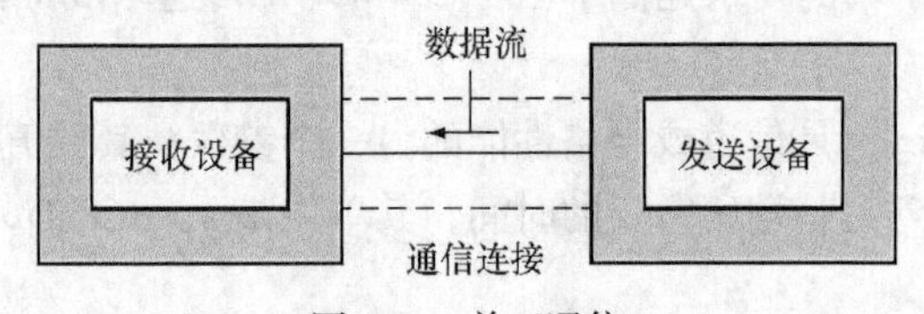

图 7.12 单工通信

（2）半双工通信

半双工通信指信号可以沿两个方向传递，但同一时刻一个信道只允许单方向传送，即两个方向的传输只能交替进行，而不能同时进行。当需要改变信号传输方向时，需要通过开关装置进行切换，如图 7.13 所示。比如，使用无线电对讲机，在某一时刻只能单向传输信息，当一方讲话时，另一方就无法讲，要等其讲完，另一方才能讲。

半双工方式在计算机网络系统中适用于终端与终端之间的会话式通信。

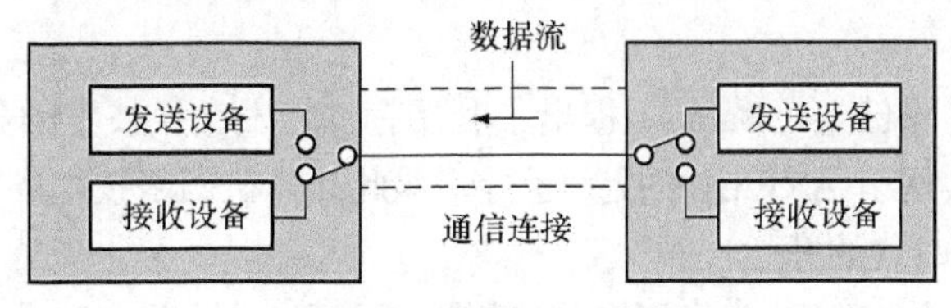

图 7.13　半双工通信

（3）全双工通信

全双工通信指数据可以同时沿两个相反的方向双向传输，比如电话通话，如图 7.14 所示。全双工通信效率高，控制简单，但是造价高，适用于计算机之间的通信。

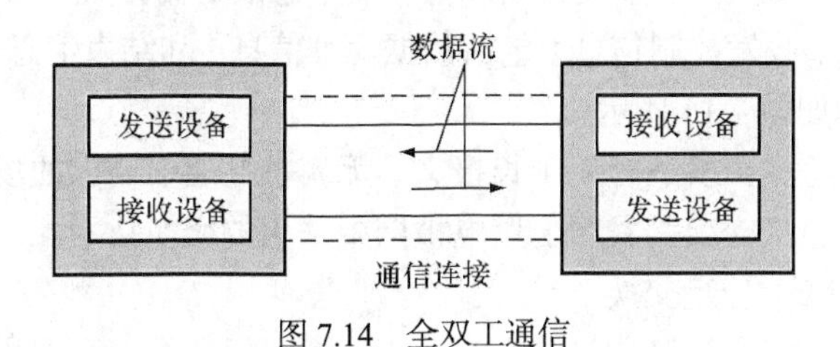

图 7.14　全双工通信

7.2.4　广域网中的数据交换方式

在计算机的远程网络或广域网中，通常使用公用通信信道进行数据交换。这里“交换”的含义就是“转接”。在通信子网中，从一台主机到另一台主机传送数据时，会经历由多个节点组成的路径。人们将数据在通信子网中节点间的数据转接过程，统称为数据交换（switch），其对应的技术为数据交换技术。

数据通过通信子网的交换技术有线路（电路）交换和存储转发交换两种。其中，存储转发技术又可以分为报文交换和分组交换。

1．线路交换

线路交换（circuit switching）又称为电路交换，是一种直接交换方式。在数据传输期间，发送点与接收点之间构成一条实际连接的专用物理线路，如图 7.15 所示。

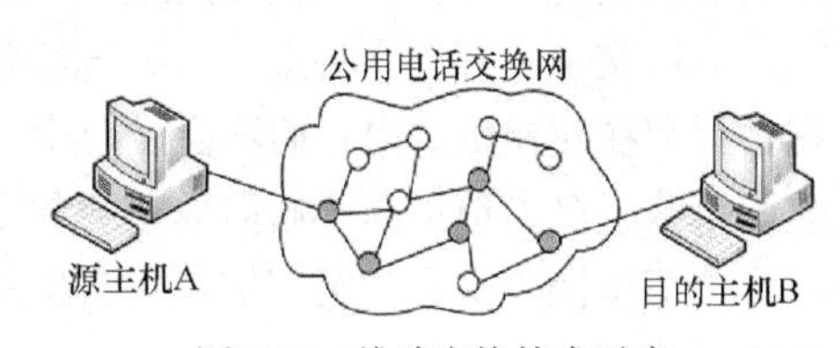

图 7.15　线路交换技术示意

线路交换的通信过程分为线路建立、数据传输和线路释放三个阶段。在数据传输的全部时间内，用户始终占用端到端的通路，数据传输速度快，但线路利用率较低。线路交换的实质是在交换设备内部，由硬件开关接通输入线和输出线。

线路交换技术的优点是传输延迟小，唯一的延迟是电磁信号的传播时间；线路一旦接通，不会发生冲突；对于占用信道的通信节点来说，数据以固定的速率进行传输，可靠性和实时响应能力都很好。

线路交换技术的缺点是建立线路连接所需的时间较长，且数字数据是离散的，具有突发性和间歇性，因此数字数据在传送过程中真正使用线路的时间不过 1%～10%，而线路交换一旦建立，双方便独占信道，造成系统消耗费用高、利用率低。

线路交换适用于高负荷的持续通信和实时性要求强的场合，尤其适用会话式通信、语音、图像等交互式类通信而不适合传输突发性、间断型数字信号的计算机与计算机、计算机与终端之间的通信。

2. 存储转发

1964 年，美国科学家巴兰（Baran）提出了利用存储转发交换技术的分组交换概念。1969 年 12 月，美国的分组交换网络 ARPANet 投入运行，从此计算机网络技术的发展进入了一个新的时代，并标识着现代电信时代的开始。

利用存储转发原理传送数据时，被传送的数据单元可以分为报文和分组两类，因此对应的交换方式可以分为报文交换和分组交换两类。无论哪种存储转发方式，其工作原理都是接收数据后先存储，再寻路径，最后沿着选择的路径，转发数据单元（报文或分组）。

（1）报文交换

在通信技术中，将需要传输的整块数据加上控制信息后称为报文。报文主要包括报文的正文信息、收发控制信息（包括数据地址信息）和结束信息等，报文长度不固定，结构如图 7.16 所示。

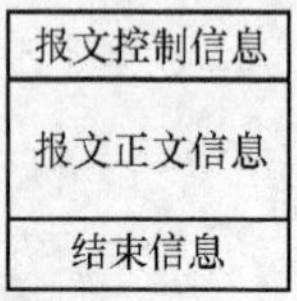

报文控制信息
报文正文信息
结束信息

图 7.16　报文结构

报文交换适合用于长报文、无实时性通信要求的场合，不适合会话式通信。报文交换是我国公用电报网中采用的交换技术。

（2）分组交换

分组交换又称为包交换。当一个主机向另一个主机发送数据时，首先将需要发送的数据划分成一个个平均大小保持不变的小组作为传送的基本单位，在每一个数据段前加上收发控制信息，就构成了一个分组。每个分组都携带一些相关的目的地址信息和分组序号，系统根据分组中的目的地址信息，利用网络系统中数据传输的路径算法选择路由，确定分组的下一个节点并将数据发送到所确定的节点。分组数据被一步步传下去，直至目的计算机。到了目的地分组数据根据分组序号再重新被组装起来。

分组交换和报文交换一样，不需要建立专用的物理线路，在传输过程中逐段占用线路。每个分组可以有自己独立的传输路径。这如同多人分别自驾车或乘坐出租车到某目的地。乘客所坐的车可视为一个分组，每辆车行驶的路径可以不同，驾驶员根据路况选择一条相对较近或到达时间最快的行驶路线。这种行驶路径的选择就是数据传输的路由选择，体现了分组交换不需要建立专用的物理线路。乘客最终在目的地会合类似的分组数据在目的地被重新组装。

分组交换具有 3 个特点：信息传送单位是分组而不是整个数据文件；在交换过程中，分组数据被保存在交换机的内存而不是外存中，从而保证了较高的交换速率；分组交换的路由采用动态分配策略，极大地提高了通信线路的利用率。

分组交换技术是我国电信公用数据网、中国分组交换网、美国的 TELENET、YMNET 等网络中广泛采用的主要技术之一。

7.3　计算机网络协议与体系结构

计算机网络的体系结构由若干层和各层包含的协议集构成。分层设计是计算机网络设计和实现的主要方法。分层的目的是把一个复杂的系统划分为若干子系统，降低实现难度。

7.3.1　网络协议

1. 协议的本质

协议是网络中的计算机之间通信时必须遵循的规则集合。具体地说，协议定义了网络上的各种计算机和设备之间相互通信、数据管理、数据交换的整套规则。本质上讲，协议是一种特殊的软件，是一套语义、语法规则，用来规定有关功能部件在通信过程中的操作。

正是由于有了协议，在网络上的各种大小不同、结构不同、操作系统不同、处理能力不同、厂家不同的产品才能连接起来，相互通信，实现资源共享。从这个意义上讲，协议就是网络的本质，是初学者需要理解和掌握的基本知识。

2. 协议的中心任务

在计算机网络的一整套规则中，任何一种协议都需要解决 3 方面的问题——语法、语义和同步。这 3 个问题也称为协议的 3 要素。

（1）协议的语法

协议的语法主要对通信双方采用的数据和控制信息的结构、格式、数据出现的先后顺序进行定义。例如，报文中内容的组织形式，内容的顺序与形式等。

（2）协议的语义

协议的语义规定了控制信息的内容、需要做出的动作及响应。例如：报文的一部分为控制信息，另一部分为通信内容。

（3）协议的同步

同步规定了事件的先后顺序和速度匹配，是对事件实现顺序的详细说明。例如，采用同步传输或异步传输方式来实现通信的速度匹配。

这里，以 4 个人玩扑克牌游戏为例，说明协议 3 要素的作用。

扑克牌有 54 张牌，共有红心、黑桃、方片和梅花 4 种花色，每种花色包含 13 张牌，编号分别从 2、3、…、J、Q、K、A。这就是扑克牌的编码方式，也就是扑克牌的语法。而协议的语法主要对网络传输数据的格式、编码、信号电平等做了定义。

游戏中，若甲首先出一张牌，则乙、丙、丁按照顺时针或逆时针顺序依次出一张牌。甲再出两张牌，则乙、丙、丁按顺序依次再出两张牌，直到所有人手中都没有牌时，游戏结束。这里，甲出一张、两张牌，就是一个控制信号，表示新一轮出牌的开始，而乙、丙、丁根据甲出牌的数量依次出牌，就是根据信号做出响应。这一系列动作包含了控制信号、控制内容、响应，这就是语义。而协议的语义主要规定了通信双方需要发出何种控制信息、完成何种动作、做出何种应答等。

同步指的是出牌时序，即出牌过程中，对谁先出牌、谁后出牌所做的规定。如在本轮出牌中，丙的牌点数最大，那么下一轮就由丙先出，然后顺时针接着往下出。协议的同步也称为“时序”，主要说明了通信双方为完成通信而做的一系列事件的前后时序，如速度匹配、排序等。

总之，协议必须解决好语义、语法和同步这 3 个问题之后，才算较完整地构成了数据通信的语言。

7.3.2　协议分层和网络的体系结构

由于计算机和终端类型各异，加之线路类型、连接方式、同步方式、通信方式的不同，给网络中各结点的通信带来许多不便。在不同计算机系统之间，真正以协同方式进行通信的任务是十分复杂的。为了设计这样复杂的计算机网络，最初在设计 ARPAnet 时，就提出了分层的思想。所谓“分层”的设计方法，就是按照信息的流动过程将网络的整体功能分解为各种的功能层。“分层”可将庞大而复杂的问题，转化为若干较小的局部问题，而这些较小的局部总是比较易于研究和处理。

以邮政通信系统为例说明网络分层的概念。假设用户甲通过邮政通信系统和用户乙通信，那么甲需要把信投递至邮局，邮局收到信后，对信件进行分拣和分类，然后交付有关运输部门进行运输，如航空信交民航，平信交铁路或公路运输部门等。信件运送到目的地后，则进行相反的过程，最终将信件送到用户乙手中。整个通信过程主要涉及到三个子系统，即用户子系统，邮政子系统和运输子系统。这 3 个子系统视为邮政通信系统的 3 个层次。从逻辑上看，通信双方是在同一层次上进行，如图 7.17 所示中的虚线箭头所示。但通信的实际过程则如实线箭头所示：信件从用户子系统逐层向下传递至运输子系统，通信双方在最底层建立一条实际的连接通道，将信件从 A 地传送至 B 地，再逐层向上传递。

在邮政通信系统的分层模型中，信件的具体传输过程如图 7.18 所示。

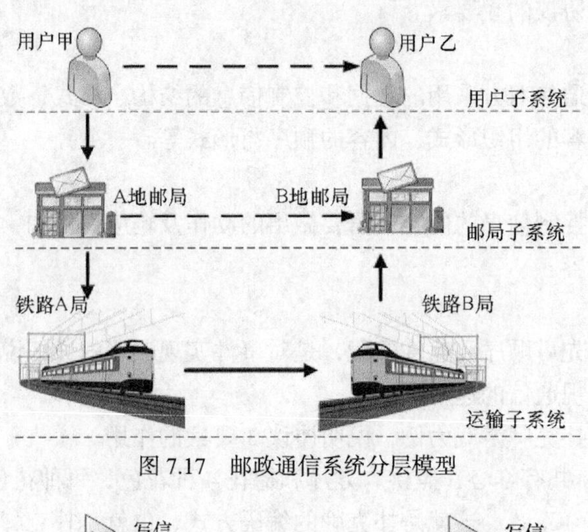

图 7.17　邮政通信系统分层模型

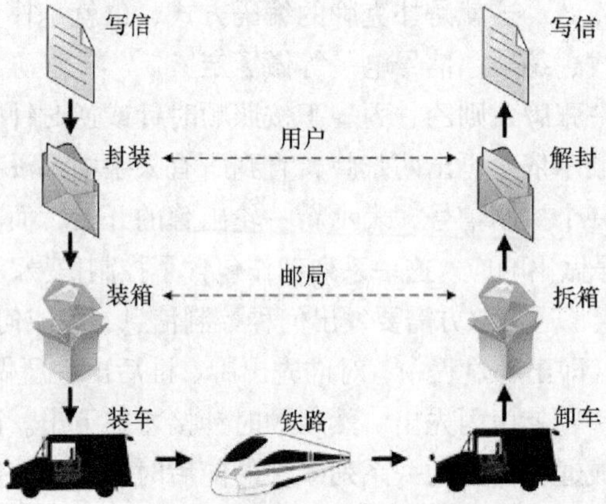

图 7.18　信件在分层模型中的逐层封装和解封

发信方甲写完信后，用信封完成第一层封装；投递至邮局后，邮局在信封上加盖邮戳；邮局对信件进行分拣和分类后，对邮件进行装箱，并加盖标记；然后把装箱的信件再装车，最终交付给运输部门。发信过程中信件逐层被封装，即每向下经过一层，都被封装一次，并打上该层的标识。逐层封装后的信件如图 7.19 所示。而收信方则相反，信件逐层被解封，即每向上经过一层，都把该层的封装解除，再向上传递，直至乙收到信封，再将其拆封。网络的分层模型中，数据在发送方逐层向下传递时，信息被逐层封装；而接收方获取数据时，需要逐层解封，最终把数据还原。

信件在每一层的传递中，都必须遵循本层的协议（约定）。具体地说，各层的协议（约定）如图 7.20 所示。

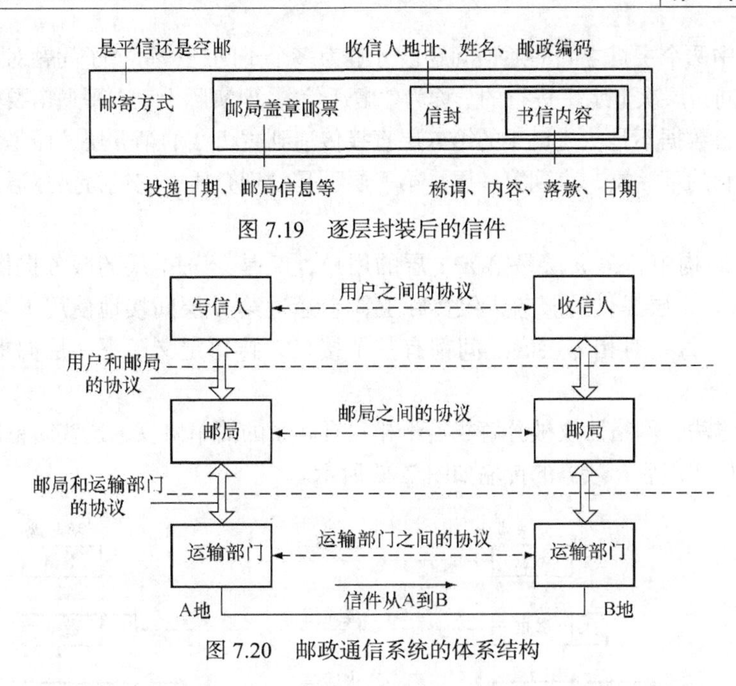

图 7.19　逐层封装后的信件

图 7.20　邮政通信系统的体系结构

① 写信人和收信人之间的协议（约定）：信件内容由开头称谓、内容、落款、日期构成；写信必须用双方都懂的语言。

② 邮局和邮局之间的协议（约定）：A 地和 B 地的邮局应采用相同的规则或约定，当 A 地的信件到达 B 地后，B 地邮局能按相互的约定将信件传送到收信人手中。

③ 运输部分和运输部门之间的协议（约定）：A、B 两地的运输部门将按照事先的约定，将信件交给指定的邮局，或接收邮局发送来的信件。

④ 寄信人和邮局之间的协议（约定）：信写好之后，必须将信封装；寄信人按规定填写信封；根据邮局资费购买邮票并贴在信封指定位置。

⑤ 邮局和运输部门之间的协议（约定）：约定邮件的到站地点、时间和包裹形式。

整个邮政通信系统的体系结构是由层和协议构成。类似地，网络的体系结构也是由层和协议的集合构成，如图 7.21 所示。

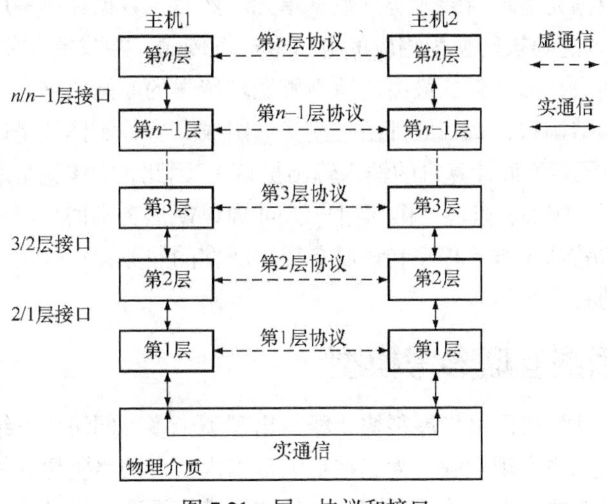

图 7.21　层、协议和接口

这里，网络中两个主机之间的通信问题被分解为多个子问题，每个子问题对应一层。从逻辑上讲，通信是在同一层次上水平进行的，称为“虚通信”。但实际上，水平通信要依赖垂直通信来实现。也就是说，数据不是从主机 1 的第 n 层直接传递到主机 2 的第 n 层，而是每一层都把数据和控制信息交给它的下一层，直到第一层。第一层下是物理介质，它进行实际通信（也就是物理通信）。

在一般分层结构中，第 n 层是第 n−1 层的用户，又是第 n+1 层的服务提供者。第 n+1 层虽然只直接使用了 n 层提供的服务，但实际上，它通过第 n 层间接地使用了第 n−1 层及以下所有各层的服务。每一对相邻层次之间都有一个接口，接口定义了下一层向上一层提供的服务和操作。

通过分层的方法，网络协议被分解成若干相互有联系的简单协议，这些简单协议的集合称为协议栈。协议分层实现后，数据的传输如图 7.22 所示。

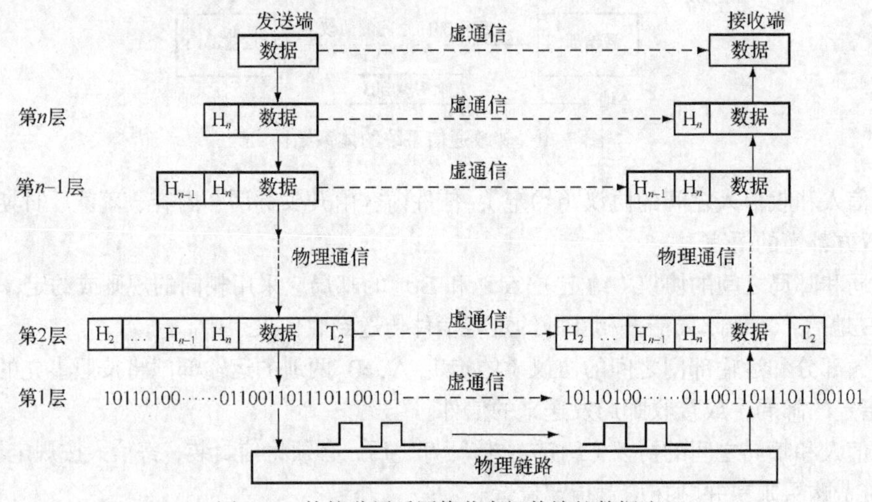

图 7.22　协议分层后网络节点间传输的数据流

简单地说，就是数据在发送端被逐层封装，在接收端被逐层解封，即：在发送端，数据每向下传输一层，都会在数据前面打上本层的控制头，即封装。当数据传输至第二层时，再在数据末尾添加结束信息，将数据完整地封装成协议数据单元。然后，数据在第一层被转换成二进制形式的 bit 序列，最终在物理链路被转换为相应的电信号进行传输。接收端在接收到相应的电信号后，再逐层转换、去掉控制头，即解封，最终还原为发送端传送的原始数据。

在网络的分层体系结构中，每一层都由一些实体组成。这些实体就是通信时的软件元素（如进程或子程序）或硬件元素（如计算机的输入输出接口）。因此，实体就是通信时能发送和接收信息的具体的软硬件设施。例如，当客户机的用户访问 WWW 服务器时，用户使用的实体就是浏览器；提供 Web 服务的是 Web 服务程序和该服务程序所在的服务器；这里的浏览器、服务程序、服务器都是执行功能的具体实体。

7.3.3　开放系统互联参考模型

20 世纪 70 年代，计算机网络发展很快，相继出现了十多种网络体系结构，而这些网络体系结构所构成的网络之间无法实现互联。为了在更大范围内共享网络资源和相互通信，人们迫切需要一个共同的、可以参考的标准，使得不同厂家的软硬件资源和设备都能够互联。为此，国际标准化组织（International Organization for Standardization，ISO）于 1977 年成立了信息技术委员会 TC97，专门进行网络体系结构标准化的工作。在综合了已有的计算机网络体系结构的基础上，于 1984 年制定了著名的开放式系统互联参考模型（Open System Interconnection Reference Model，OSI/RM）。这里，“开放”的含义表示只要遵循 OSI 标准，一个系统就可以和位于世界上任何地方也遵循同一标准的其他任何系统进行通信。OSI 中的系统指计算机、外部设备、终端、传输设备、操作人员和相应软件的集合。

OSI/RM 体系结构将整个通信功能划分为 7 个层次，从上到下依次为应用层、表示层、会话层、传输层、网络层、数据链路层、物理层，如图 7.23 所示。其中，1-3 层提供通信功能，属于通信子网。5～7 层实现资源共享，属于资源子网。传输层作为上下两部分的桥梁，是整个网络体系结构中的关键部分。OSI 模型的每一层都对整个网络提供服务，是整个网络的一个有机组成部分。

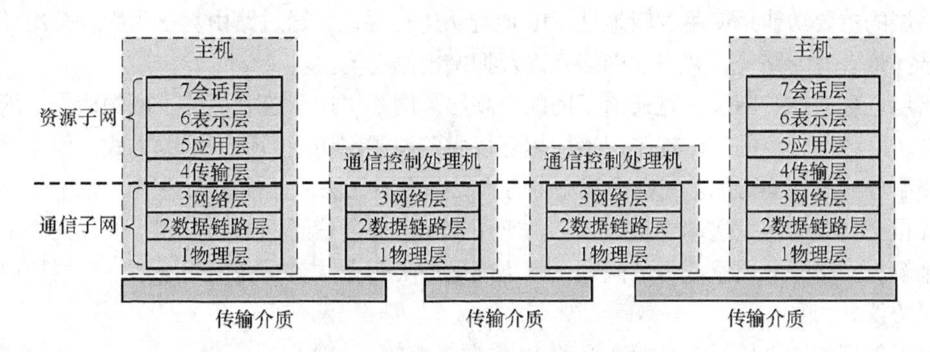

图 7.23　OSI/RM 参考模型的结构

从图 7.23 可以看出，网络中的主机之间进行通信，通常需要通过通信子网中的通信控制处理机完成。通信控制处理机仅提供数据通信的功能，因此它只包含了 OSI 模型的 1～3 层。而位于资源子网中的主机则包含了 OSI 模型的所有层次，向整个网络提供资源共享的功能。

在网络拓扑结构中，通信控制处理机（Communication Control Processor，CPP）被称为网络结点。它一方面作为与资源子网的主机、终端连结的接口，将主机和终端连入网内；另一方面它又作为通信子网中的分组存储转发结点，完成分组的接收、校验、存储和转发等功能，实现将源主机报文准确发送到目的主机的作用。目前，通信控制处理机一般为路由器和交换机。

1. OSI 参考模型中各层的功能

（1）物理层（physical player）

物理层完成网络相邻节点之间原始比特序列的正确传输。该层中还具有确定连接设备的电气特性和物理特性等功能。

物理层建立在通信介质基础上，实现设备之间的物理接口。物理层利用传输介质为通信的网络结点之间建立、管理和释放物理连接；实现比特流的透明传输，为数据链路层提供数据传输服务。物理层不负责传输的检错和纠错任务。

物理层处理的数据单元：二进制比特信号，如二进制的基带信号或模拟信号。

（2）数据链路层（data link layer）

数据链路层的主要功能是在两个相邻节点间的物理线路上无差错地传输以“帧”为单位的数据。即：加强物理层原始比特流的传输功能，建立、维持和释放网络实体之间的数据链路连接，使之对网络层呈现为一条无差错通路（因为物理传输的过程中可能产生错误）。

物理层通过通信介质，实现实体之间链路的建立、维护和拆除，形成物理连接。物理层只是接收和发送一串比特位信息，不考虑信息的意义和信息的结构。物理层不能解决真正的数据传输与控制，如异常情况处理、差错控制与恢复、信息格式和协调通信等。

为了进行真正有效、可靠地完成数据传输，就需要对传输操作进行严格的控制和管理，这就是数据链路传输控制规程，也就是数据链路层协议，是建立在物理层基础上的。通过数据链路层协议，在不太可靠的物理链路上实现可靠的数据传输。

数据链路层处理的数据单元：数据帧。“帧”（frame）是一个分组，只是在数据链路层上被称为“帧”，是分组在一个具体网络上的实现。一个网络上的数据帧是该网络上传输的最小数据单元。包括按协议规定划分好的数据部份、发送和接收结点的地址以及相应的处理控制部分。

（3）网络层（network layer）

网络层的主要功能是使用逻辑地址（IP 地址）进行寻址，通过路由算法为数据分组，通过通信子网选择最合适的路径，并提供网络互连及拥塞控制功能。

网络层也称通信子网层，是通信子网的最高层。网络层用于控制通信子网的操作。网络层关系到通信子网的运行控制，体现了网络应用环境中资源子网访问通信子网的方式。但是网络层提供的网络服务质量并不可靠。在数据报服务方面，网络层无法保证报文无差错、无丢失、无重复，无法保证报文按顺序从发送端到接收端。由于用户无法对通信子网加以控制，所以无法采用通信处理机来解决网络服务质量低劣的问题。解决问题的唯一办法就是在网络上增加一层协议，这就是传输层协议。

网络层处理的数据单元：分组（又称 IP 数据报或数据包）。

（4）传输层（transport layer）

传输层的主要功能是负责完成网络上不同主机中的用户进程之间可靠的数据传输。即：在发送端和接收端之间建立一条可靠或不可靠的运算连接，并以透明的方式传送报文，完成报文的分组和重组，确保分组的传输无差错、无丢失、无重复和分组顺序无误。

传输层向高层屏蔽了下层数据通信的细节，是计算机通信体系结构中关键的一层。传输层确保整个消息端到端的传递，即从一台计算机的特定程序传送到另一台计算机的特定程序。

传输层处理的数据单元：报文段。

（5）会话层（session layer）

会话层的主要功能是组织并协商网络上两个主机中的对等应用进程之间的会话，并管理它们之间的数据交换。一个会话可能是某用户通过网络登录到服务器，或在两台主机间传递文件。因此，会话层的功能就是在不同主机的应用进程之间建立、维持联系。

会话在开始时可以进行身份的验证、确定会话的通信方式、建立会话；当会话建立后，其任务就是管理和维持会话；会话结束时，负责断开会话。

会话层处理的数据单元：报文。

（6）表示层（presentation layer）

表示层的主要功能是处理数据格式化问题。表示层以下各层主要解决从源端机器到目标机传送比特数据的可靠性，而表示层则主要检查信息的语法和语义是否正确。例如：数据格式的转换、加密和解密、压缩和恢复等。

大多数用户程序之间并不是交换随机的比特流，而是诸如人名、日期、货币数量和发票之类的信息。这些信息使用字符串、整型、浮点数、或者这些基本类的的组合来表示的。为了让采用不同表示法的计算机之间能够通信，必须对数据格式采用标准的编码方式。常用的编码标准有ASCII 码、EBCDIC 码、UNICODE 码等。

表示层处理的数据单元：报文。

（7）应用层（application layer）

应用层的主要功能是为应用程序提供网络服务，使得用户（人或软件）可以访问网络。即：应用层提供用户和网络的接口。应用层包含了用户需要的所有协议，这一层涉及的主要内容有：分布数据库、分布计算技术、网络操作系统和分布操作系统、远程文件传输、电子邮件、终端电话及远程作业录入与控制等。

应用层处理的数据单元：报文。

2. OSI 参考模型节点间的数据流

在网络中，OSI 七层模型位于主机上，而网络设备通常只涉及 1～3 层。因此，根据设计准则，OSI 模型在工作时，主机之间的通信有两种情况：第一，没有中间设备的主机间通信，如图 7.24 所示；第二，有中间设备的主机间通信，如图 7.25 所示。与主机间的通信类似，当两个网络设备通信时，每一个设备的同一层同另一个设备的对等层进行通信。

（1）主机节点间通信的数据流

在发送方节点内的上层和下层之间传输数据时，每经过一层都对数据附加一个信息头部，即封装，而该层的功能正是通过这个控制头（附加的各种控制信息）来实现的。由于每一层都对发送的数据发生作用，因此，发送的数据越来越大，直到构成数据的二进制位流在物理介质上传输，如图 7.24 所示。

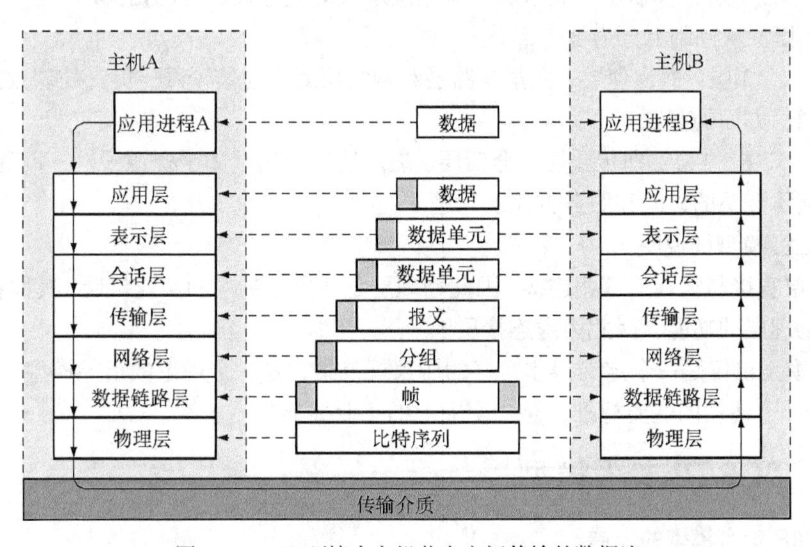

图 7.24　OSI 环境中主机节点之间传输的数据流

在接收方节点内，这七层功能又一次发挥作用，并将各自的“控制头”去掉，即拆封，同时完成各层相应的功能，如路由、检错和传输等。

（2）含有中间节点的通信数据流

不同主机之间在有中间节点（通信控制处理机，CCP）的情况下进行通信时，主机之间进行数据通信的数据实际传输情况如图 7.25 所示。各节点在作为发送节点时的工作，仍然是依次封装；在作为接收节点时的工作，依然是依次拆封并执行本层的功能。

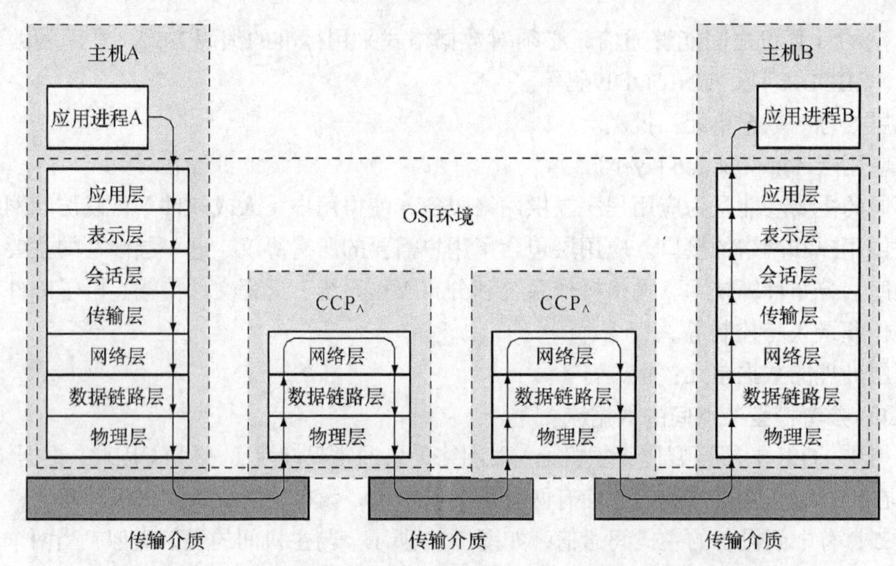

图 7.25 OSI 环境中含有中间节点的主机系统间传输的数据流

3. OSI 参考模型小结

（1）OSI 模型在功能上分为 3 个部分

① 第 1、2 层：物理层和数据链路层解决网络信道问题。

② 第 3、4 层：网络层和传输层解决传输的问题。

③ 第 5、6、7 层：会话层、表示层、应用层解决对应进程之间的访问问题。

（2）OSI 模型从控制上分为 2 个部分

① 第 1、2、3 层：即物理层、数据链路层和网络层属于通信子网，负责处理数据的传输、转发及交换等通信方面的问题。

② 第 4、5、6、7 层：即传输层、会话层、表示层和应用层属于资源子网，负责数据的处理、网络服务、网络资源的访问和服务方面的问题。

（3）对 OSI 模型的说明

① 物理层直接与物理信道相连接，因此物理层是 7 层中唯一的实连接层；其他各层由于都间接地使用到物理层的功能，因此为虚连接层。

② OSI 模型仅仅是一个定义得非常好的协议规范集，是一个理论的指导模型。而 TCP/IP 模型则是 Internet 上使用的主要标准，是“实际上的工业标准”。

7.3.4 TCP/IP 参考模型

1. TCP/IP 参考模型的发展

ARPAnet 是由美国国防部赞助的研究网络。逐渐地，它通过租用电话线连接了数百所大学和政府部门。当卫星和无线网络出现以后，现有的协议在和它们互联时出现了问题，所以需要一种新的参考体系结构，无缝地连接多个网络的能力成为该系体结构的主要设计目标。这个体系结构在它的两个主要协议出现以后，被称为 TCP/IP 参考模型。

2. TCP/IP 四层参考模型

TCP/IP 模型将互相通信的各个通信协议分配到了四层。从上到下依次为应用层、传输层、网际层（又称 IP 层或互联层）、网络接口层（又称主机—网络层或主机接口层），如图 7.26 和表 7.2 所示。

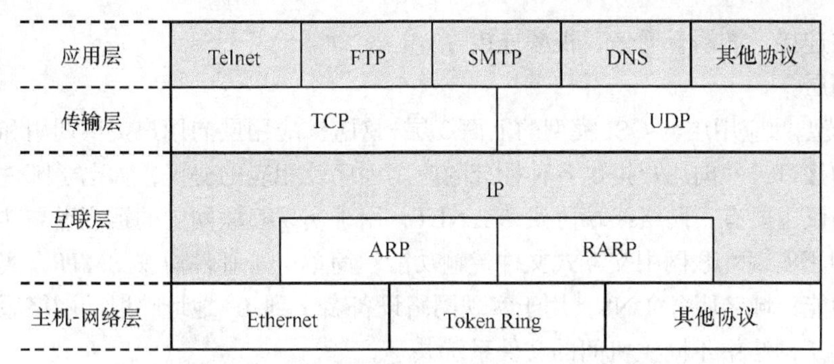

图 7.26　TCP/IP 参考模型与各层协议之间的关系

表 7.2　　　　　　　　　　　OSI 与 TCP/IP 标准比较

OSI 模型	TCP/IP 模型	TCP/IP 模型中的协议群	TCP/IP 模型各层的作用
应用层	应用层	FTP、HTTP、HTML、POP3、SMTP、Telnet、SNMP、RPC、NNTP、Ping、MIME、MIB、XML	向用户提供调用和访问网络中各种应用、服务和使用程序的接口
表示层			
会话层			
传输层	传输层	TCP、UDP	提供端到端的可靠或不可靠的传输服务，可实现流量控制、负载均衡
网络层	网际层	IP、ARP、RARP、ICMP	提供逻辑地址和数据的分组，并负责主机之间分组的路由选择
数据链路层	网络接口层	Ethernet、FDDI、ATM、PPP、Token-Ring	负责数据的分帧，管理物理层和数据链路层的设备，负责与各种物理网络之间进行数据传输。使用 MAC 地址访问传输介质、进行错误的检测与修正
物理层			

TCP/IP 模型的分层思想、数据通信的过程与 OSI 模型十分类似。TCP/IP 模型的各层功能分别阐述如下。

（1）网络接口层

TCP/IP 模型的最低层是网络接口层。该层可以直接兼容常用的局域网和广域网协议。它支持的常用协议有：Ethernet 802.3（以太网）、Token Ring 802.5（令牌环）、X.25（公用分组交换网）、Frame Relay（帧中继）和 PPP（点对点）等。

（2）网际层

网际层又称为互联层、互联网络层或网间网络层。这层与 OSI 模型的网络层相对应。由于这层中最重要的协议是 IP 协议，因此，也被称为 IP 层。这层主要负责相邻节点之间数据分组的逻辑（IP）地址寻址与路由。

（3）传输层

传输层也称为运输层。它在 IP 层服务的基础之上，提供端到端的可靠或不可靠的通信服务。端到端的通信服务通常是指网络节点间应用程序之间的连接服务。

传输层定义了两种协议：传输控制协议 TCP 与用户数据报协议 UDP。TCP 协议是一个面向连接可靠的传输协议，在通信双方已经建立了连接的情况下，TCP 将要发送的数据划分为独立的数据包后传送给网际层。UDP 协议的特点是不可靠的，不用事先建立连接，它采用请求/应答式的数据交换方式，每次通信或数据传送都要发送和返回两个数据帧。它适合于对可靠性要求不高、网络时延小的连接，如语音通信、视频连接等。

（4）应用层

TCP/IP 模型的应用层与 OSI 模型的上面 3 层相对应。应用层向用户提供调用和访问网络中各种应用程序的接口，并向用户提供各种标准的应用程序及相应的协议，如电子邮件等。

应用层协议主要有：网络终端协议 TELNET，用于实现互联网中的远程登录功能；文件传输协议 FTP，用于实现互联网中交互式文件传输功能；简单电子邮件协议 SMTP，实现互联网中电子邮件发送功能；域名服务 DNS，用于实现网络设备名字到 IP 地址映射的网络服务；网络文件系统 NFS，用于网络中不同主机间的文件系统共享。

OSI 模型是一个理想模型，该模型在设计之初，更多是被通信的思想所支配，不适合于计算机与软件的工作方式，如果严格按照层次模型编程的软件效率很低。因此，人们更多的时候把 OSI 模型作为分析、评判各种网络技术的依据。而 TCP/IP 模型虽然不是 ISO 的标准，但是由于其应用广泛，并且是 Internet 上使用的主要标准，因此成为了“事实上的工业标准”。

7.3.5 IP 地址

Internet 正是通过 TCP/IP 协议和网络互连设备将分布在世界各地的各种规模的网络、计算机互连在一起。为了彼此识别，网络中的每个节点、每台主机都需要有地址。这个地址就是 Internet 地址，即 IP 地址。当前使用的 IP 地址是 IPv4 版，未来发展趋势是使用 IPv6 版的 IP 地址。

1. IPv4 编址技术

在 TCP/IP 网络中，每个节点（计算机或设备）都有唯一的 IP 地址。这个 IP 地址在网络中的作用就像住户的地址。在网络中，根据节点的 IP 地址，即可找到这个节点，例如，根据某台计算机的 IP 地址，即可知道其所在网络的编号以及该计算机在其网络上的主机编号，因而可以先找到其所在的网络，进而找到该主机。

（1）IP 地址的表示

每个 IP 地址由 32 位二进制位组成；IP 地址分为 4 个部分，每部分的 8 位二进制位使用十进制数字表示。在表示时，各部分间用“.”分隔，因此被称为点分十进制表示，如 202.202.43.125。

（2）IP 地址的结构

每个 IP 地址由两部分组成，其两部分地址结构如图 7.27 所示。这两部分被称为网络地址和主机地址。

网络地址	主机地址

图 7.27 TCP/IP 网络中 IP 地址的结构

其中，网络地址用于辨认网络，同一网络中的所有 TCP/IP 主机的网络 ID 都相同。网络地址还被称为网络编号、网络 ID 或网络标识。主机地址用于辨认同一网络中的主机，也被称为主机 ID、主机编号或主机标识。无论是在 Internet 或是局域网中，网络地址必须唯一。在同一网络中，主机地址必须唯一。

（3）IP 地址的划分

在网络中，每台运行 TCP/IP 协议的主机或设备的 IP 地址必须唯一，否则就会发生 IP 地址冲突，导致计算机或设备之间不能进行正常的通信。IP 地址是 Internet 中使用的地址，用户可以使用 IP 地址来访问 Internet 中的各种资源。此外，IP 地址也是局域网中使用最广泛的一种逻辑地址。

根据网络的大小，Internet 委员会定义了 5 种标准的 IP 地址类型，以适应各种不同规模的网络。在局域网中仍沿用这个分类方法。这 5 类地址的格式示意图如图 7.28 所示。地址数据中的全 0 或全 1 有特殊含义，不能作为普通地址使用。

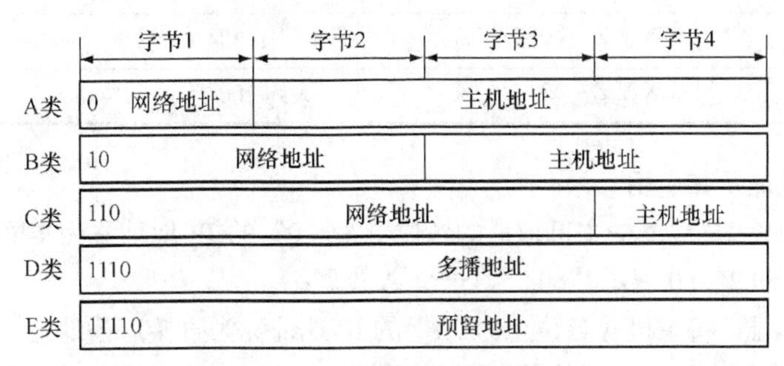

图 7.28　IP 地址的分类结构

① A 类地址。A 类地址分配给拥有大量主机的网络。A 类地址的字节 1 中第 1 位表示网络类别，其值为“0”，与接下来的 7 位共同表示网络地址，对应的十进制数范围是 0～127 由于地址 0（全 0）和 127（全 1）有特殊用途，因此有效的网络地址范围是 1～126，即有 126 个 A 类网络；同理，其余 24 位（字节 2～4）表示主机地址，则 A 类网络能够容纳的主机为 2^{24}–2=16 777 214 台（排除全 0 和全 1 地址）。

② B 类地址。B 类地址分配给中等规模的网络。B 类地址的字节 1 中头两位表示网络类别，其值为“10”，与接下来的 14 位共同表示网络地址，其余 16 位表示主机地址。字节 1 对应的十进制数范围是 128～191（10000000～10111111），因此，总共有 16 384（214）个 B 类网络；每个网络中有 2^{16}–2 个主机，即有 65534 个可用 IP 地址。

③ C 类地址。C 类地址分配给小规模的网络。C 类地址的字节 1 中头 3 位表示网络类别，其值为“110”，与接下来的 21 位共同表示网络地址，其余 8 位表示主机地址。字节 1 对应的十进制数范围是 192～223（11000000～11011111），因此，总共约有 200 万（221）个 C 类网络；每个网络中有 2^{8}–2 个主机，大约有 254 个可用 IP 地址。

④ D 类地址。D 类地址的字节 1 中头 4 位表示网络类别，其值为“1110”，D 类地址用于多播。多播就是把数据同时发送给一组主机，只有那些登记过可以接收多播地址的主机才能接收多播数据包。D 类地址的范围是 224.0.0.0～239.255.255.255。

⑤ E 类地址。E 类地址的字节 1 中头 5 位表示网络类别，其值为“11110”，E 类地址是为将来预留的，也可以作为实验地址，但是不能分配给主机（互连设备）使用。E 类地址的范围是 240.0.0.0～247.255.255.255。

综上所述，IP 地址的类型不但定义了网络地址和主机地址应该使用的位；还定义了每类网络允许的最大网络数目，以及每类网络中可以包含的最大主机（互连设备）的数目。表 7.3、表 7.4 对 IP 地址的分类结构做了归纳，具体如下。

表 7.3　网络类别、网络地址和主机编号字段的划分与首段取值范围

网络类别	IP 地址	网络地址	主机编号	W 的取值范围	IP 节点近似个数
A	W.X.Y.Z	W	X.Y.Z	1～126	1700 万左右
B	W.X.Y.Z	W.X	Y.Z	128～191	65 000
C	W.X.Y.Z	W.X.Y	Z	192～223	254

表 7.4　　A、B、C 类网络的特性参数取值范围

网络类别	网络地址（W）的取值范围	网络个数	IP 节点个数
A	1.X.Y.Z ~ 126.X.Y.Z	126（2^7–2）	2^{24}–2
B	128.X.Y.Z ~ 191.X.Y.Z	16384（2^{14}）	2^{16}–2
C	192.X.Y.Z ~ 223.X.Y.Z	大约 200 万个（2^{21}）	2^8–2

（4）特殊 IP 地址及其使用

① 本网地址。将 IP 地址中主机地址的各位全为“0”的 IP 地址称为本网地址，用来表示本地网络。例如，用 60.25.0.0 表示“60.25”这个 A 类网络。

② 直接广播地址。将主机号各位全为“1”的 IP 地址称为直接广播地址。该地址主要用于广播，在使用时，用来代表该网络中的所有主机。假设，202.202.43.0 是一个 C 类网络的本网地址，该网络的广播地址就是 202.202.43.255；当该网络中的某台主机需要发送广播时，就可以使用这个地址向该网络上的所有主机发送报文。

③ 有限广播地址。TCP/IP 协议规定，32 比特位全为“1”的 IP 地址（255.255.255.255）为有线广播地址。该地址主要用来进行本网广播。当需要在本网内广播，又不知道本网的网络号时，即可使用有限广播地址。

④ 回送地址。IP 地址中以 127 开始的 IP 地址作为保留地址，被称为回送地址。回送地址用于网络软件的测试，以及本地进程的通信。也就是说，任何程序一旦接到使用了回送地址为目的地址，则该程序将不再转发数据，而是将其立即回送给源地址。

（5）公有地址和私有地址

允许在 Internet 上使用的 IP 地址为公有地址，仅在局域网中使用的 IP 地址为私有地址。为了确保 IP 地址在全球的唯一性，在 Internet 中使用 IP 地址之前，必须先到指定的机构（Internet 网络信息中心，InterNIC）去申请。申请到的通常是网络地址，其中的主机地址由该网络的管理员分配。因此，将可以在 Internet 中使用的 IP 地址称为公有地址，将 Internet 称为公有网络。

与公有地址对应的是在 Internet 上无效，只能在内部网络中使用的地址，即私有地址。使用私有地址的网络称为私有网络。私有网络中的主机只能在私有网络的内部进行通信，而不能与 Internet 上的其他网络或主机进行互连。但是，私有网络中的主机可以通过路由器或代理服务器与 Internet 上的主机通信。

InterNIC 在 IP 地址中专门 保留了 3 个区域作为私有地址，其范围如下：

① 10.0.0.0～10.255.255.255。其中，前 8 位是网络地址。

② 172.16.0.0～172.31.255.255。其中，前 12 位是网络地址。

③ 192.168.0.0～192.168.255.255。其中，前 16 位是网络地址。

（6）子网掩码

每个独立的子网有一个子网掩码。IP 地址中没有针对地址类型设置专门的标志，那么如何判断分组信息中目的计算机与源计算机是在同一子网中，还是应将分组送往路由器由它向外发送，这时要用到子网掩码。

子网掩码也由 32 个二进制位组成。子网掩码中“1”所对应的部分是网络地址，“0”所对应的的部分是主机地址。当主机之间进行通信时，通过子网掩码与 IP 地址的逻辑与位运算，可分离出网络地址，进而区分出 IP 地址中的网络号和主机号。比如，某 A 类网络中的一个主机 IP 地址

为 65.22.8.3，其子网掩码为 255.0.0.0。通过该子网掩码可以区分出该主机所在网络地址为 64.0.0.0。

设置子网掩码的规则是：凡是 IP 地址中表示网络地址部分的那些位，在子网掩码对应位上置 1，表示主机地址部分的那些位设置为 0。显然，A 类地址默认的子网掩码应该是 255.0.0.0，B 类地址默认的子网掩码是 255.255.0.0，C 类地址的默认子网掩码是 255.255.255.0。

2. IPv6 协议

（1）IPv6 产生背景

① IPv4 地址空间不足。IPv4 地址采用 32 比特标识，理论上能够提供的地址数量是 43 亿。但由于地址分配的原因，实际可使用的数量不到 43 亿。另外，IPv4 地址的分配也很不均衡，美国占全球地址空间的一半左右，欧洲相对匮乏，亚太地区则更加匮乏（有些国家分配的地址还不到 256 个）。随着因特网发展，IPv4 地址空间不足问题日益严重。

② 骨干路由器维护的路由表表项数量过大。由于 IPv4 发展初期的分配规划的问题，造成许多 IPv4 地址块分配不连续，不能有效聚合路由，导致主干路由器中存在大量路由表项。日益庞大的路由表耗用内存较多，对设备成本和转发效率都有一定的影响，这一问题促使设备制造商不断升级其路由器产品，提高其路由寻址和转发的性能。

③ 不易进行自动配置和重新编址。由于 IPv4 地址只有 32bit，地址分配也不均衡，因此在进行网络扩容或重新部署时，常常需要重新分配 IP 地址，因此需要能够进行自动配置和重新编址以减少维护工作量。

④ 不能解决日益突出的安全问题。随着因特网的发展，安全问题越来越突出，安全问题也是促使新的 IP 协议出现的一大原因。因为 IPv4 协议制定时并没有仔细针对安全性进行设计，固有的框架结构不能支持端到端安全。

基于上述原因，推出了 IPv6。IPv6 是 IP 协议的第 6 版，被称为互联网新一代网际协议，它克服了 IPv4 的局限性，提供了更多的 IP 地址，提高了协议效率和安全性。

（2）IPv6 协议的主要功能和特征

IPV6 的优点从最本质上来说都源于其 128 位的地址结构，细一点来划分的话，主要体现在如下的几个方面。

① 128 位地址结构，提供充足的地址空间。IPv6 地址长度为 128 位，理论上可以使用的 IP 地址有 $2^{128} \approx 10^{40}$，使得 IP 地址的空间增大了 296 倍。如果将所有的 IPv6 地址平均分布在地球表面，那么每平方米面积内就会有 1024 个地址，足已满足任何可预计的地址空间分配。近乎无限的 IP 地址空间是部署 IPv6 网络最大的优势。

② 层次化的网络结构，提高了路由效率。IPv6 地址长度为 128 位，可提供远大于 IPv4 的地址空间和网络前缀，因此可以方便地进行网络的层次化部署。同一组织机构在其网络中可以只使用一个前缀。对于 Internet 服务提供商（ISP）而言，则可获得更大的地址空间。这样 ISP 可以把所有客户聚合形成一个前缀并发布出去。分层聚合使全局路由表项数量很少，转发效率更高。另外，由于地址空间巨大，同一客户使用多个 ISP 接入时可以同时使用不同的前缀，这样不会对全局路由表的聚合造成影响。

③ IPv6 报文头简洁，灵活，效率更高，易于扩展。

④ 支持端到端安全。IPv4 中也支持 IP 层安全特性（IPSec），但只是通过选项支持，实际部署中多数节点都不支持。而 IPv6 协议要求部署的任何节点都必须支持端到端安全。

⑤ 支持移动特性。IPv6 协议规定必须支持移动特性，任何 IPv6 节点都可以使用移动 IP 功能，和移动 IPv4 相比，IPv6 的移动通信处理效率更高且对应用层透明。

（3）IPv6 的冒号十六进制表示法

IPv6 地址包括 128 个二进制位（16 个字节），通过段冒号十六进制表示方法：每段由 4 位十六进制数表示，段与段之间用冒号“:”分隔。例如：

FEDC:BA98:7654:3210:FEDC:BA98:7654:3210

对于中间比特连续为 0 的情况，还提供了简易表示方法：把连续出现的 0 省略掉，用“::”代替。注意，“::”只能出现一次，否则不能确定到底有多少省略的 0。例如：

1080:0:0:0:8:800:200C:417A 等价于 1080::8:800:200C:417A

FF01:0:0:0:0:0:0:101 等价于 FF01::101

0:0:0:0:0:0:0:1 等价于 ::1

0:0:0:0:0:0:0:0 等价于 ::

7.4 局域网技术

局域网技术是当前计算机网络研究和应用的一个热点，也是目前技术发展最快的领域之一。局域网作为一种重要的基础网络，在企业、机关、学校等单位得到广泛的应用。局域网也是建立互联网络的基础网络。

7.4.1 局域网概述

1. 局域网的定义

局域网是一种建立在小范围内（一般为几千米），以实现资源共享、数据通信为目的，由网络节点和通信线路按照某种拓扑结构连接而成的高速计算机网络。

2. 局域网的特点

① 局域网是一种计算机数据通信网络。

② 局域网覆盖一个较小的地理范围，如办公室、建筑物、机关、学校、公司、厂矿等。

③ 局域网内数据传输速率高、误码率低、延时小。

④ 基本通信机制使用共享介质和交换方式。

⑤ 网络结构比较规范、容易组建、价格低廉、便于维护。

3. 局域网的分类

通常局域网按网络拓扑进行分类。局域网的网络拓扑结构主要分总线网、星型、环型拓扑结构 3 种。网络传输介质主要采用双绞线、同轴电缆、光纤等。

总线型拓扑结构的局域网采用集中控制、共享介质的方式。所有节点都可以通过总线发送和接收数据，但在某一时间段内，只允许一个节点通过总线以广播方式发送数据，其他节点以收听方式接收数据。

在环型拓扑结构的局域网中，节点通过网卡使用点对点线路连接，构成闭合环路。环中数据沿一个方向绕环逐站传输。

目前，由于集线器和双绞线大量用于局域网，星型结构的局域网获得了非常广泛的应用。

4. 局域网的 4 大实现技术

一个实用的局域网通常涉及以下 4 项基本的网络技术。

① 网络拓扑结构。

② 介质访问控制方式。

③ 传输介质。

④ 布线技术。

为了能顺利地组建自己的局域网，网络管理人员或网络工程师应对上述这些技术做出合适的选择和设计，并对这些技术的实际应用环境要十分熟悉。

7.4.2 局域网的体系结构和协议标准

1. 局域网的体系结构

在 OSI 参考模型中，通信子网必须包括第三层，即物理层、数据链路层和网络层。局域网作为一种计算机通信网络，应包括 OSI 参考模型的第三层。但由于局域网的拓扑非常简单，不需要进行路由选择，所以局域网不存在网络层，只包含物理层和数据链路层。IEEE 802 委员会提出的局域网参考模型（LAN/RM），如图 7.29 所示。

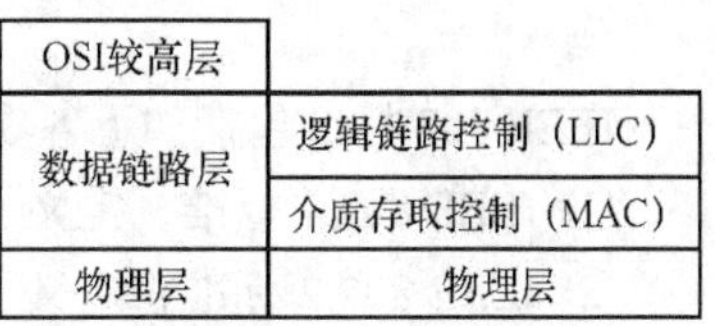

图 7.29 IEEE 802 局域网参考模型

和 ISO/RM 相比，LAN/RM 只相当于 OSI 的最低两层。物理层用来建立物理连接。数据链路层把数据转换成帧来传输，并实现帧的顺序控制、差错控制及流量控制等功能，使不可靠的链路变成可靠的链路。

由于在 IEEE 802 委员会成立之前，采用不同传输介质和拓扑结构的局域网已经大量存在，这些局域网采用不同的介质访问控制方式，各有其特点和适用场合。IEEE 802 委员会无法用统一的方法取代它们，因此为每种介质访问方式制定一个标准，从而形成了介质存取控制（MAC）协议。为使各种介质访问控制方式能与上层接口，并保证传输可靠，在其上又制定了一个单独的逻辑链路控制（LLC）子层。这样，仅 MAC 子层依赖于具体的物理介质和介质访问控制方法，而 LLC 子层与媒体无关，对上屏蔽了下层的具体实现细节，使数据帧的传输独立于所采用的物理介质和介质访问方式。同时它允许继续完善和补充新的介质访问控制方式，适应现有和未来发展的各种物理网络，具有可扩充性。

LAN/RM 中各层功能如下。

① 物理层。物理层提供在物理实体间发送和接收比特的能力，一对物理实体能确认出两个介质访问控制 MAC 子层实体间同等层比特单元的交换。物理层也要实现电气、机械、功能和规程四大特性的匹配。物理层提供的发送和接收信号的能力包括对宽带的频带分配和对基带的信号调制。

② 数据链路层。数据链路层分为 MAC 子层和 LLC 子层。LLC 子层向高层提供一个或多个逻辑接口（具有帧发和帧收功能）。发送时把要发送的数据加上地址和 CRC 检验字段构成帧，介质访问时把帧拆开，执行地址识别和 CRC 校验功能，并具有帧顺序控制和流量控制等功能。LLC 子层还包括为某些网络层功能，如数据报、虚拟控制和多路复用等。

MAC 子层支持数据链路功能，并为 LLC 子层提供服务。它将上层交下来的数据封装成帧进行发送（接收时进行相反过程，将帧拆卸）、实现和维护 MAC 协议、比特差错检验和寻址等。

2. 局域网的协议标准

IEEE 802 委员会为局域网制定了一系列标准，它们统称为 IEEE 802 标准。IEEE 802 各标准之间的关系如图 7.30 所示。

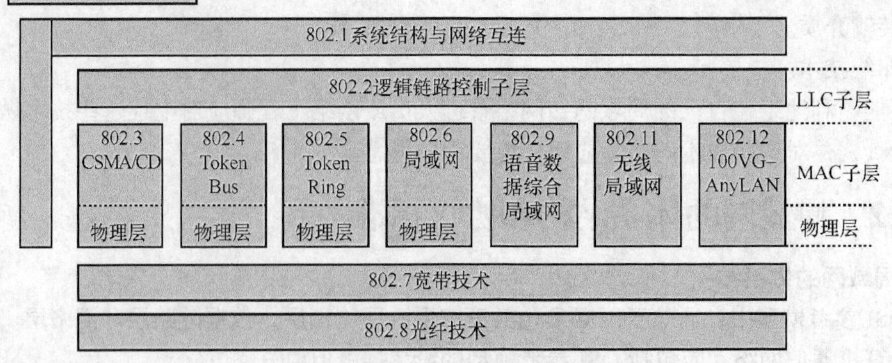

图 7.30　IEEE 802 各标准之间的关系

IEEE 802 标准包括如下各项。

① IEEE 802.1 标准，定义了局域网体系结构、网络互连、以及网络管理和性能测试。

② IEEE 802.2 标准，定义了逻辑链路控制 LLC 子层功能与服务。

③ IEEE 802.3 标准，定义了 CSMA/CD 总线介质访问控制子层与物理层规范。

④ IEEE 802.4 标准，定义了令牌总线（Token Bus）介质访问控制子层与物理层规范。

⑤ IEEE 802.5 标准，定义了令牌环（Token Ring）介质访问控制子层与物理层规范。

⑥ IEEE 802.6 标准，定义了城域网 MAN 介质访问控制子层与物理层规范。

⑦ IEEE 802.7 标准，定义了宽带网络技术。

⑧ IEEE 802.8 标准，定义了光纤传输技术。

⑨ IEEE 802.9 标准，定义了综合语音与数据局域网（IVD LAN）技术。

⑩ IEEE 802.10 标准，定义了可互操作的局域网安全性规范（SILS）。

⑪ IEEE 802.11 标准，定义了无线局域网技术。

⑫ IEEE 802.12 标准，定义了优先度要求的访问控制方法。

⑬ IEEE 802.13 标准，未使用。

⑭ IEEE 802.14 标准，定义了交互式电视网。

⑮ IEEE 802.15 标准，定义了无线个人局域网（WPAN）的 MAC 子层和物理层规范。

⑯ IEEE 802.16 标准，定义了宽带无线访问网络。

3. IEEE 802 物理地址

IEEE 802 为局域网中的每一个计算机节点（如网卡）规定了一个 48 位的全局物理地址，即 MAC 地址。MAC 地址用 12 个十六进制数表示，如 44-45-53-AB-C0-00。目前，IEEE 是世界上局域网全局地址的法定管理机构，负责分配高 24 位地址。世界上所有生成局域网网卡的厂商都必须问 IEEE 购买高 24 位组成的号，而低 24 位由生产厂商自己决定，因此，MAC 地址具有全球唯一性。

7.4.3　局域网的访问控制方式及分类

在公路上，为了避免各种车辆发生碰撞，需要制定一套交通规则。同样，在计算机网络的传输信道中，为了正确、可靠地传送数据，则需要制定相应的通信协议。

1. 介质存取控制协议

介质存取控制（Medium Access Control，MAC）协议，也称为介质访问控制协议。在计算机网络上，将传送数据的规则称为通信协议，其中与网络传输介质存取控制有关的协议是 MAC 协议。因此，MAC 协议的使用不但是为了保证数据在彼此传送时没有障碍，而且不会遗失。总之，MAC 协议是不同网络中各节点使用传输介质进行安全可靠数据传输的具体通信规则。

由于网络上的计算机都是通过传输介质及接口相连的，因此，IEEE 802 委员会制定出了针对不同介质与接口的多种访问控制协议。例如，在 MAC 子层，IEEE802.3 的 CSMA/CD 协议制定出如何使用总线的通信规则，IEEE 802.5 的 Token-Ring 协议制定出如何使用令牌的通信规则，IEEE 802.11 的 CSMA/CA 协议制定了无线局域网冲突避免的控制方法与规则。

2. 介质存取控制访问方式的分类

从控制方式的角度，局域网的访问控制方式可以分为集中式控制和分布式控制两大类。

（1）集中式控制方式

集中式控制方式是指网络中有一个独立的集中控制器，或者具有一个能够控制所有网络功能的节点，并且由它来控制各节点的通信。

（2）分布式控制方式

分布式控制方式是指网络中没有专门的集中控制器，也不存在某个装置控制整个网络的各个节点。网络中的各节点处于平等的地位。因此，在分布式控制网络中，各节点的通信是由各节点自身控制完成的。目前，局域网基本上都是采用了分布式控制方法。分布式控制方法的分类中，最简单的两种是 CSMA/CD 和 Token-Ring，它们都取得了 IEEE 802 委员会的认可。

① IEEE 802.3 争用型介质访问控制协议。CSMA/CD 协议，即带有冲突检测的载波侦听多路访问（Carrier Sense Multiple Access/Collision Detect，CSMA/CD）。CSMA/CD 协议的工作原理是按照“先进先服务”的原则争用可使用的带宽，即：网络中的节点在发送数据前，先监听信道是否空闲，若空闲则立即发送数据。在发送数据时，边发送边继续监听。若监听到冲突，则立即停止发送数据。等待一段随机时间，再重新尝试。该协议工作在数据链路层，主要用于总线结构的局域网。

② IEEE802.5 确定型介质访问控制协议。Token-Ring 协议，即令牌环协议。该访问方法是分配给每个站点一个可采用的带宽片，并确保当时间到来时，对局域网进行存取。其中连续循环的“权标”又称为“令牌”，可以控制传输时间。当机会到来时抓住令牌，并用数据包代替令牌进行传输。当到达目的地释放数据包后，再将令牌插入局域网内，以便下一个需要传输数据的站点使用。此过程以循环形式不断进行下去。令牌环是“定时、有序”型访问方式的典型示例，主要用于环型拓扑的局域网。

目前，应用最广泛的局域网时基带总线局域网，也称为以太网，它的核心技术是随机争用型的介质存取控制访问方法，即 CSMA/CD 方式。而“令牌环”网的介质访问控制方式则主要用在 IBM 和 FDDI 类型的局域网上。

7.4.4　以太网

目前应用最广泛的一类局域网是以太网（Ethernet），它是由美国 Xerox 公司于 1975 年研制成功并获得专利的。此后，Xerox 公司与 DEC 公司、Intel 公司合作，提出了 Ethernet 规范，成为第一个局域网产品规范，这个规范后来成为 IEEE 802.3 标准的基础。

1. 以太网的拓扑结构

共享式以太网的逻辑拓扑结构是总线型。这是根据其使用的介质访问控制方式而定义的，其物理拓扑结构有总线型、星型、树型等几种。目前，最常用的是基于交换机的星型和树型拓扑结构。

2. 以太网的介质访问控制方式

以太网采用 CSMA/CD 方式，在 IEEE 802.3 标准的物理层规范中，固定了其电缆中传输的二进制信号编码方式，如低速以太网采用了曼彻斯特及差分曼彻斯特编码。

3. 以太网的产品标准与分类

以太网中常见网络的主要参数如表 7.5 所示。采用不同以太网组网时，所采用的传输介质、相应的组网技术、网络速度、允许的节点数目和介质缆段的最大长度等都不相同。

表 7.5　　以太网的标准和主要参数

以太网标准	传输介质	物理拓扑结构	最大区段长度/m	IEEE 规范	速度/Mbit/s
10Base-5	50Ω粗同轴电缆	总线	500	802.3	10
10Base-2	50Ω细同轴电缆	总线	185	802.3a	10
10Base-T	3 类双绞线	星型	100	802.3i	10
100Base-TX	3 类双绞线（2 对）	星型	100	802.3u	100
100Base-T4	3 类双绞线（4 对）	星型	100	802.3u	100
100Base-FX	2 芯多模或单模光纤	星型	400～2000	802.3u	100
1000base-SX/LX	2 芯多模或单模光纤	星型	300～3000	802.3z	1000
1000Base-T	5 类双绞线（4 对）	星型	100	802.3ab	1000

（1）低速产品的常见标准

符合 IEEE802.3 标准的以太网低端产品的传输速率为 10Mbit/s，其正式标准有以下 3 种。

① 10Base-5。粗缆以太网，使用曼彻斯特编码的基带传输，已经淘汰。

② 10Base-2。细缆以太网，使用曼彻斯特编码的基带传输，已经淘汰。

③ 10Base-T。双绞线以太网，使用曼彻斯特编码的基带传输。

（2）其他以太网标准

除了低速以太网外，还有若干个以太网的变形产品标准。这些变形标准倾向于更长的传输距离、更快的传输速度，以及交换技术。其中比较著名的有以下几种。

① 100Base 系列：快速以太网。

② 1000Base 系列：千兆位以太网。

③ 换式以太网系列：10 Mbit/s、100 Mbit/s 和 1000 Mbit/s。

4. 以太网的主要设计特点

① 简易性：结构简单，易于实现和维护。

② 低成本：各种连接设备的成本不断下降。

③ 兼容性：各种类型、速度的以太网可以很好地集成在一个局域网中。

④ 扩性：所有按照以太网协议的网段，都可以方便地扩展到以太网中。

⑤ 均等性：各节点对介质的访问都基于 CSMA/CD 方式，因此对网络的访问机会均等。

7.4.5　现代局域网技术

1. 光线分布式数据接口（Fiber Distributed Data Interface，FDDI）

FDDI 是光纤数据在 200 km 内局域网内传输的标准。从它的名称可以看出，这种网络是以先进的传输介质——光纤作为传输介质，传输速率为 100Mbit/s，能互连高达 1 000 台设备，覆盖范围可达 100 km。

从图 7.31 可以看出，FDDI 是双环结构，采用光纤作为传输介质，所有入网站点连接成双闭合环，一个叫主环，一个叫备用环。数据在两个环上按相反方向流动，各站点对环路的共享采用令牌方式。在站或线路出现故障时，两个环路将合在一起，形成单环继续工作，因此 FDDI 的可靠性极高。

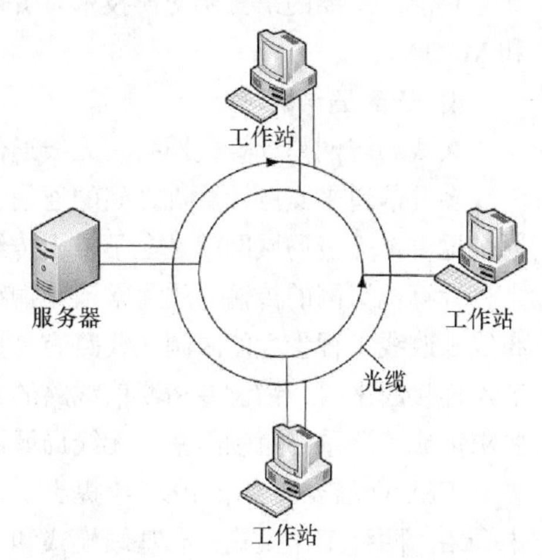

图 7.31 FDDI 的双环结构

FDDI 通常用作骨干网，用得最多的是作为 LAN 或校园环境大楼之间的主干网（连接桥接器）。这种环境的特点是站点分布在多个建筑物中，连接具有许多局域网段和大图形传输、语音和视频会议以及其他带宽要求大的应用产生的繁重流量的大型网络。

采用 FDDI 技术的局域网具有如下优点。

① 较长的传输距离，相邻站间的最大站间距离为 200 km。

② 具有较大的带宽，FDDI 的设计带宽为 100 Mbit/s。

③ 具有对电磁和射频干扰抑制能力，在传输过程中不受电磁和射频噪声的影响，也不影响其他设备。

④ 光纤可防止传输过程中被分接偷听，也杜绝了辐射波的窃听，是最安全的传输媒体。

2. 异步传输模式（Asynchronous Transfer Mode，ATM）

异步传输模式又叫信息元中继，是一种面向连接的快速分组交换技术，建立在异步时分复用基础上，并使用固定长度的信元，支持包括数据、语音、图象在内的各种业务的传送。

在传统的通信网络中，信息传输采用线路交换和分组交换。其中，线路交换主要的不足是浪费带宽；分组交换主要的不足是信息延迟的不确定性。

ATM 组合了线路交换和分组交换技术的优点，采用固定大小的报文分组动态地分配带宽。ATM 通过同步光纤以 622 Mbit/s、1.2 Gbit/s 和 2.4 Gbit/s 的速度传输数据，成为当今网络通信领域的热门技术，可以在同一条线路上实现高速率、高带宽地传输数据、音频、视频等信息。传统的网络技术，在传输距离上都有一定的限制，如 LAN 连接距离在 2.5 km 以内，光线分布数据接口 FDDI 的最大连接距离在 200 km 以内，而 ATM 没有传输距离的限制。它既可以用于局域网，也可以用于广域网。

ATM 有自己的参考模型，既不同于 OSI 参考模型，也不同于 TCP/IP 参考模型。它包括 3 层：物理层、ATM 层和 ATM 适配层。

3. 多层交换技术

多层交换技术也称为第三层技术，或是 IP 交换技术，是相对于传统交换概念而提出的。众所周知，传统的交换技术是在 OSI 参考模型中的第二层（数据链路层）进行操作的，而多层交换技术是在网络模型中的第三层实现数据包的高速转发的。简单地说，多层交换技术就是“第二层交换技术+第三层转发技术”。

多层交换技术的出现，解决了局域网中网段划分之后，网段中的子网必须依赖路由器进行管理的局面，从而解决了传统路由器低速、复杂所造成的网络瓶颈问题。当然，多层交换技术并不是网络交换机与路由器的简单堆叠，而是二者的有机结合，形成一个集成的、完整的解决方案。

目前，主要的第三层交换技术有 Ipsilon IP 交换、Cisco 标签交换、3Com Fast IP、IBM ARIS 和 MPOA。

4. 无线局域网

无线局域网是计算机网络与无线通信技术相结合的产物。从专业角度讲，无线局域网利用了无线多址信道来支持计算机之间的通信，并为通信的移动化、个性化和多媒体应用提供了可能。通俗地讲，无线局域网就是在不采用传统线缆的条件下，提供以太网或令牌环网络的功能。

计算机组网的传输介质通常依赖铜缆或光缆，即有线局域网。但有线网络在某些场合要受到布线、改线工程量大的限制，线路容易损坏；网中的各节点不可移动，特别是当要把相距较远的节点连接起来时，铺设专用通信线路的布线施工难度大、费用高、耗时长，对于迅速扩大的联网要求形成了严重的瓶颈阻塞。无线局域网就是为了解决以上有线网络问题而出现的。

IEEE 标准委员会于 1997 年提出了 802.11 标准。按照通俗的话来说，它被称为 Wi-Fi。标准中介绍了两种工作模式：有基站模式和无基站模式。

无线局域网的网络速度与以太网相当，一个接入点最多可支持 100 多个用户接入，最大传输距离可达到几十千米。

无线局域网的优势如下。

① 速率较高，可满足高速无线上网需求。

② 设备价格低廉，节省投资。

③ 技术较成熟，在国外已有丰富的应用。

无线局域网的劣势如下。

① 功率受限、覆盖范围小、移动性较差。

② 一般工作在自由频段，容易受到干扰。

③ 属于第二层技术规范，上层业务体系不够完善。

7.5 网络硬件和互连设备

网络的互连是把网络和网络连接起来，在用户间实现跨网络的通信和操作。本节介绍网络互连的概念、连接设备和传输介质。

7.5.1 物理层的部件——传输介质

在物理层的部件中，最重要的就是传输介质，它是网络中信息传输的媒体，也是网络通信的物质基础之一。传输介质的性能特点对传输速率、通信距离、可连接的网络节点数目和数据传输的可靠性等均有很大影响。传输介质与物理层的各种协议密切相关。

目前，网络中常用的传输介质通常分为有线传输介质和无线传输介质两类。其中，有线传输介质被称为约束类传输介质，无线传输介质又被称为自由介质。

① 有线传输介质有双绞线、同轴电缆和光纤 3 类。

② 无线传输介质主要类型有无线电波中的短波、超短波和微波，光波中的远红外线、激光等类型。

1. 有线传输介质

（1）双绞线

双绞线（Twist Pairwire，TP）是由一对带有绝缘层的铜线，以螺旋的方式缠绕在一起所构成，缠绕的目的是减少对外的电磁辐射和外界电磁波对数据传输的干扰。通常的双绞线电缆是由一对或多对这样的双绞线所组成，彼此通过双绞线外的绝缘层颜色来区分，电缆外层是塑料保护套，如图 7.32 所示。与其他介质相比，双绞线在传输距离、信道宽度和数据传输速度等方面均有一定限制，但价格较为低廉。很长一段时间以来，双绞线一直被广泛用于电话通信以及局域网建设，是综合布线工程中最常用的一种传输介质。

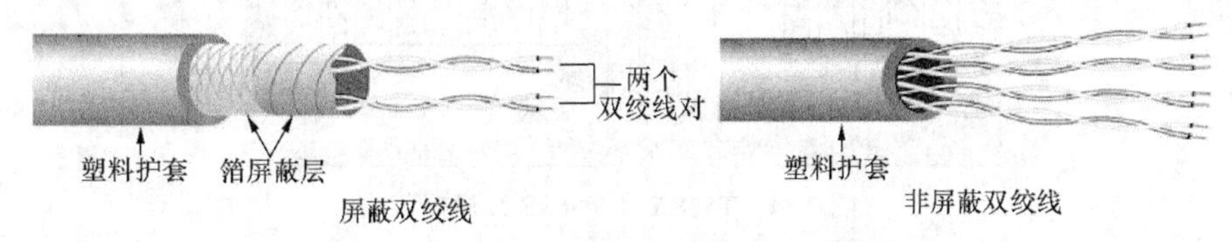

图 7.32　屏蔽和非屏蔽双绞线结构示意图

双绞线分为非屏蔽类双绞线和屏蔽类双绞线。二者的不同之处在于，屏蔽双绞线在双绞线和外层的塑料护套中间增加了一层金属屏蔽保护膜，用以减少信号传送时所产生的电磁干扰，并具有减小辐射、防止信息被窃听的功能。理论上，屏蔽双绞线的传输性能更好，但在实际使用中，屏蔽双绞线对工程的安装要求较高，因此，广泛使用的实际上是非屏蔽双绞线。

根据双绞线支持的传输速度，可以将非屏蔽双绞线分为以下几类，如表 7.6 所示。

表 7.6　非屏蔽双绞线主要性能参数

类别	双绞线对数	最高数据传输速率	适用于
1 类	两对	20 kbit/s	语音传输
2 类	四对	4 Mbit/s	语音传输和最高可达 4Mbit/s 的数据传输
3 类	四对	10 Mbit/s	十兆以太网
4 类	四对	16 Mbit/s	十兆以太网、令牌环局域网
5 类	四对	100 Mbit/s	十兆、百兆以太网
超 5 类	四对	155 Mbit/s	十兆、百兆以太网
6 类	四对	1 000 Mbit/s	百兆、千兆以太网
7 类	四对	10 000 Mbit/s	万兆以太网

双绞线作为远程中继线时的最大传输距离是 15 km，但用在局域网时，最长为 100 m。

目前，市面上常见的有 5 类、超 5 类、6 类和 7 类双绞线。和其他传输介质相比，虽然双绞线在传输距离和传输速度方面有一定限制，但双绞线成本低、易于安装，目前世界范围内绝大多数的以太网和用户电话线都是双绞线。

每条双绞线通过两端安装的 RJ-45 连接器（俗称水晶头）将各种网络设备连接起来。RJ-45 连接器的引脚序号如图 7.33 所示。

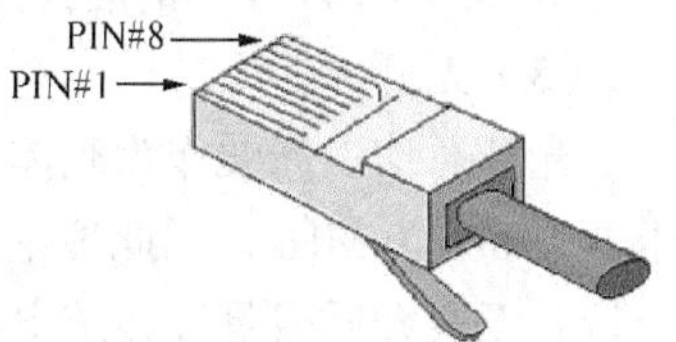

图 7.33　RJ-45 连接器引脚序号

非屏蔽双绞线的 8 芯线在与 RJ-45 连接器的 8 个引脚连接时，常用的制线标准有两个：T568B 和 T568A，其线序有两种，如图 7.34 所示。其中，常用的线序规范是 T568B。

制作双绞线时，两头的 RJ-45 线序排列方式完全一致的线称为标准型、直通线或直连线。直通线通常两头均按照 T568B 标准所规定的线序排列方式制作。直通线一般用于两个不同设备之间的连接。如：交换机—路由器、集线器—路由器、计算机—集线器和计算机—交换机之间的连接。

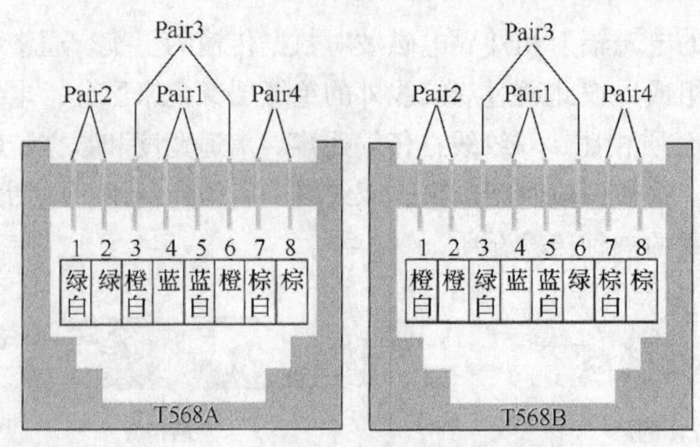

图 7.34　T568A 和 T568B 线序规范

制作双绞线时，两头的 RJ-45 线序排列方式不一致的网线被称为交叉线或跳接线。交叉线的一头按照 T568A 标准线序制作，另一个头按照 T568B 标准线序制作。交叉线主要用于两个相同设备之间的连接。如：计算机—计算机、路由器—路由器、交换机—交换机、集线器—集线器等同类设备端口之间的连接。

（2）同轴电缆

同轴电缆（coaxial cable）的结构如图 7.35 所示，一般共有 4 层，最内层的导体通常是铜质的，该铜线可以是实心的，也可以是绞合线。在中央导体的外面依次为绝缘层、屏蔽层（外部导体）和保护套。绝缘层一般为类似塑料的白色绝缘材料，用于将中心的导体和屏蔽层隔开。而屏蔽层为铜质的精细网状物，用来将电磁干扰屏蔽在电缆之外。

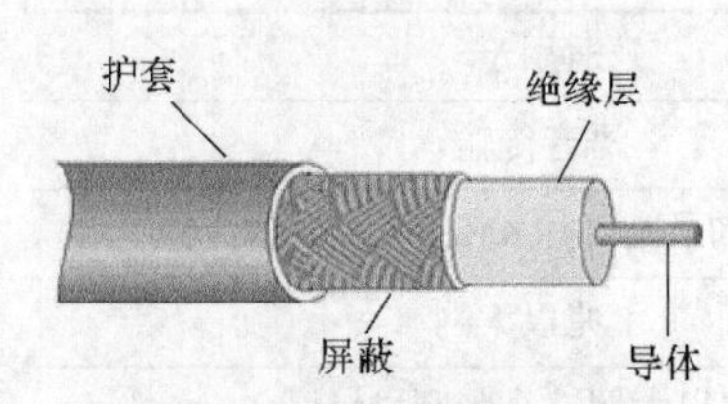

图 7.35　同轴电缆结构示意图

在实际使用中，网络的数据通过中心导体进行传输，电磁干扰被外部导体屏蔽。因此，为了消除电磁干扰，同轴电缆的屏蔽层应当接地。同轴电缆的铜导体要比双绞线中的铜导体更粗，而接地的金属屏蔽层可以有效地提高抗干扰性能。因此，同轴电缆具有比双绞线更高的传输带宽。

按照带宽和用途来划分，同轴电缆可以分为基带和宽带。在小型局域网中，使用基带（细或粗）同轴电缆，阻抗为 50Ω，传输速率为 10 Mbit/s，传输距离可达 1 000 m；在电视网或基于电视网络的局域网，使用宽带同轴电缆，阻抗为 75Ω，传输速率为 20Mbit/s，传输距离可达 100 km。

同轴电缆成本低、易于安装、扩展方便，适合中等距离传输。因此，曾经被广泛应用于局域网中。但随着技术的进步，基本上都是采用双绞线和光纤作为传输媒体。目前同轴电缆主要用在有线电视网（CATV）的居民小区中。

（3）光纤

光纤通信以光波作为载体，光的频率高达 10^{14} Hz。通常电话音频带宽为 4～5 kHz，电视视频带宽为 8～10 MHz，因此理论上，光波可携带上亿路电话，十万路以上电视节目，这样大的信息容量是无线介质或是以传统电缆为代表的有线媒介无法比拟的。此外，光缆的中继距离长、线径细，重量轻。一根光纤只相当于一根头发丝粗细，而重量与做成相同容量的电缆相比，只有电缆的几百分之一或更小。由于技术的进步，光纤损耗已接近理论极限，现在已能做到 200 余公里不要中继站。同时，光纤取材容易，价格低廉。光纤主要成分是 SiO_2，Si 是地球上最丰富的元素。由于电磁干扰不易进入光纤，所以光纤抗强干扰、耐振动。光纤也耐高压、耐腐蚀。因此，光纤通信以其多方面的优点已胜过长波通信、短波通信、电缆通信、微波通信和卫星通信，成为现代通信的主流，同时也是信息社会中信息传输和交换的主要手段。

光纤是由透明材料做成的纤芯和在其周围采用比纤芯的折射率稍低的材料做成的包层，将射入纤芯的光信号，经包层界面反射。使光信号在纤芯中传播前进的媒体，一般是由纤芯、包层和涂敷层构成的多层介质结构的对称圆柱体，如图 7.36 所示。由于包层的存在，没有光可以从玻璃束中逃逸。

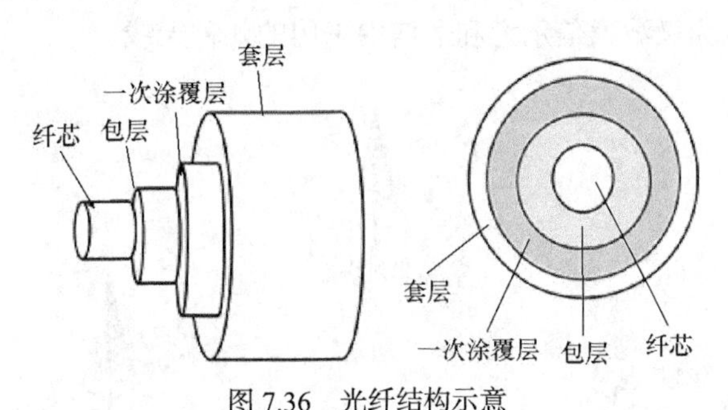

图 7.36　光纤结构示意

按照传输模式，光纤分为单模光纤和多模光纤。当光以特定角度射入光纤，在光纤和包层间发生全反射，使光以一条路径沿光纤传播，即称为一个模式。当光纤直径较大时，可以允许光以多个入射角射入并传播，此时称为多模式。

单模光纤纤芯直径仅几个微米，因而纤芯极小，光束沿光纤轴向传播，进入光纤的光几乎是以相同的时间通过相同的距离。纤芯加包层和涂敷层后也仅几十个微米到 125μm，纤芯直径接近波长。单模光纤只允许一个模式在光纤中传播，如图 7.37 所示。由于单模光纤仅允许一束光通过，因此只能传输一路信号，其传输距离远，设备比多模光纤贵。

多模光纤纤芯直径有 50～60μm，数值孔径较大，因此允许更多的光束进入。光沿着不同路径传播，因而通过相同长度的光纤就需要不同的传输时间。除了纤芯较粗外，多模光纤结构与单模光纤相同。这种光纤的纤芯加包层和涂敷层厚度有 500 多微米，纤芯直径远远大于波长。多模光纤允许两个以上模式在光纤中传播，如图 7.37 所示。由于多模光纤会产生干涉、干扰等复杂问题，因此在带宽和容量上均不如单模光纤。实际通信中应用的光纤绝大多数是单模光纤。

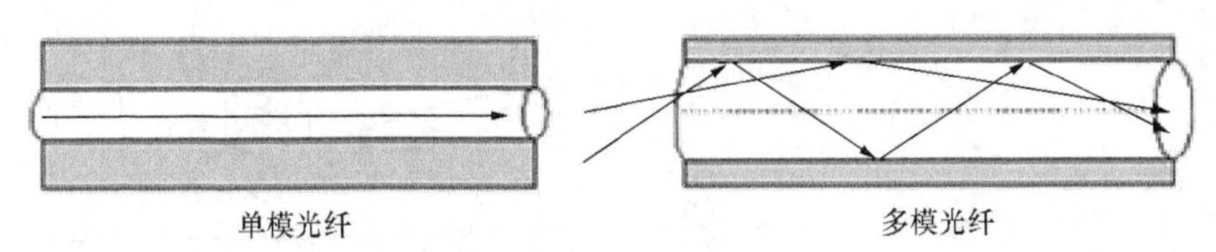

图 7.37　单模光纤与多模光纤示意

目前，国际公认的最具有发展前途的三大传输手段是光纤、微波和卫星。其中，高带宽、高可靠、大范围的通信以光纤通信为主，微波和卫星中继作为补充，无线和金属线通信方式主要用于城域网、局域网的建设。

2. 无线传输介质

无线传输指在空间中采用无线频段、红外线、激光等进行传输。无线传输不受固定位置的限制，可以全方位实现三维立体通信和移动通信。

在电磁波频谱中，不同频率的电磁波可以分为无线电波、微波和红外、可见光、紫外线、X 射线与 γ 射线等。目前，可用于通信的有无线电波、微波、红外和可见光。计算机网络系统中的无线通信主要指微波通信。微波通信分为地面微波通信和微型微波通信两种形式，对应的信号频率在 100 MHz～10 GHz 之间。

（1）微波通信

微波通信就是利用地面微波进行通信。由于微波在空间是直线传播，而地球表面是个曲面，因此其传播距离受到限制，一般只有 50 km 左右。为实现远距离通信，需要建立微波中继站进行接力通信，图 7.38 所示为微波通信示意和通信中采用的几种天线。

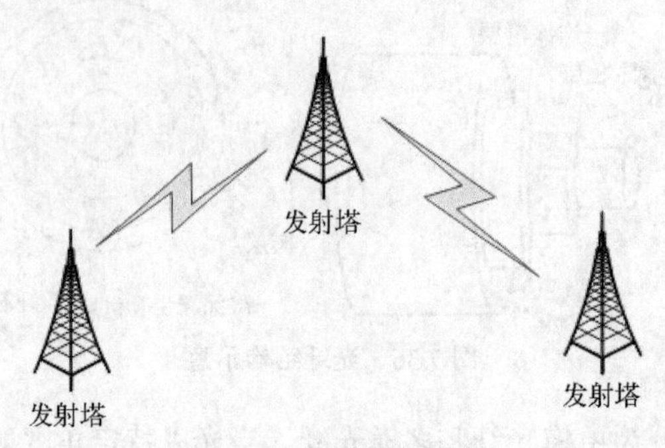

图 7.38　微波通信示意

微波线路的成本比同轴电缆和光缆低，但误码率比同轴电缆和光缆高，安全性不高，只要拥有合适无线接收设备的人就可窃取别人的通信数据。此外，大气对微波信号的吸收与散射影响较大。

（2）卫星通信

卫星通信是利用地球同步卫星作为微波中继站，实现远距离通信。图 7.39 所示为卫星通信示意图。当地球同步卫星位于 36 000 km 高空时，其发射角可以覆盖地球上 1/3 的区域。只要在地球赤道上空的同步轨道上等距离地放置 3 颗间隔 120^0 的卫星，就能实现全球通信。

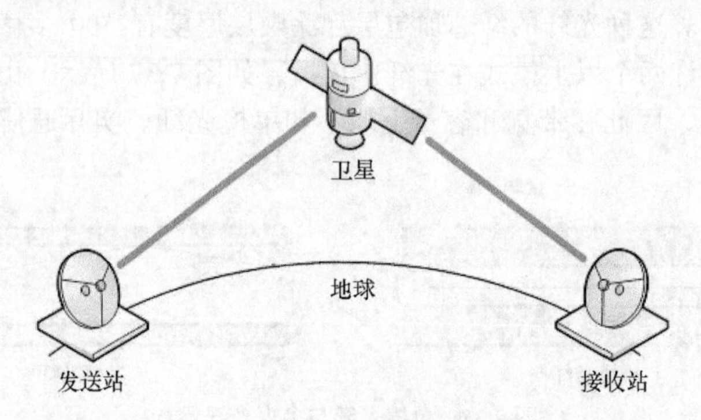

图 7.39　卫星通信示意

（3）无线电波和红外通信

随着掌上型计算机和笔记本计算机的迅速发展，对可移动的无线数字网的需求日益增加。无线数字网类似于蜂窝电话网，人们可随时将计算机接入网内，组成无线局域网。无线局域网的结构分为点到点和主从式两种标准。点到点结构用于连接便携式计算机和 PC，主从式结构中的所有工作站都直接与中心天线或访问节点连接。

无线局域网通常采用无线电波和红外线作为传输介质。采用无线电波的通信，速率可达 10 Mbit/s，传输范围为 50 km。红外通信使用波长小于 1 μm 的红外光线传送数据，有较强的方向性，但是受太阳光的干扰大。现在，许多笔记本电脑和手持设备都配备有红外收发器端口，可以进行红外异步串行数据传输。

7.5.2 物理层的互连设备

工作在物理层的设备主要有收发器、中继器、集线器（Hub）、无线接入点等。它们都工作在OSI模型的第一层“物理层”，通常作为网络的扩展或连接设备。

理论上，这些设备具有信号的连接、接收、放大、整形和向所有端口转发数据等作用。实际上，物理层设备在网络中主要用于：增长传输距离、增加网络节点数目、进行不同介质的网络间连接，以及组建局域网。

例如，当局域网网段中节点相距过远，信号的衰减会导致接收设备无法识别时，就应加装中继器、收发器或集线器，以加强信号、扩展网络；又如，当8口集线器不够时，就需要使用其他集线器进行扩充，以求连接更多的计算机；此外，使用带有光纤接口的Hub可以连接使用双绞线和使用光纤的两个局域网。

1. 中继器

由于线路损耗的存在，在线路上传输的信号功率将会随着距离的增加而逐步衰减，衰减到一定程度时，将导致信号失真，从而发生接收错误。因此，无论采用何种拓扑结构、网卡、或是传输介质，总有一个最大的传输距离。中继器就是为了解决这些问题而设计的。

中继器（Repeater）又称为转发器，如图7.40所示，可以放大、整形并且重新产生电缆上的数字信号，并按照原来的方向重新发送该再生信号，降低传输线路对信号的干扰影响，起到扩充网络长度作用。中继器实现网络在物理层上的连接，是最简单、最便宜的网间连接设备。

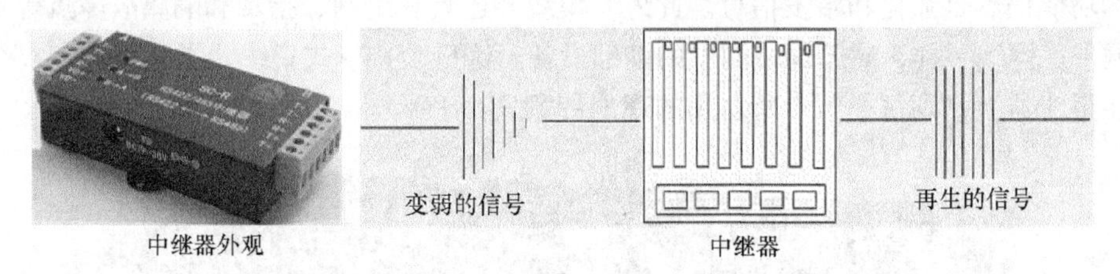

图7.40 用中继器再生信号

（1）中继器使用规则

大多数网络都对用来连接网段的中继器的数据有所限制。在10 Mbit/s以太网中，这个限制规则称为“5-4-3规则”，即：在以太网中最多运行有5个网段，使用4个中继器，而这些网段中只有3个是可以连接客户计算机（终端）的网段。图7.41形象地说明了5-4-3规则。按此规则，如果使用的中继器个数超过4个，即网段数目大于5个，将会影响以太网的冲突检测，并导致其他问题。

使用中继器连接后的两个网段将合并为一个网络；如果用户打算连接后的两个网段仍保持为两个独立的网络，则应选择其他网络连接设备，如网桥、交换机或路由器等。

（2）中继器的应用特点

中继器安装简单、可以轻易地扩展网络的长度、使用方便、价格相对低廉，是最便宜的扩展网络距离的设备。但是中继器不能提供网段间的隔离功能，通过中继器连接起来的网络实际上是一个扩大了的网络。另外，中继器工作在物理层，因此它要求所连接的网段在物理层以上使用相同或兼容的协议。

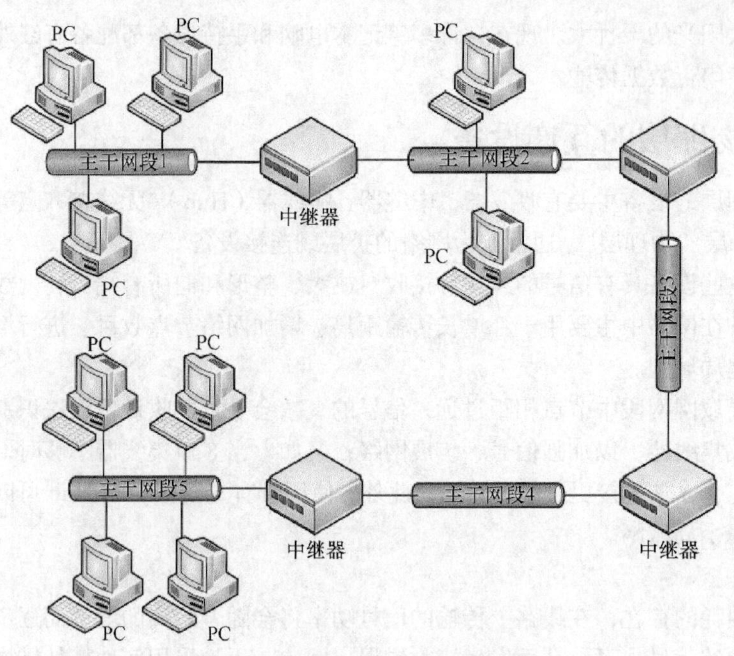

图 7.41　10 Mbit/s 以太网的 5-4-3 规则

2. 集线器

集线器（Hub）专指共享式集线器，又称为多端口中继器，如图 7.42 所示。Hub 通常具有多个 RJ-45 端口，可以通过双绞线和主机连接。Hub 工作在 OSI 模型的物理层，其作用与中继器类似，基本功能仍然是强化和转发信号。此外，集线器还具有组网、指示和隔离故障点等功能。集线器和网卡、网线一样，属于局域网中的基础设备。这里，共享式集线器指，如果有 N 个节点同时连接在集线器上，则每个节点所占用的理论带宽只有 $1/N$。

图 7.42　共享式集线器

按照输入信号的处理方式，集线器分为无源集线器、有源集线器。无缘集线器不对信号做任何的处理，对介质的传输距离没有扩展，并且对信号有一定的影响。连接在这种集线器上的每台计算机，都能收到来自同一集线器上所有其他节点发出的信号；而有源集线器与无源集线器的区别就在于它能对信号放大或再生，这样就延长了两台主机间的有效传输距离。

集线器安装极为简单，几乎不需要配置。可利用集线器扩充网络的规模，即延伸网络的距离和增加网络的节点数目。集线器可以连接多个不同物理层，且 2-7 层协议相同或兼容的网络，如集线器可以连接两个使用不同传输介质的以太网。但是，集线器限制了介质的极限距离，例如 10 兆基带以太网的最大传输距离是 100 m。集线器也有使用数量的限制，例如，以太网中应遵循的 5-4-3 规则。

7.5.3　数据链路层的部件和互连设备

数据链路层的主要部件是网卡，主要互连设备有网桥、传统交换机。

1. 数据链路层的常见部件——网卡

工作在数据链路层的常见部件是网卡。在局域网中，每一台网络资源设备（服务器、PC、网络打印机等）都会安装网络接口卡。因此，网卡是网络重点管理的部件之一，其质量、性能的好坏将直接影响到整个网络的性能和效率。

网络接口卡（Network Interface Card，NIC）简称为网卡，又被称为通信适配器（adpter）或网络适配器，它是计算机与网络连接的硬件接口，如图 7.43 所示。

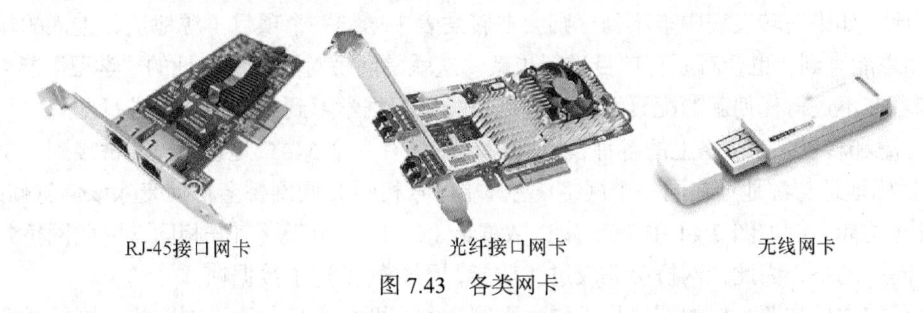

图 7.43　各类网卡

在网络中，很多设备或设备端口都有自己的物理地址，该物理地址是数据链路层地址，用来标识网络中的设备，称为 MAC 地址。每一块网卡都有一个 MAC 地址，并且在全球范围内是唯一的，由网卡生产商烧制在网卡的硬件电路上。MAC 地址共有 48 个二进制位，通常用 12 位十六进制数来表示。其中，前 24 个二进制位标识网卡的生产厂商，后 24 位是网卡的序列号。在 Windows 的“命令提示符”窗口中，输入“ipconfig /all”命令，即可查看该计算机上所有网卡的 MAC 地址、TCP/IP 的其他配置信息等信息。

在局域网中，网卡相当于广域网中的通信控制处理机，主要完成以下 3 个功能。

① 数据帧的封装和解封。发送端在上层传输下来的数据上加上首部（MAC 地址）和尾部（差错校正码）；接收端对帧头和帧尾进行处理。

② 链路管理。主要指介质访问控制协议的实现，如以太网的 CSMA/CD 协议的实现。

③ 码和译码。低速以太网传输的数字信号使用曼彻斯特编码器和解码器进行编码和译码。

在选择网卡时，主要考虑因素是网卡的速率和总线接口类型。其中，网卡的速率是衡量网卡接收和发送数据快慢的指标。目前，常见的共享式局域网，通常使用 10 Mbit/s 的网卡就可以满足要求，其价格较低；在高速局域网、宽带局域网中，可以根据需要选购 100 Mbit/s 或 1000 Mbit/s 的网卡。此外，根据主机内部传输数据信号的位数不同，主流网卡分为 32 位和 64 位两种。工作站上大多使用 32 位的 PCI 卡，以 32 位总线传输数据，而服务器上常用 64 为 PCI 或 PCI-E 等增强型网卡，以 64 位总线传送数据。

2. 数据链路层的互联部件

在网络中，数据链路层设备负责接收和转发数据帧。数据链路层设备通常包含了物理层设备的功能，但是比物理层设备具有更高的智能。它们不但能读懂第 2 层“数据帧”头部的 MAC 地址信息，还能根据读出的端口和物理地址信息自动建立起转发表（MAC 地址表），并依据转发表中的数据进行过滤和筛选，最终依据所选的端口转发数据帧。

数据链路层的互连设备主要是网桥和交换机，它们都是一个软件、硬件的综合系统，但是网桥出现得较早。目前，在局域网中，有多端口网桥之称的交换机已经基本取代了传统网桥和传统集线器。

（1）网桥

网桥一般指用来连接两个或多个在数据链路层以上具有相同或兼容协议的网络互连设备。网桥工作在 OSI 模型的第二层，一般由软件和硬件组成，是一种存储转发设备，它通过对网络上信息进行筛选来改善网络性能。网桥可以实现网络的分段，提高网络系统的安全和保密性能。网桥也可以在多个局域网之间进行有条件的连接，如一般要求第 3～7 层使用相同或兼容的协议。

网桥的功能主要有 2 个：学习功能、过滤和转发。

① 学习功能。当网桥接收到一个信息帧时，它查看信息帧的源地址，并将该地址与路径表中的各项对比，如果在转发表中查不到，则会在转发表中增加一个项目（源地址、进入的端口和时间等）；如果能查到，也会对原有项目进行更新。这就是网桥对网络中地址的“学习”能力。这种能力意味着在不进行任何新的配置情况下，网桥可以根据学习到的地址重新进行配置。

② 过滤和转发。在网络上的各种设备和工作站都有一个 MAC 地址。当网桥接到一个信息帧时，如果目标地址与源地址在同一个网络（主机端口号相同），则网桥会自动废除该信息帧的转发，这就是过滤功能。例如图 7.44 中 PC1 发送数据给 PC2 时，由于端口号相同，因此网桥判定两台主机处于同一网络，因此，网桥会完成过滤功能，不会转发这个数据帧。

如果目的主机与源主机的端口号不同，则网桥判定两台主机位于不同网络，则网桥会把该信息帧转发到目的网络中，例如图 7.44 中 PC1 发送数据给 PC3 时，由于网桥判断出两台主机不在同一网络，因此会转发这个数据到端口 2.

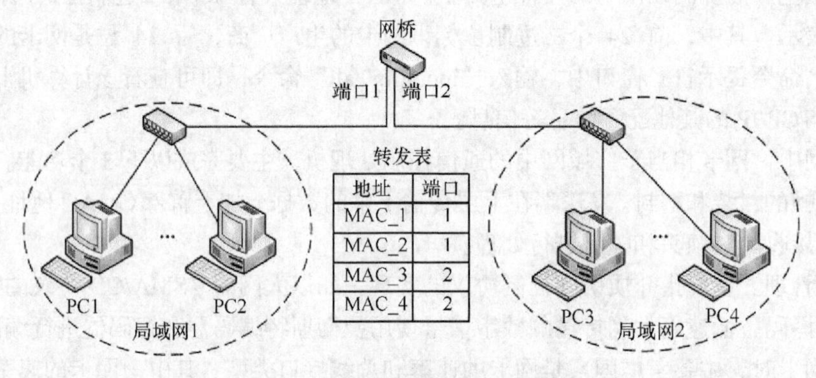

图 7.44　连接两个本地局域网的网桥

网桥的优点是：使用网桥进行互联克服了物理限制，这意味着局域网中 PC 机总数和网段数很容易扩充。网桥可以将一个较大的局域网分成段，有利于改善可靠性、可用性和安全性。网桥的中继功能仅仅依赖于 MAC 帧的地址，因而对高层协议完全透明。

网桥的缺点是：网桥没有路径选择能力，在存在多条路径时，网桥只是用某一固定的路径。因此，网桥不能对网络进行更多的分析以实现传输数据的最佳路由。此外，由于网桥不提供流控功能，因此在流量较大时有可能使其过载，从而造成帧的丢失。

（2）交换机

交换机和网桥工作原理十分相似，是按照存储转发原理工作的设备，它与网桥一样具有自动的“过滤”和“学习”功能。与网桥不同的是，交换机转发延迟很小，利用专门设计的集成电路可使交换机以线路速率在所有的端口并行转发信息，提供了比传统网桥高得多的传输性能。目前，为了减轻局域网中的信息瓶颈问题，交换机正在迅速替代共享式集线器，并成为组建和升级局域网的首选设备。

利用交换机可以很方便地实现虚拟局域网（Virtual LAN，VLAN）。所谓虚拟局域网只是给用户提供的一种服务，而不是一种新型的局域网。它通过设置用户群将分布在不同实际局域网内的计算机组合成一个工作群体，而不需要改变布线。

如果有两个独立的局域网 LAN1 和 LAN2，局域网 LAN1 由工作站 A1、B1、C1 组成，局域网 LAN2 由 A2、B2、C2 组成。现要求将局域网 LAN2 中的工作站 A1 与 LAN2 网络中的工作站 A2 组成一个逻辑上的网络，C1 与 C2 组成另一个逻辑上的网络。将 LAN1 和 LAN2 的交换式集线器连接到交换机上，设置工作站 A1、A2 为一个工作组，C1、C2 为另一个工作组，就可构成虚拟局域网 VLAN1 和 VLAN2。图 7.45 所示为使用交换机连接两个局域网构建虚拟局域网的拓扑结构。

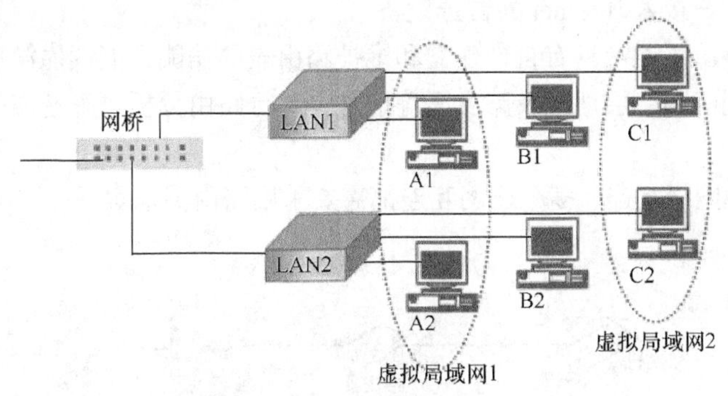

图 7.45　虚拟局域网的组成

当 A1 向工作组内成员发送数据时，虽然 A2 没有和 A1 连在同一个集线器上，但 A2 通过交换机就能收到 A1 发出的信息。相反，尽管 B1、C1 和 A1 在物理结构上都连接在同一集线器上，交换机不同虚拟局域网以外的站点发送信息，故它们不会收到 A1 发出的信息。

虚拟局域网是用户和网络资源的逻辑组合，可按需要将有关设备和资源非常方便地重新组合，因而很好地解决了局域网的布线问题。

7.5.4　网络层的互连设备

OSI 模型的第 3 层“网络层”的互连设备主要有第三层交换机和路由器。在 TCP/IP 网络中，其主要任务是负责不同 IP 子网之间的数据包转发。网络层设备包含了物理层和数据链路层设备的功能，但是比第一层、第二层设备具有更高的智能。路由器和交换机都是一个软件和硬件的综合系统，前者的路径选择偏软，后者的路径选择偏硬。路由器主要负责 IP 数据包的路由选择和转发，因此在实际中，路由器更多地应用于 WAN—WAN、LAN—WAN、LAN—WAN—LAN 等网络间的互连。而交换机通常用做局域网内部的核心或骨干交换机，尽管对路径选择算法和路由协议的支持要比路由器弱得多，但是第三层交换机对其路由软件进行了优化，除了必要的路由过程外，它的大部分数据转发过程是由硬件处理的，因此其数据分组交换的速度比路由器快得多，常用来互连局域网内部的不同子网。

路由器和第三层交换机用于不同网络间的互连，因此又被称为网间连接设备或路由交换机。而物理层和数据链路层的网络设备用于同一网络地址的网络互连，因此也被称为网内连接设备。

网络层设备在实际中的作用如下。

① 网络互连。支持各种广域网和局域网的接口，主要用于 LAN 与 WAN 的互连。

② 网络管理。支持配置管理、性能管理、流量控制和容错处理等功能。

③ 其他作用。在实际中，这层设备能够提高子网的传输性能、安全性、可管理性及保密性能的作用。

（1）路由

简单地说，路由就是选择一条数据包传输路径的过程。在广域网中，从一点到另一点通常有多条路径，每条路径的长度、负荷和花费都是不同的，因此，选择一条最佳路径无疑是远程网络中最重要的功能之一。

（2）路由器

形象地说，路由器就是网络中的交通枢纽。路由器用来互连局域网与英特网、局域网的设备。路由器能够根据信道的状况自动选择和设定路由，并以最佳路径按顺序发送信号分组的设备。因此，路由器是集团用户接入 Internet 的首选设备。

在广域网中的路由器通常具有自动建立和维护路由表的功能，能读懂第三层数据包头部的信息，并能够根据独到的网络层地址及路由表等信息，进行路由分析、筛选路径，并按所选的最佳路径转发数据分组。

一般来说，异种网络互连、多个子网互连都需要采用路由器来实现。图 7.46 所示为局域网接入 Internet 的示意。

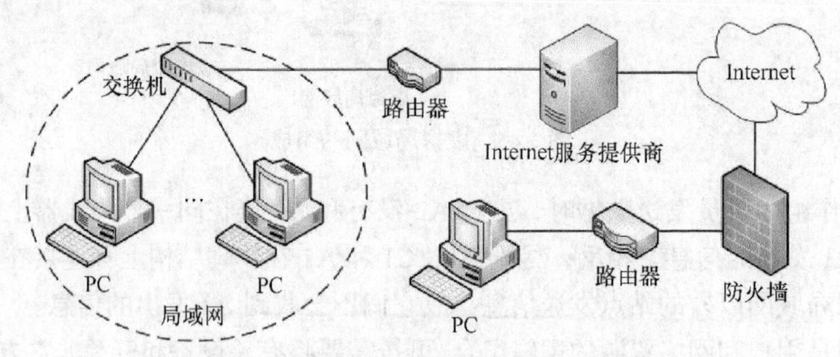

图 7.46　局域网通过路由器接入 Internet 示意

7.5.5　高层互连设备

海关是一个国家通往另一个国家的关口。与海关类似，网关是一个网络连接到另一个网络的“关口”。通过网关可以将多个使用不同协议的网络互联起来。高层的互连设备通常是指网关，其主要作用是对使用不同传输协议的网络中的数据进行互连的翻译和转发。网关是比路由器、网桥都要复杂的网间互连设备。由于网关具有协议的翻译和转化功能，因此又叫做网间协议转换器。

准确地说，网关是一种充当不同协议转换重任的计算机系统或设备。软件网关一般是指安装了网关软件的计算机、服务器或小型机等。例如，使用了防火墙软件的计算机就是一种软件网关。从理论上上讲，网关可能涉及 OSI 七层的各个层次，但是通常网关是指工作在 OSI 模型的高 3 层，即会话层、表示层、应用层的软件及硬件设备。

用中继器、网桥、交换机、路由器连接网络时，对连接双方的高层协议都有所规定，即相同时才能连接。而网关则允许使用不同的高层协议，通过它能够为互联网络的双方高层提供协议的转换功能。此外，网关还具有过滤和安全功能。目前，大多使用工作在应用层的网关，也称为应用网关。

按应用类型，网关可分为以下几种。

① 局域网协议转换网关。例如使用 NetBIOS 网关连接两个使用不同协议的局域网，该网关支持 TCP/IP 协议或 IPX/SPX 两种协议的自动转换服务。

② 邮件网关。例如，一个主机执行的是 ISO 电子邮件标准，另一个主机执行的是 Internet 电子邮件标准，如果这两个主机需要交换电子邮件，那么必须经过一个电子邮件网关进行协议转换。如 IcomMail 就是一种反垃圾邮件的网关。

③ 安全网关。安全网关是各种提供系统（或者网络）安全保障的硬件设备或软件的统称，它是各种技术的有机结合。它可通过监测、限制、更改跨越安全网关的数据流，尽可能地对外部屏蔽网络内部的信息、结构和运行状况，并通过监测阻断威胁，以及通过网络数据加密等手段来实现网络和信息的安全。安全网关的最重要应用有网络防火墙、安全路由器、防病毒网关等。

④ 支付网关。提供各种银行卡的支付服务。

总之，当所连接的网络类型、使用的协议差别很大时，可以使用网关进行协议转换。因此，在两种完全不同的网络环境之间进行通信时，最适合使用网关。

7.5.6　网络互连

何时使用中继器、网桥、交换机、路由器、网关？这是很难确定的事，因为没有一定的限制，应根据实际情况而定。通常可以根据图 7.47 进行选择。一般情况下，互连设备涵盖 OSI 模型的层次越少，功能就越简单，价格也越便宜，速度也越快，如集线器和路由器相比；反之，涵盖 OSI 模型的层越多，则功能就越强，价格也越贵，速度也越慢，如路由器同网关相比。

网络1	互连设备的名称和层次	网络2	识别的数据单元
会话层	网关	会话层	报文
表示层		表示层	报文
应用层		应用层	报文
传输层		传输层	报文
网络层	路由器、第三层交换机	网络层	分组
数据链路层	网桥、交换机	数据链路层	帧
物理层	中断器、集线器	物理层	比特

图 7.47　OSI 模型与网间互连设备

7.6　Internet 和 Intranet

7.6.1　Internet 概述

计算机网络技术在 20 世纪 60 年代问世后，曾出现过各种各样的以不同的网络技术组建起来的局域网和广域网。由于不可能选择一种网络技术，然后以强制方式让所有非使用这种网络技术的组织拆除其原有网络而重新组建新的网络。所以将各种不同的网络互联起来可能的解决方案是：允许各个部门和组织根据各自的需求和经济预算选择自己的网络，然后再寻求一种方法将所有类型的网络互联起来。Internet 已经被实践证明是一种解决该问题的很好的方法。Internet 的中文译名不唯一，国际互联网、全球互联网、互联网、因特网等。

Internet并不是单个网络，而是大量不同网络的集合，这些不同的网络使用一组公共的协议，并提供一组公共的服务。Internet不是一个普通的系统，也不是由任何一个人规划出来的，不受任何人控制。为了更好地理解Internet，首先从它的发展初期开始谈起，并且看一看它是如何发展起来的。

（1）ARPAnet与Internet的由来

在20世纪60年代，美国军方为寻求将其所属各军方网络互连的方法，由国防部下属的高级计划研究署（Advanced Research Project Agent，ARPA）出资赞助大学的研究人员开展网络互联技术的研究。研究人员最初在4所大学之间组建了一个实验性的网络——ARPAnet。而后深入的研究导致了TCP/IP协议的出现与发展。

为了推广TCP/IP协议，加州大学伯克利分校将TCP/IP协议嵌入到当时很多大学使用的网络操作系统BSD UNIX中，促成了TCP/IP协议的研究开发与推广应用。

1983年初，美国军方正式将其所有军事基地的子网都连到了ARPANET上，并全部采用TCP/IP协议。这标志着Internet的正式诞生。ARPANET实际上是一个网际网（Internetwork，简称Internet），开发人员用以特指为研究建立的网络原型，但是一直沿袭至今。作为Internet的第一代主干网，ARPANET虽然今天已经退役，但它的技术对网络技术的发展产生了重要的影响。

（2）20世纪80年代中期的NSFnet

20世纪80年代，美国国家科学基金会（U.S. National Science Foundation，NSF）认识到为使美国在未来的竞争中保持不败，必须将网络扩充到每一位科学家和工程人员。最初NSF想利用已有的ARPAnet来达到这一目的，但却发现与军方打交道是一件令人头疼的事。于是NSF游说美国国会，获得资金组建了一个从开始就使用TCP/IP协议的网络NSFnet。而后NSFnet逐渐取代ARPAnet，于1988年正式成为Internet的主干网。

NSFnet采取的是一种层次结构，分为主干网、地区网与校园网。各主机联入校园网，校园网联入地区网，地区网联入主干网。NSFnet扩大了网络的容量，入网者主要是大学和科研机构。但是它同ARPAnet一样，都是由美国政府出资的，不允许商业机构介入用于商业用途。

（3）20世纪90年代，商业机构介入Internet，带来Internet的第二次飞跃

至Internet问世后，每年加入Internet的计算机成指数式增长，进而出现了网络负荷过重的问题。毫无疑问，任何一个政府都无力承担组建一个面向世界的网络的全部费用。

而后MERIT、MCI与IBM三家商业公司在1990年接管了NSFnet，并组建了一个非营利性的公司ANS，到1991年底，NSFnet的全部主干网都与ANS提供的新的主干网连通，构成了ANSnet。与此同时，很多的商业机构也开始运行它们的商业网络并连接到主干网上。Internet的商业化，开拓了其在通信、资料检索、客户服务等方面的巨大潜力，导致了Internet新的飞跃，并最终走向全球。

从Internet的发展过程可以看到，Internet是千万个可单独运作的子网以TCP/IP协议互联起来形成的，各个子网属于不同的组织或机构，而整个Internet不属于任何国家、政府或机构。

7.6.2 域名和DNS服务器

虽然IP地址是TCP/IP的基础，任何数据包要在网络上传输都必须有明确IP地址，但是IP地址对于用户却不那么好记忆。因此计算机可以被分配一些符号名称：应用软件允许用户在使用指定的计算机时给出该计算机的一个符号名称。例如，当为电子邮件消息指定目标时，用户可以给出一个标识邮件接收者和接收者计算机名称的字符串。类似的，计算机名称也可以嵌入到用户

键入的字符串中，用于指定万维网中的一个站点。

网络中使用的命名方案称为域名系统（Domain Name System，DNS）。语法上，每台计算机名称均由一系列以点分隔的字母数字段组成。例如，重庆邮电大学的域名为 www.cqupt.edu.cn。

虽然使用符号名称对人类很方便，但是对计算机来讲就不方便了。因为底层网络协议需要使用二进制形式的 IP 地址。将名字映射为地址的过程叫做域名解析过程。大多数情况下，这种转换过程是自动执行的，其结果并不会显示给用户。域名解析被设计成客户端/服务器（C/S）模式。需要将名字映射为地址的主机要调用 DNS 服务，即解析程序。解析程序用一个映射请求找到最近的一个 DNS 服务器。若该服务器有这个信息，则满足解析程序的要求；否则，查询其他服务器来提供这个信息。当解析程序收到映射后，它就解释这个响应，看它是真正的解析还是有差错，最后将结果交给请求映射的进程。

当服务器不能给出查询结果时，它就将请求发送给另一个服务器（通常是父服务器）并等待响应。若父服务器是授权服务器，则响应；否则. 就将查询再发送给另一个服务器。当查询最终被解析时，响应就逐级返回，直到最后到达发出请求的客户，这种解析方法称为递归解析。当客户（解析程序）向名字服务器请求递归回答时。就表示解析程序期望服务器提供最终解答。

若客户没有要求递归回答，则映射可以按迭代方式进行。若服务器是该域名的授权服务器，它就发送解答。若不是，就返回它认为可以解析这个查询的服务器的 IP 地址，客户就向第二个服务器重复查询。若新找到的服务器能够解决这个问题，就用 IP 地址回答这个查询；否则，就向客户返回一个新的服务器的 IP 地址。现在客户必须向第三个服务器重复查询。这个过程称为迭代，因为客户向多个服务器重复同样的查询。

为了保证域名系统的通用性，Internet 规定了一些正式的通用标准。如表 7.7 和表 7.8 所示。

表 7.7　国家或地区域名

域	含义	域	含义	域	含义
au	澳大利亚	gb	英国	nl	荷兰
br	巴西	hk	中国香港	nz	新西兰
ca	加拿大	in	印度	pt	西班牙
cn	中国	jp	日本	se	瑞典
de	德国	kr	韩国	sg	新加坡
es	西班牙	lu	卢森堡	tw	台湾
fr	法国	my	马来西亚	us	美国

表 7.8　类型域名

域	含义	域	含义	域	含义
com	商业类	edu	教育类	gov	政府部门
int	国际机构	mil	军事类	net	网络机构
org	非盈利组织	arts	文化娱乐	arc	康乐活动
firm	公司企业	info	信息服务	nom	个人
stor	销售单位	web	与 WWW 有关的单位		

7.6.3 Internet 的接入方式

1. ISP

因特网服务供应商（Internet Service Provider，ISP），是广大用户进入因特网的一扇大门。因特网的一切服务都是通过 ISP 向用户提供的。一般做法是：先由接入服务商将用户计算机连接到因特网，然后通过内容服务商设置的各类网站向用户提供所需的服务。而应用服务商和因特网数据中心是因特网服务商的两种新兴的形式，它们进一步丰富了因特网服务的内容。

（1）接入服务商

接入服务（Access Service）是早期 ISP 提供的主要服务，至今人们仍把 IAP 习惯地直呼为 ISP。按照连网的等级，IAP 又可区分为主干网级 IAP 和接入网级 IAP 两个层次。以我国为例，CHINANET、CHINAGBN 和 UNINET 等主干网的运营商属于第一层次 IAP，它们经国家授权可直接与因特网连网，并在全国范围内经营 IAP 服务。CERNET（中国教育科研网）与 CSTNET（中国科技网）虽然也能进行国际连网，但属于非商业性网络，不能拥有 IAP 代理。其他的 IAP 都只能通过主干网将用户接入因特网，因此不论其连网区域多么广大，均属于第二层次 IAP。

（2）内容服务商

随着上网用户的迅速增加，对网络信息的内容提出了越来越多的需求。不少 ISP 把工作重点转向开发网上的信息资源，一批以信息服务为主的网络公司以网站的形式出现在因特网上。为了区别于以接入服务为主的早期 ISP，人们将这类通过因特网向用户提供在线信息服务的 ISP 称为因特网内容服务商。

（3）应用服务提供商

随着中小企业上网需求的增长，传统的 IAP 和 ICP 服务已难于满足用户对信息网络化的迫切要求。于是，一种新的 ISP 服务——ASP，受到了中小企业的欢迎。

所谓 ASP，简单地说，就是以因特网应用为目标的软、硬件租赁服务。它从接入服务开始，通过出租适当的软、硬件，向中小企业提供一整套完全的应用解决服务。采用 ASP 服务的企业不必自己购买软件，也不需要购置价值昂贵的服务器和数据库，只需向 ASP 按时交纳一定的费用，即可通过 ASP 提供的网站，利用租来的软件对企业实施“企业资源管理策划”（Enterprise Resource Planning，ERP），帮助企业实现信息的网络化。而从 ASP 来说，由于对服务器集中管理，加上一套标准的应用服务包可以同时向多个客户提供服务，因而成本较低，也易于以低廉的收费获得客户的青睐。

（4）Internet 数据中心

IDC 是近几年刚刚兴起的又一种 ISP 服务模式。它与 ASP 一样起源于 IT 的外包战略（Outsourcing Strategy）。众所周知，20 世纪 70 年代的计算中心，就是一种 IT 外包服务商，其任务是向客户提供所需的计算服务（Computing Service）。而 IDC 则是网络时代的 IT 外包服务商，其任务是向客户提供所需的数据服务（Data Service），主要是网络数据应用服务。

2. 通过局域网网关接入

如果要上网的主机已经是局域网的一员，可采取局域网接入方式来连接 Internet。如图 7.48 所示。这时可分为共享 IP 地址和独享 IP 地址两种情况。

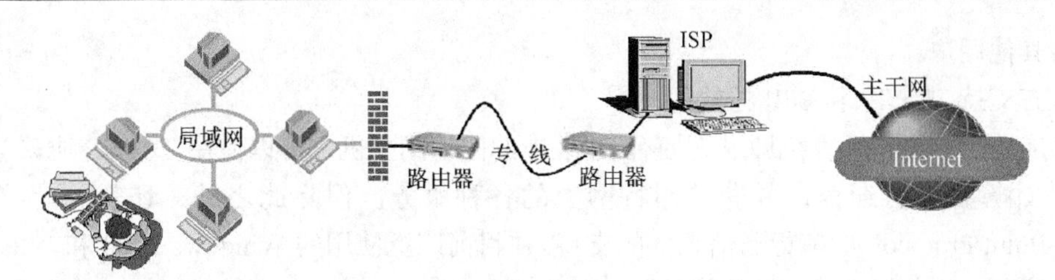

图 7.48　通过局域网网关接入 Internet

（1）共享 IP 地址

在这种方式下，局域网上所有要上网的工作站均需通过代理服务器才能与 ISP 的网络接入设备 NAS 相连。当 NAS 响应接入申请并给代理服务器分配一个动态 IP 地址后，这一地址即成为局域网的共享 IP 地址。随后如果又有另一工作站申请接入，仍使用同样的动态 IP 地址访问因特网。但因在代理服务器上配有共享拨号服务的软件，所以它一方面能给不同的工作站分配不同的端口号（或内部 IP 地址），一方面能对从 ISP 返回的 IP 数据流进行分离，将它们按端口号分别传递给相应的工作站，从而保证每个工作站只接受自己感兴趣的信息。

（2）独享 IP 地址

如果局域网上的每台工作站均拥有自己的 IP 地址，便可用独享地址的方式访问因特网。这时，在局域网中的服务器与工作站将分别设置由 ISP 给它们指定的静态 IP 地址，地址管理比较简单，但连接时通常要使用路由器等设备和 DDN 等通信线路，费用往往较高。

3. 拨号上网

通过电话线拨号上网是目前个人及家庭用户接入因特网最简便的方式，如图 7.49 所示。

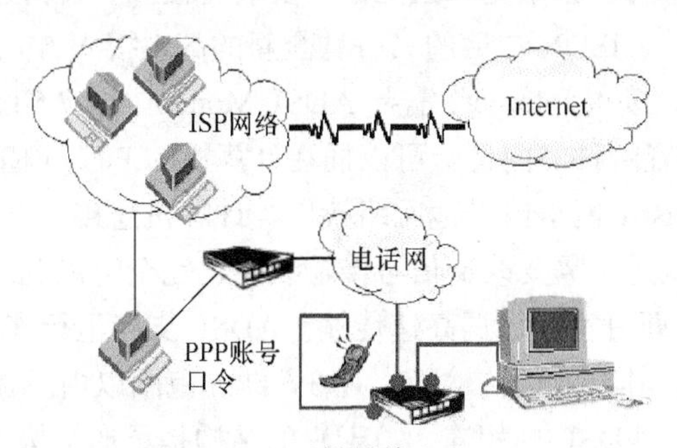

图 7.49　通过拨号接入 Internet

ISP 的网络接入设备——拨号服务器，它每天 24 小时向用户提供不间断的拨号服务。当用户计算机通过调制解调器呼叫 ISP 的拨号服务器时，如果拨号服务器的调制解调器响应呼叫，即可在二者之间建立起临时的物理连接。但有 3 个条件必须满足。

（1）有可用的中继线

每个上网用户需要占用 ISP 的一条电话中继线。一个拥有 64 条中继线的 ISP 拨号服务器，只能同时接入 64 台用户计算机。如果有第 65 个用户申请接入，将得到显示“占线”信息，并等待别的用户退网后才能重新连接。

（2）有可用的 IP 地址

每个 ISP 拥有一批可分配的 IP 地址，其数量与中继线的容量相适应。通常在拨号服务器上配有一种称为动态主机配置协议（Dynamic Host Configuration Protocol，DHCP）的软件。每接入一台用户计算机，它就为该计算机分配一个动态的 IP 地址。直到用户退网后，DHCP 才将该 IP 地址另配给其他用户。

（3）有支持 TCP/IP 和 PPP 的软件

连接成功后，用户计算机即成为拥有 IP 地址的因特网主机，可以使用 TCP/IP 协议与因特网上的其他计算机进行通信，并获得因特网上的各种服务。但除此之外，还需要有符合 PPP（Point-to-Point Protocol）的串行通信软件的支持。在目前广泛使用的 Windows 2000 和 Windows XP 等操作系统中，均包含上述这些协议软件。

PPP 是适用于数据链路层和物理层的协议。在 ISP 的拨号服务器上安装这一协议后，就可使电话中继线支持“点到点”的连接，在线路上实现 TCP/IP 式的数据通信。在 PPP 流行之前，就有过一种串行线路 IP（Serial Line Internet Protocol，SLIP），也支持在它的上层运行 TCP/IP 协议，但其功能较差，它只支持 IP 的网络。因此虽然人们通常将它们称为 SLIP/PPP 协议，但 PPP 是今后发展的主流。

4. ISDN 接入

使用 ISDN 技术接入 Internet 时就像普通拨号上网要使用 Modem 一样，用户使用 ISDN 也需要专用的终端设备，主要由网络终端和 ISDN 适配器组成。网络终端好像有线电视上的用户接入盒一样必不可少，它为 ISDN 适配器提供接口和接入方式。ISDN 适配器和 Modem 一样又分为内置和外置两类，内置的一般称为 ISDN 内置卡或 ISDN 适配卡；外置的 ISDN 适配器则称之为 TA。用户采用 ISDN 拨号方式接入时需要申请开户，ISDN 的极限带宽为 128 kbit/s。

5. ADSL 接入

ADSL（Asymmetrical Digital Subscriber Line，非对称数字用户环路）是一种能够通过普通电话线提供宽带数据业务的技术，也是目前极具发展前景的一种接入技术。ADSL 素有“网络快车”之美誉，因其具有下行速率高、频带宽、性能优、安装方便和不需另外安装电话线等特点而深受广大用户喜爱，成为继拨号、ISDN 之后的又一种全新的高效接入方式。

要将计算机通过 ADSL 接入 Internet，需要 ADSL Modem，图 7.50 所示为 ADSL 连接逻辑图。ADSL Modem 有内置和外置两种。内置卡可以插在计算机的 PCI 插槽上。外置式 ADSL Modem 可以通过 USB 插槽和 10BaseT 网卡或其他网络接口与计算机连接。

ADSL 方案的最大特点是不需要改造信号传输线路，完全可以利用普通铜质电话线作为传输介质，配上专用的 Modem 即可实现数据高速传输。ADSL 支持上行速率 640 kbit/s～1 Mbit/s，下行速率 1 Mbit/s～8 Mbit/s，其有效的传输距离在 3～5km 范围以内。在 ADSL 接入方案中，每个用户都有单独的一条线路与 ADSL 局相连，由于它的结构是星形结构，每个用户独享一条通信线路，数据传输带宽有保障。

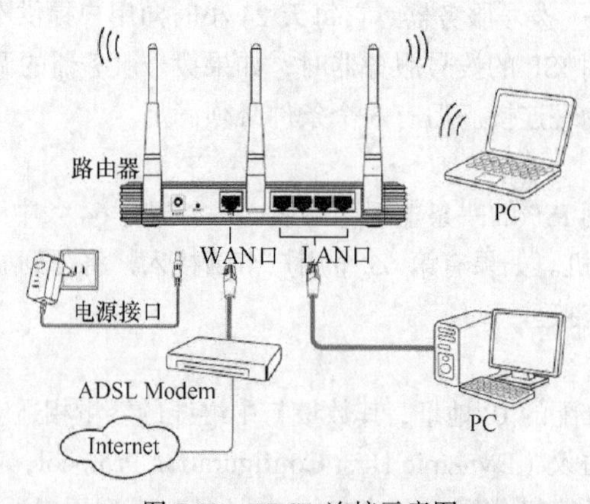

图 7.50　ADSL 连接示意图

6. 代理服务器

代理服务器英文全称是 Proxy Server，其功能就是代理网络用户去取得网络信息。形象地说：它是网络信息的中转站。在一般情况下，我们使用网络浏览器直接去连接其他 Internet 站点取得网络信息时，是直接联系到目的站点服务器，然后由目的站点服务器把信息传送回来。代理服务器是介于浏览器和 Web 服务器之间的另一台服务器，有了它之后，浏览器不是直接到 Web 服务器去取回网页而是向代理服务器发出请求，信号会先送到代理服务器，由代理服务器来取回浏览器所需要的信息并传送给用户的浏览器。

大部分代理服务器都具有缓冲的功能，就好像一个大的 Cache，它有很大的存储空间，它不断将新取得数据储存到它本机的存储器上，如果浏览器所请求的数据在它本机的存储器上已经存在而且是最新的，那么它就不重新从 Web 服务器取数据，而直接将存储器上的数据传送给用户的浏览器，这样就能显著提高浏览速度和效率。

更重要的是：代理服务器是 Internet 链路级网关所提供的一种重要的安全功能，它的工作主要在开放系统互联（OSI）模型的对话层，从而起到防火墙的作用。

7. CATV 接入和电力线接入

CATV 网是高效廉价的综合网络，它具有频带宽、容量大、多功能、成本低、抗干扰能力强和支持多种业务的优势，它的出现为信息高速公路的发展奠定了基础。由于 CATV 拥有丰富的带宽资源，利用现有的 CATV 网络资源，将用户通过高带宽、高质量的接入方式接入到高速、大容量的骨干网上，在技术上是可行的。宽带双向的点播电视（VOD）及通过 CATV 网接入 Internet 进行电视点播、CATV 通话等是 CATV 网的发展方向，最终目的是使 CATV 网走向宽带双向的多媒体通信网。

将电力线作为近距离高速数据传输的介质是一种新型的网络接入方式。首先，它在家庭的分布最广、接入容易。现代家庭各个房间都安装有电源插座，都可以作为网络的接入点。对于需要接入网络的设备没特殊要求，凡是需要电源的网络设备就可以通过它的电源插座接入家庭网络。而实现这些只需要在电源插头上接上一个信号的中继装置。其次，成本低、安装方便正是家庭网络所追求的。通过电力线传输信号，不必再铺设额外的通讯线，这点对于刚装修好的家庭尤为重要。最后，它适应多种接口的接入。将 Ethernet 信号通过特殊的中断装置可以传送到电力线上，通过同样的中继装置可以再将电力线上的信号还原成 Ethernet 信号，或是通过建有其他接口的中继装置（如 USB 接口）将来自电力线的数据从特定接口传给家庭设备，实现家庭设备的互联。

8. 无线接入技术

该接入方式是通过无线电波作为传输介质进行数据传输的，无线基站是用户与网络连接的直接途径。一个基站可以覆盖直径 20km 的区域，每个基站可以负载 2.4 万用户，单个终端用户的带宽极限可达到 25 Mbit/s。但是，它的带宽总容量为 600 Mbit/s，每个基站下的用户共享带宽，因此一个基站如果负载用户较多，那么每个用户所分到带宽就很小了。所以这种技术对于社区用户的接入是不合适的。而采用这种方案的好处是可以使那些架设通讯线路不便的地区能够接入互联网，另外在已建好的宽带社区可以迅速开通运营，缩短建设周期。

7.6.4　Internet 基本服务功能

Internet 上的常用服务主要有：World Wide Web（WWW）浏览、文件传输（FTP）、电子邮件（E-mail）、远程登录（Telnet）等。

1. WWW 浏览

World Wide Web（简称 WWW 或 Web），也称万维网，将文本、图像、文件和其他资源以超文本的形式提供给它的访问者。它不是普通意义上的物理网络，而是一种信息服务器的集合标准。WWW 是 Internet 上最方便和最受欢迎的信息浏览方式。

WWW 是以超文本标记语言（Hypertext Markup Language，HTML）与超文本传输协议（Hypertext Transfer Protocol，HTTP）为基础，能够以十分友好的接口提供 Internet 信息查询服务的浏览系统。WWW 系统采用客户机/服务器工作模式，Internet 中的一些用作服务器的计算机专门发布 Web 信息，这些计算机上运行的是 WWW 服务程序，用 HTML 语言写出的超文本文档都存放在这些计算机上，这样的计算机被称为 Web 服务器。同时，在用户的客户机上，运行专门进行 Web 页面浏览的客户程序。客户程序向服务程序发出请求，服务程序响应客户程序的请求，把 Internet 上的 HTML 文档传送到客户机，客户程序以 Web 页面的格式显示文档。图 7.51 所示为 WWW 系统的工作模式。

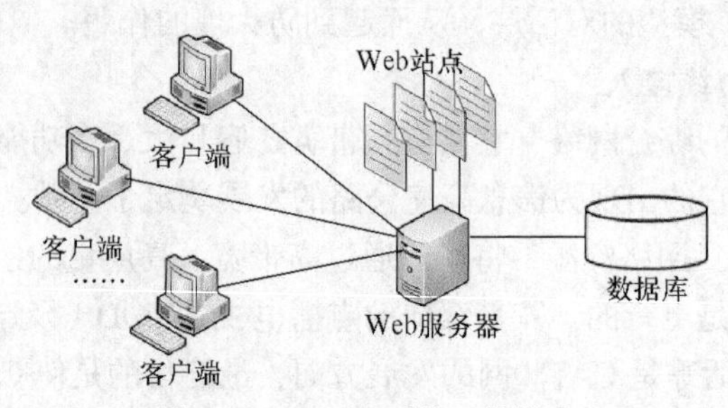

图 7.51　WWW 系统工作模式

浏览器中所看到的画面叫做网页，也称为 Web 页。多个相关的 Web 页合在一起便组成了一个 Web 站点。从硬件角度看，把放置在 Web 站点的计算机称为 Web 服务器；从软件角度看，它指提供 WWW 功能的服务程序。

一个 Web 站点上存放了许多页面，其中最受人注意的是主页（Home Page）。主页指一个 Web 站点的首页，从该页出发，通过超链接可以连接到本站点的其他页面，也可以连接到其他站点。

在 WWW 浏览系统中，每个信息都称为 “资源”，由一个全局的“统一资源标识符”（Uniform Resource Locator，URI）标识，这些资源通过超文本传输协议传送给用户，而后者通过点击链接来获得资源。这里，有几个与 WWW 服务相关的重要概念。

（1）超文本和链接

超文本技术把文本、声音、图像和视频等多种信息汇集在一起，形成的文件叫做超文本文件。超文本文件之间的链接将多个分立的文本组合起来的一种格式。超文本中的某些文字或图形可以作为超链接源。当鼠标指向超链接时，鼠标指针变为手指形，用户单击这些文字和图形时，可进入另一超文本文件，如图 7.52 所示。

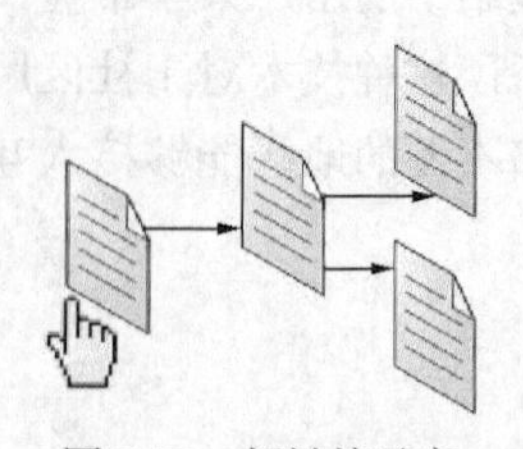

图 7.52　超链接示意

（2）URL

统一资源定位符（Uniform Resource Locator，URL）是指向 Internet 上使用的，用以指定 Web 页面等其他资源的一个地址。URL 由 3 部分组成：资源类型、存放资源的主机域名或网页文件，例如 http://www.cqupt.edu.cn 是重庆邮电大学主页的 URL，其中“http”代表资源类型“://”是分隔符，“www.cqupt.edu.com”是重庆邮电大学 Web

服务器的域名地址。当 URL 省略资源文件名时，表示将定位于 Web 站点的主页。

2. FTP 和 Telnet 服务

文件传输（FTP）和远程登录（Telnet）是广域网络中两个广泛应用的领域，它们的功能不是 WWW 系统所能取代的。

Intern 上的文件传输功能依靠 FTP（File Transfer Protocol，FTP）协议实现。UNIX 或 Windows 系统都包含这一协议。FTP 可以实现在不同的计算机系统之间传送文件，它与计算机所处的位置、连接方式以及使用的操作系统无关。从远程计算机上复制文件到本地计算机称为下载（Download），将本地计算机上的文件拷贝到远程计算机上称为上传（Upload）。

FTP 和 Telnet 都采用客户机/服务器工作方式。FTP 与 Telnet 可在交互命令下实现，也可利用浏览器工具。

FTP 的工作过程如图 7.53 所示。用户计算机称为 FTP 客户机，远程提供 FTP 服务的计算机称为 FTP 服务器。FTP 服务是一种实时联机服务，用户在访问 FTP 服务器之前，需要进行登录，登录时将验证用户口令。若用户没有账号，则可使用公开账号和口令登录，这种访问方式称为匿名 FTP 服务。当然，匿名 FTP 服务会有很大限制，匿名用户一般只能获取文件，不能在远程计算机上建立或修改文件，对可以复制的文件也有严格的限制。匿名 FTP 通常以 anonymous 作为用户名，当用户以 anonymous 登录后，FTP 服务器也可接受任何字符串作为口令，但一般要求用电子邮件的地址作为口令，这样 FTP 服务器的管理员能知道谁在使用。

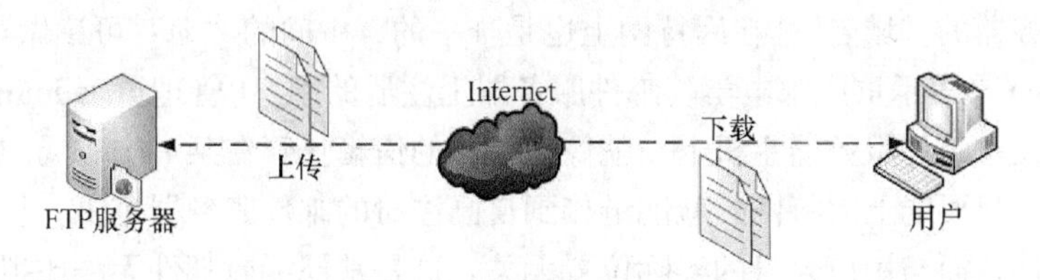

图 7.53　利用 FTP 协议进行文件传输示意

3. 电子邮件

Internet 上的电子邮件系统的工作过程遵循客户机/服务器模式，它分为邮件服务器端和邮件客户端部分。

电子邮件服务器分为接收邮件服务器和发送邮件服务器。接收邮件服务器中包含了众多用户的电子信箱。电子信箱实质上是邮件服务提供机构在服务器的硬盘上为用户开辟的一个专用存储空间。用户通过邮件客户端访问邮件服务器的电子信箱和其中的邮件，邮件服务器根据邮件客户端的请求对信箱中的邮件进行处理。

（1）电子邮件服务的工作过程

当发件方发出一份电子邮件时，邮件由发送邮件服务器发送，它依照邮件地址发送到收信人的接收邮件服务器中对应收件人的电子信箱内。发送邮件服务器的工作性质如同邮局，它把收到的各种目的地信件分拣后再传送到下一个邮局，最终传送到该电子邮件的收件服务器。发送邮件服务器遵循简单邮件传输协议（Simple Mail Transfer Protocol，SMTP），所以发送邮件服务器又被称为 SMTP 服务器。

接收邮件服务器用于暂时寄存对方发来的邮件。当收件人将自己的计算机连接到接收邮件服务器并发出接收指令后，客户端通过邮局协议（Post Office Protocol Version 3，POP3）或交互式邮件存取协议（interactive Mail Access Protocol，IMAP）读取电子信箱内的邮件。

图 7.54 所示为电子邮件收发过程。发送方发出的邮件经过 Internet 上的一系列发送邮件服务器的转发，最后到达接收邮件服务器的信箱内。当接收方的计算机连接到自己邮件所在的接收邮件服务器后，就可从信箱内获取邮件。

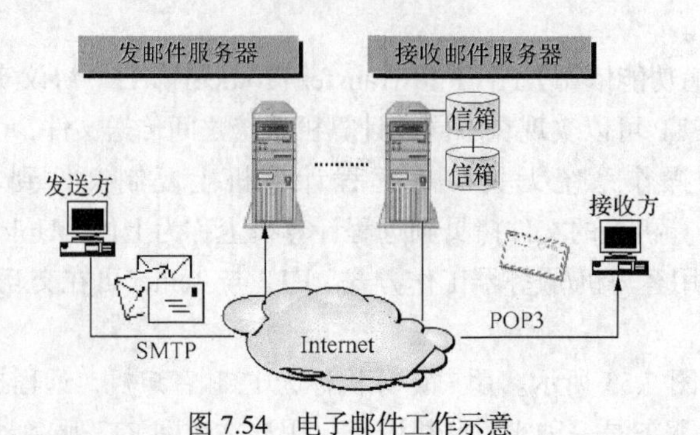

图 7.54　电子邮件工作示意

（2）电子邮件地址和用户邮箱

用户在邮件服务器上拥有存放邮件的空间，称为用户电子邮箱。用户电子邮箱是设在邮件服务器主机上的一个子目录。用户电子邮箱的地址称为 E-mail 地址，其一般格式如下。

用户标识 ID@主机域名

其中，用户标识 ID 部分由与用户特征有关的字符组成，在邮件服务器中必须是唯一的，主机域名即邮件服务器的"域名"，在因特网上也是唯一的，中间的"@"可读做英文的 at。例如：admin@cqupt.eu.cn 是表示重庆邮电学院邮件服务器上注册的用户（管理员）admin 的 E-mail 地址。

把电子邮箱设在邮件服务器主机上，就像把自己的信箱托管在某一个邮局。不管用户当前的地理位置在哪里，只要能上因特网，就能链接到自己注册的邮件服务器主机。从自己的服务器邮箱中及时获取邮件，而与用户自身的实际位置无关。这是常规纸质邮件无法比拟的优点。

（3）电子邮件管理软件

用户在收、发电子邮件时，通常要启动一个称为"邮件管理程序"的客户端软件。例如 Netscape Communicator，Outlook Express 等。当用户在计算机上安装完成并开始使用上述软件时，首先要设置自己的邮件账户、E-mail 地址，以及相应的接收服务器的名称和发送服务器的名称。如图 7.55 所示。然后就可以利用这一软件，对邮件进行编辑和管理、并根据账号自动收发电子邮件。

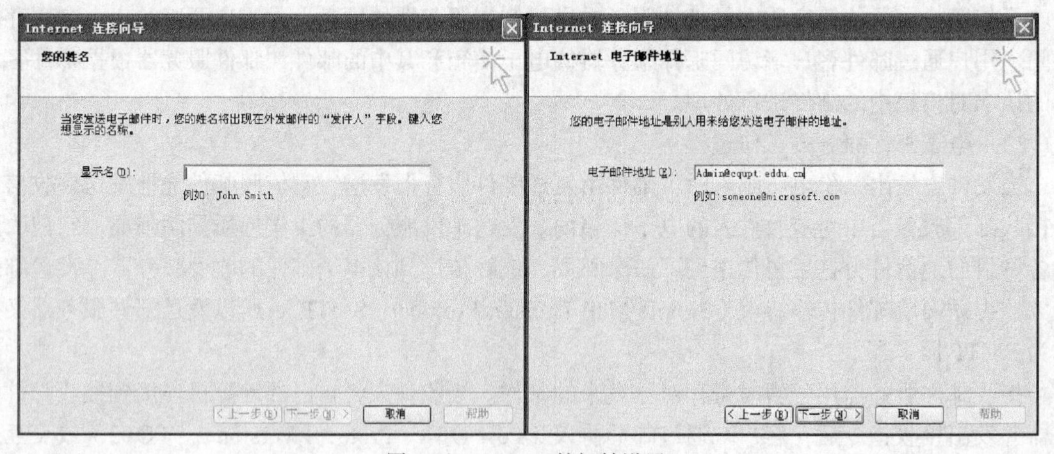

图 7.55　Outlook 的初始设置

4. IP 电话

IP 电话又称网络电话。它是在 Internet 网上通过 TCP/IP 协议实时传输语音信息的应用，即分组话音通信。分组话音通信先将连续的话音信号数字化，然后将得到的数字编码进行打包、压缩成一个个话音分组，再发送到计算机网络上。

传统的模拟电话是以纯粹的音频信号在线路上进行传送，而 IP 电话是以数字形式作为传输媒体，占用资源小，所以成本低、价格便宜。

IP 电话的通话有计算机与计算机、计算机与电话机、电话机与电话机之间的三种通话形式，如图 7.56 所示。

在网络电话中的计算机要求是一台能连接到 Internet 带有语音处理设备（如话筒、声卡）的多媒体计算机，并且要安装 IP 电话的软件，例如，Skype、NetMeeting 等。

电话机用户方，应当具备能拨号上本地网络上的 IP 电话网关的功能。作为网络电话的网关，一定要有专线与 Internet 连接，即 Internet 上的一台主机，通常由电信公司建立，提供 IP 电话接入服务。

计算机呼叫远端电话的过程为：通过 Internet 登录到 IP 电话网关，进行账号确认，提交被叫号码，然后由网关完成呼叫。

普通电话客户通过本地电话拨号连接到本地的 IP 电话网关，输入账号、密码，确认后键入被叫号码，是本地 IP 电话网关与远端的 IP 电话网关进行连接，远端的 IP 电话网关通过当地的电话网呼叫被叫用户，从而完成普通电话客户之间的电话通信。

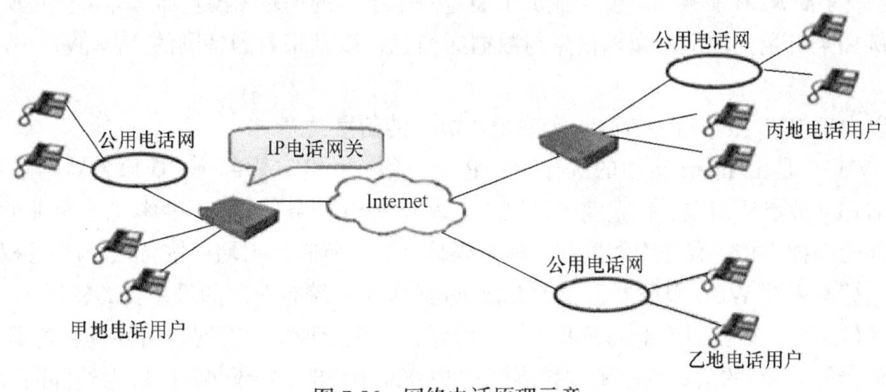

图 7.56　网络电话原理示意

7.6.5 Intranet

1. Intranet 概述

随着因特网的崛起，一种依托 Internet 及其技术的新型网络——内部网（Intranet），也在 20 世纪 90 年代开始形成。由于它建网方便而且成本低廉，因此迅速受到大量企业尤其是中小企业的青睐，成为企业建网的首选对象。

内部网络是连接企业内部各个部门的信息基础设施，也是企业与外界进行交流的重要渠道。随着信息社会的来临和市场经济的发展。企业网络对于增强企业竞争力的作用已被越来越多的人所认识。

经济全球化的发展，大大加剧了企业之间的竞争。也加快了企业经营者开拓全球市场的步伐。广大客户要求企业提供质量更高、价格更低、更新速度更快的产品与服务，这就促使企业不断采用先进的信息技术，改进通信环境，改善内部员工协同工作的机制。传统的企业网一般是由局域网构成的，有些跨地区的公司还组建了广域网。它们不仅成本高，还缺乏与企业外部世界直接沟通的手段。Internet 的成功与普及，使人们自然地想到利用因特网特别是 WWW 服务器来构建企业的网络。于是，一种将 web 技术与传统局域网相结合的新型企业网——内部网就应运而生了，并且继 WWW 服务器之后成为因特网的又一新热点。

由此可见，内部网可以看成是在经济全球化的背景下，局域网和 Internet 有机结合的产物。在 Intranet 中，WWW 服务器代替了传统局域网中的文件服务器；WWW 浏览器集成了各式各样分散应用的客户软件；而 TCP/IP 协议则将 Intranet 同 Internet 连接起来，使企业的内部网成为全球互联网的一个组成部分。企业内部网集中了局域网和 Internet 二者的优点。形成为一种全新的企业网络解决方案。从 20 世纪 90 年代以来，Intranet 在短短数年间就获得了迅速的发展，现已成为企业网络的主流。

2. Intranet 特点

内部网至今并无统一的定义。但多数教科书将其描述为“利用 Internet 及其技术构建的、主要供企业内部员工共享的网络”。这一定义蕴涵了 Intranet 的以下特点。

（1）立足于 Internet 技术

这一特点具体表现现在：

① 使用标准的 TCP/IP 协议和 HTTP 协议。依靠这些协议不仅容易实现企业内部不同操作系统计算机之间的信息交流，而且也方便了企业同外部世界的沟通。

② 拥有内部 WEB 服务器。使企业员工通过一个单一的前端（浏览器）即可获得所需要的各种信息，例如来自企业内部的文档信息与数据库信息，以及来自因特网的 WWW、E-mail、FTP 信息等。

（2）以内部 Web 服务器为核心，实现企业员工的信息共享

正如 WWW 是由 Internet 中的所有 HTTP 节点组成一样，内部 WEB 服务器则是由 Intranet 上所有的 HTTP 节点所组成。在企业内部网中，内部 Web 服务器是全网的核心。企业通过它们发布企业内部的各种文档、数据库数据和其他多媒体信息，所有员工均可按自己的读/写权限进行存取。因此，拥有内部 WEB 服务器已成为 Intranet 区别于传统企业网的最重要的特征。

除内部员工外，在公司外部的某些客户、经销商、供应商等。有时也需要查看内部 Web 服务器上的信息。当内部网的信息共享范围扩展到这些外部用户时，内部网就扩展为外部网（Extranet）。不同的外部用户，可以从外部网获得不同权限范围的消息内容。

（3）严格的安全技术，是确保 Intranet 正常运行的前提

与采取开放结构的因特网不同，无论内部网或外部网都是非开放结构。具有设定的边界和使用域。为了保证“内”、“外”有别，确保各类用户均能按权限进行存取，而且整个网络不受黑客的破坏，Intranet 和 Extranet 都必须采用比传统局域网更加严格的安全措施。如防火墙、密码控制等技术。

由此可见，内部网既不同于企业传统使用的局域网，又不同于 Internet。它是新建企业建立企业网络的首选方案，而对于已有传统企业网的公司，只要参照上述特点增加一个内部 Web 服务器，建立防火墙。并在网络中实现 TCP/IP 协议，就可将原来的企业网改建为内部网，不必另起炉灶。

3. Intranet 应用

（1）信息发布工具

现代大型企业的员工往往分散在不同的城市与国家。及时、准确地让分处各地的公司员工获得企业的最新信息，对保证他们在不同地域完成各自的业务至关重要。Intranet 的内部 Web 是企

业发布内部信息的理想工具，其内容可包括企业的历史和宗旨、经营和服务范围、电话本和组织结构、最新信息发布、搜索工具以及向企业反馈意见的方法等，不仅传播迅速，而且费用经济。

（2）市场销售工具

市场销售是企业经营的重要内容。从宣传企业产品（服务）到签订合同的过程中，销售人员需要随时随地获取本企业的有关信息，如产品技术规范、价格信息、新产品介绍等。在 Intranet 出现以前，除了 IBM 和 AT&T 等极少数拥有全球性企业网的跨国公司外，销售人员只能耗费大量的时间和金钱，印刷与分发大量图文并茂的宣传资料。有了 Intranet，企业销售人员无论身处何地，都可从其中查寻到与销售有关的多媒体资料。即使是从事高新技术的公司，不论技术有多么先进，也不论更新有多么快速，销售人员均能从 Intranet 即时获得所需的背景资料，为销售成功创造有利的条件。

（3）管理支持工具

管理信息系统（Management Information system，MIS）是现代企业最常使用的管理工具之一。它一般包括企业的财务处理、人事管理、技术支持处理等多个方面。在 Intranet 出现前，MIS 的建立与运行不仅费钱、费时、费力，而且通常只在“一对一”的状况下运行，即每次仅为一个管理或技术人员服务，效率不高。在 Intranet 中，MIS 不但可以在“一对多”的状况下运行，还可以利用内部 Web 将企业员工经常感兴越的共同问题归纳为常见问题（Frequently Asked Questions，FAQ）的 WWW 页面，供企业员工随时访问，从而可显著提高企业的管理工作效率。

（4）协同工作工具

Intranet 也是企业员工实现协同工作的有效工具。这首先是因为它与 Internet 一样，能向企业内部员工提供包括 E-mail，FTP 与 USENET 等在内的通信支持；而更为重要的是，其内部 Web 页面可以为企业内部的工作群体提供协同工作的理想环境。以项目开发小组为例，他们可以在内部 Web 上建立一个本项目的 WWW 页面，在其上列出项目的任务与小组计划、小组全体成员的分工，以及姓名和 E-mail 地址等。即使参加项目的成员“天各一方”，只要进入这一页面，便可以交流技术方案，共同设计草图，讨论新开发的软件，直至分享与项目开发有关的各类非公开的数据与信息等。这种页面甚至还可用作为召开电视会议的场所，为项目成员讨论问题和反馈信息提供方便。

（5）支持数据库共享

除去上述基本功能，Intranet 提供了对数据库共享的支持。正是它创造的环境，使企业员工得以更充分地利用企业现有的数据库资源。

在 Intranet 出现前，访问数据库需要在客户机上安装相应的软件，这种方式很不方便。如果利用 Intranet 中的内部 Web 服务器，只需在它和 Intranet 的数据库服务器之间插入相应的 CGI 程序作为接口，就可以屏蔽掉各种数据库的不同“细节”，使企业员工对数据库的访问，就像在 Web 服务器上轻松“漫游”那样方便。公共网关接口（Common Gateway Interface，CGI）这类程序能把来自 Web 服务器的数据请求转送到数据库服务器，并将数据库服务器的查询结果以 HTML 代码的形式返回给内部 Web 服务器，从而大大扩展了内部 Web 服务功能。

7.7　网络操作系统

1. 网络操作系统概述

类似于微型计算机需要 DOS 和 Windows 等操作系统一样，计算机网络也需要有相应的操作系统支持。网络操作系统（Network Operation System，NOS）是使网络上各计算机能方便而有效地共享网络资源，为网络用户提供所需的各种服务的软件和有关规程的集合，是网络环境下，用户与网络资源之间的接口。对于局域网来说，人们选择 LAN 产品，很大程度是在选择网络操作系统。几乎所有网络功能都是通过其网络操作系统来体现的，它代表着整个网络的水平。

（1）网络操作系统的功能

网络操作系统除了具备单机操作系统所需的功能外，如内存管理、CPU 管理、输入输出管理、文件管理等，还应有下列功能。

① 提供高效可靠的网络通信能力。

② 共享资源管理。

③ 提供多项网络服务功能，如远程管理、文件传输、电子邮件、远程打印等。

④ 网络管理。

⑤ 提供网络接口等。

（2）网络操作系统的特点

作为网络用户和计算机网络之间的接口，一个典型的网络操作系统一般具有以下特征。

① 硬件独立。它应当独立于具体的硬件平台，支持多平台，即系统应该可以运行于各种硬件平台之上。例如，可以运行于基于 x86 的 Intel 系统，还可以运行于基于 RISC 精简指令集的系统诸如 DEC Alpha，MIPS R4000 等。用户作系统迁移时，可以直接将基于 Intel 系统的机器平滑转移到 RISC 系列主机上，不必修改系统。为此 Microsoft 提出了 HAL（硬件抽象层）的概念。HAL 与具体的硬件平台无关，改变具体的硬件平台，毋须作别的变动，只要改换其 HAL，系统就可以作平稳转换。

② 网络特性。具体来说就是管理计算机资源并提供良好的用户界面。它是运行于网络上的，首先需要能管理共享资源，比如 Novell 公司的 NetWare 最著名的就是它的文件服务和打印管理。

③ 可移植性和可集成性。具有良好的可移植性和可集成性也是现在网络操作系统必须具备的特征。

④ 此外还包括多用户、多任务。在多进程系统中，为了避免两个进程并行处理所带来的问题，可以采用多线程的处理方式。线程相对于进程而言需要较少的系统开销，其管理比进程易于进行。抢先式多任务就是操作系统不专门等待某一线程的完成后，再将系统控制交给其他线程，而是主动将系统控制交给首先申请得到系统资源的其他线程，这样就可以使系统具有更好的操作性能。支持 SMP（对称多处理）技术也是对现代网络操作系统的基本要求。

2. 常见网络操作系统

目前，可供选择的网络系统多种多样，涉及的因素也很多，而网络操作系统是组建网络的关键因素之一。目前流行网络操作系统有：Windows、NetWare、UNIX、Linux 等，下面对它们作一简单介绍。

（1）UNIX 网络操作系统

自从 1969 年 AT&T 的 Bell 实验室研究人员创造了 UNIX 之后，UNIX 不断发展，逐渐成为了主流操作系统。虽然当前 Windows 系列已经占据了桌面计算机的领域，在网络服务器领域也得到了部分用户的承认，但在高端工作站和服务器领域，UNIX 仍然具有无可替代的作用，尤其在 Internet 服务器方面，UNIX 的高性能、高可靠性以及高度可扩展的能力仍然是其他操作系统所不能代替的。

目前，UNIX 常用的版本有 AT&T 和 SCO 公司推出的 UNIX SVR3.2、UNIX SVR4.0 以及由 Univell 推出的 UNIX SVR4.2 等。从 UNIX SVR3.2 开始，TCP/IP 协议便以模块方式运行于 UNIX

操作系统上。从4.0版开始，TCP/IP已经开始成了UNIX操作系统的核心组成部分。

UNIX属于集中式处理的操作系统，它具有多任务、多用户、集中管理、安全保护性能好等许多显著的优点，因此，在讲究集成、通讯能力的现在，它在市场上仍占有一定份额，在Internet中大中型服务器上通常使用了UNIX操作系统。众多的Internet的ISP（Internet Service Provider）站点也在使用着UNIX操作系统。

由于普通用户不易掌握UNIX系统，因此，在局域网上很少使用UNIX网络操作系统。

（2）NetWare操作系统

从20世纪80年代起，Novell公司充分吸收UNIX操作系统的多用户、多任务的思想，推出了网络操作系统 NetWare。由于它的设计思想成熟、实用，并实施了开放系统的概念，如文件服务器概念、系统容错技术及开放系统体系结构（OSA），所以 NetWare 已逐渐成为世界各国局域网操作系统的标准。

NetWare的发展主要经历了NetWare86、286和386等阶段。每个阶段的NetWare都推出了不同的版本。例如，NetWare 386 V3.1x、NetWare 4.x和NetWare 386 SFT Ⅲ等。其中，NetWare 4.x和5.0的推出，使Novell公司在网络操作系统市场上保持先进水平。NetWare以其先进的目录服务环境，集成、方便的管理手段，简单的安装过程等特点，受到用户的好评。

但是，应当指出，随着Windows系列操作系统的广泛使用，NetWare的市场份额正在逐步减少。

（3）Microsoft公司的网络操作系统

20世纪80年代末期，Microsoft公司为了与局域网市场的霸主Novell公司争夺世界局域网市场，推出了LAN Manager 2.x版本的网络操作系统。但由于LAN Manager自身在容错能力和支持方面比不上NetWare，所以，并没有动摇NetWare在局域网市场的地位。经过艰苦的努力，Microsoft公司于1995年10月推出了Windows NT Server 3.51网络操作系统，Server 3.51的可靠性、安全性及较强的网络功能赢得了许多网络用户的欢迎。同年，Microsoft公司开发的Windows 95操作系统一推出就受到了大部分PC机用户的爱戴。因此，Windows NT在局域网市场上已成为NetWare主要的竞争对手。

1996年微软公司推出了界面和 Windows 95 基本相同而内核是 NT Server3.51 的延续的Windows NT 4.0版。Windows NT 4.0是全32位的操作系统，提供了多种功能强大的网络服务功能，如文件服务器、打印服务器、远程访问服务器以及Internet信息服务器等。Windows NT Server 4.0的系统结构是建立在最新的操作系统理论基础上的，如Windows NT内置了建立Web服务器、FTP服务器和Gopher服务器的工具。因此它的性能比NetWare和UNIX更优越，所以它已经广泛占有市场，大有取代NetWare在网络操作系统领域霸主地位的趋势。

2000年3月微软公司推出了Windows NT 4.0升级版，新版本的命名为Windows 2000 Server。它集成了最新最强的Internet应用程序和服务。

（4）Linux网络操作系统

Linux是一种可以运行在PC机上的免费的UNIX操作系统。它是由芬兰赫尔辛基大学的学生Linus Torvalds在1991年开发出来的。Linus Torvalds把Linux的源程序在Internet上公开，世界各地的编程爱好者自发组织起来对Linux进行改进和编写各种应用程序，今天Linux已发展成一个功能强大的操作系统，成为操作系统领域最耀眼的明星。

Linux的兴起可以说是Internet创造的一个奇迹。1991年年底，Linus Torvalds首次在Internet上发布了基于Intel 386体系结构的Linux源代码，从此以后，奇迹开始发生了。由于Linux具有结构清晰、功能简捷等特点，许多大专院校的学生和科研机构的研究人员纷纷把它作为学习和研究的对象。他们在更正原有 Linux 版本中错误的同时，也不断地为 Linux 增加新的功能。在众多热心者的努力下，Linux 逐渐成为一个稳定可靠、功能完善的操作系统。一些软件公司，如 Red Hat、InfoMagic 等也不失时机地推出了自己的以 Linux 为核心的操作系统版本，这大大推动了 Linux 的商品化。在一些大的计算机公司的支持下，Linux 还被移植到以 Alpha APX、PowerPC、Mips 及 Sparc 等为处理机的系统上。Linux 的使用日益广泛，其影响力直逼 UNIX。

Linux 包含了人们期望操作系统拥有的所有特性，真正的多任务、虚拟内存、世界上最快的 TCP/IP 驱动程序、共享库和多用户支持。与 Windows 不同，Linux 完全在保护的模式下运行，并全面支持 32 位和 64 位多任务处理。

Linux 的商业应用项目很多。代替商品化 UNIX 和 Windows 作为 Internet 服务器使用是 Linux 的一项重要应用。以 Linux 和 Apache 为基础的 Internet 和 Intranet 服务器价格低廉、性能卓越和易于维护。在美国，大多数廉价服务器以 Linux 为基础。根据 Infobeads 的考察，有 26%或更多的 ISP 在利用 Linux。Linux 能用作 WWW 服务器、域名服务器、防火墙、FTP 服务器、邮件服务器等。

在相同的硬件条件下（即使是多处理器），Linux 通常比 Windows、NetWare 和大多数 UNIX 系统的性能要卓越。至今已经有上万个 ISP、许多大学实验室和商业公司选择了 Linux，因为所有人都期望拥有在各种环境中均很可靠的服务器和网络。

习 题 7

一、判断题

1. 电子邮件是 Internet 提供的一项最基本的服务。 （ ）
2. TCP 协议工作在网络层。 （ ）
3. 国际顶级域名 net 的意义是商业组织。 （ ）
4. 通过电子邮件，可以向世界上任何一个角落的网络用户发送信息。 （ ）
5. Mozilla Firefox 软件是 FTP 客户端软件。 （ ）
6. 计算机网络按信息交换方式分类有线路交换网络和综合交换网两种。 （ ）
7. OSI 参考模型是一种国际标准。 （ ）
8. 计算机网络拓扑定义了网络资源在逻辑上或物理上的连接方式。 （ ）
9. 在网络中，主机只能是小型机或微机。 （ ）
10. 网络防火墙技术是一种用来加强网络之间访问控制，防止外部网络用户以非法手段通过外部网络进入内部网络，访问内部网络资源，保护内部网络操作环境的特殊网络互联设备。 （ ）
11. FTP 协议主要用于完成网络中的统一资源定位。 （ ）
12. 建立计算机网络的目的只是为了实现数据通信。 （ ）
13. Internet 是全世界最大的计算机网络。 （ ）
14. 域名解析主要完成文字 IP 到数字 IP 的转换。 （ ）
15. 由于因特网上的 IP 地址是唯一的，因此每个人只能有一个 E-mail 账号。 （ ）
16. 在 IP 协议第 4 个版本中，IP 地址由 32 位二进制数组成。 （ ）
17. IPv4 地址由一组 128 位的二进制数字组成。 （ ）

18. 路由器用于完成不同网络（网络地址不同）之间的数据交换。（　　）
19. 按信息传输技术划分，计算机网络可分为广播式网络和点到点网络。（　　）
20. 在因特网间传送数据不一定要使用 TCP/IP 协议。（　　）

二、单项选择题

1. Internet 的核心协议是（　　）。

A. TCP/IP　　B. FTP　　C. DNS　　D. DHCP

2. 以下网络不是按网络地理覆盖范围划分的是（　　）。

A. 局域网　　B. 城域网　　C. 广域网　　D. 广播网

3. IPv4 地址由一组多少位的二进制数字组成?

A. 16　　B. 32　　C. 64　　D. 128

4. 在 Internet 中，用于任意两台计算机之间传输文件的协议是（　　）。

A. WWW　　B. Telnet　　C. FTP　　D. SMTP

5. 下列哪个地址是电子邮件地址?

A. WWW.263.NET.CN　　B. http://www.swfu.edu.cn

C. 192.168.1.120　　D. xuesheng@swfc.edu.cn

6. HTTP 是（　　）。

A. 统一资源定位器　　B. 远程登录协议

C. 文件传输协议　　D. 超文本传输协议

7. 若网络形状是由站点和连接站点的链路组成的一个闭合环，则称这种拓扑结构为（　　）。

A. 星型拓扑　　B. 总线型拓扑　　C. 环型拓扑　　D. 树型拓扑

8. TCP 所提供的服务是（　　）。

A. 链路层服务　　B. 网络层服务　　C. 运输层服务　　D. 应用层服务

9. IP 所提供的服务是（　　）。

A. 链路层服务　　B. 网络层服务　　C. 运输层服务　　D. 应用层服务

10. 在浏览器的地址栏中输入的网址“http://www.swfu.edu.cn”中，“swfu.edu.cn”是一个（　　）。

A. 域名　　B. 文件　　C. 邮箱　　D. 国家

11. 下列 4 项中表示域名的是（　　）。

A. www.google.com　　B. jkx@swfu.edu.cn

C. 202.203.132.5　　D. yuming@yahoo.com.cn

12. 下列软件中可以查看 WWW 信息的是（　　）。

A. 游戏软件　　B. 财务软件　　C. 杀毒软件　　D. 浏览器软件

13. “student@swfu.edu.cn” 中的 “swfu.edu.cn” 代表（　　）。

A. 用户名　　B. 学校名　　C. 学生姓名　　D. 邮件服务器名称

14. 计算机网络最突出的特点是（　　）。

A. 资源共享　　B. 运算精度高　　C. 运算速度快　　D. 内存容量大

15. E-mail 地址的格式是（　　）。

A. 用户名:密码@站点地址　　B. 账号@邮件服务器名称

C. 网址@用户名　　D. www.swfu.edu.cn

16. 浏览器的 “收藏夹” 的主要作用是收藏（　　）。

A. 图片　　B. 网址　　C. 邮件　　D. 文档

17. 网址“www.swfu.edu.cn”中的“cn”表示（　　）。

A. 美国　B. 日本　C. 中国　D. 英国

18. Internet 起源于（　　）。

A. 美国　B. 英国　C. 德国　D. 澳大利亚

19. 一座大楼内的一个计算机网络系统，属于（　　）。

A. PAN　B. LAN　C. WAN　D. MAN

20. 以下 IP 地址书写正确的是（　　）。

A. 168*192*0*1　B. 325.255.231.0　C. 192.168.1　D. 202.203.132.5

三、思考题

1. 网络拓扑结构有哪几种？
2. 什么是 IP 地址？它有什么特点？
3. 什么是计算机网络？按覆盖范围分，计算机网络可以分为哪几种？
4. 计算机网络有哪些特点？
5. 网络的定义是什么？常用的网络传输介质有哪些种类？
6. 什么是调制解调器？它的主要功能是什么？
7. 网络互连使用哪些设备？它们的主要功能是什么？
8. 什么是交换机？它和集线器的主要差别是什么？
9. 因特网有哪些基本服务？
10. 在电子邮件收发中使用了哪些协议？
11. 什么是网络操作系统？它与单机操作系统有何差别？

第 8 章 多媒体技术

8.1 多媒体技术概述

8.1.1 多媒体与多媒体技术

传统的视觉方式与表现方法是人类用自身"生物眼"来观察世界，经过主观的艺术加工来展示现实世界。随着信息技术的发展，计算机已成为人类观察世界、表现世界的好帮手。现代艺术实现借助于"机械眼"，即人们通过操纵使用创意机械（计算机）和实施机械（数码照相机、数码摄像机、扫描仪、激光打印机等机械设备），再经过人们的艺术加工，丰富了摄取信息的途径与表现信息的能力，"机械眼"的使用，比用"生物眼"所观察的世界更为丰富、更为具体且更为生动。因此学习多媒体技术的有关原理知识，掌握流行的多媒体工具，是享用信息技术成果、在信息社会中发展必备的基础。

1. 媒体

媒体是指信息存储与传输的实体或载体。它包含两层含义：一是指存储信息的实体，例如磁带、磁盘和光盘等；二是指传送信息的载体，例如文本、图形图像、音频、视频和动画等。人们通过这些媒体获取信息，同时也可以利用这些媒体进行信息存储和传输。

媒体被分为感觉媒体、表示媒体、显示媒体、存储媒体和传输媒体 5 大类。感觉媒体指能直接作用于人们的感觉器官，从而能使人产生直接感觉的媒体，如语言、音乐、自然界中的各种声音、各种图像、动画和文本等。表示媒体指为了传送感觉媒体而人为研究出来的媒体，借助于此种媒体，能更有效地存储感觉媒体或将感觉媒体从一个地方传送到遥远的另一个地方，诸如语言、编码、电报码和条形码等。显示媒体指用于通信中使电信号和感觉媒体之间产生转换用的媒体，如键盘、鼠标器、显示器和打印机等输入、输出设施。存储媒体指用于存放某种媒体的媒体，如纸张、磁带、磁盘和光盘等。传输媒体指用于传输某些媒体的媒体，如电话线、电线和光纤等。

2. 多媒体

多媒体（Multimedia）指的就是表示媒体，一般来说，多媒体就是文本、图形图像、音频、视频和动画等多种媒体信息的集合。

（1）文本

文本一直是一种最基本的表示媒体，它包括字母、数字和专用符号等。由文字组成的文本常常是许多多媒体演示的重要部分。文本可包含的信息量大，而所占用的比特存储空间却很少。

（2）图形图像

是构成视频或动画的基础，图形一般是由通过绘图软件绘制的直线、圆及曲线等形状组成的，它是矢量的，并由一组指令来描述的，主要用于线型图和工程制图。图像又称点阵图或位图，图像是由许多称为像素的点组成的，不同颜色的点组合在一起便构成了一幅完整的图像。

（3）音频

音频信息是指自然界中各种声音和由计算机通过专门设备合成的语音或音乐。包括语音、音乐和音效。语音在多媒体作品中多用来表达文字的意义或作为旁白。音乐多用来作为背景音乐，营造出整体气氛。音效则大多用来配合动画，使动态的效果更充分地表现。

（4）视频

是实时摄取的自然景物或活动图像转换成数字形式而形成的，它的运动序列中的每一幅图像称为帧。

（5）动画

是由计算机生成的连续渐变的图形序列，沿时间轴顺次更换显示，从而构成运动的视觉媒体。一般按空间感区分为二维动画和三维动画。在多媒体系统中使用动画，可使系统更形象、更活泼。动画广泛应用于计算机游戏、动漫及网页等多媒体软件系统中。

3. 媒体技术特征

多媒体技术是指把文本、图形图像、音频、视频和动画等多媒体信息通过计算机进行数字化采集、压缩/解压缩、编辑和存储等加工处理，再以单独或合成形式表现出来的多媒体信息综合一体化技术。

多媒体技术的特性主要包括信息载体的多样化、交互性、集成性、实时性和数字化。

（1）多样化

信息载体的多样化是相对于计算机而言的，指的就是信息媒体的多样化。把计算机所能处理的信息空间范围扩展和放大，而不再局限于数值、文本或特定的图形图像，这是使计算机变得更加人类化所必需的条件。人类对于信息的接收和产生主要在五个感觉空间内，即视觉、听觉、触觉、嗅觉和味觉，其中前三者占了95%以上的信息量。借助于这些多感觉形式的信息交流，人类对于信息的处理可以说是得心应手。但是，计算机以及与之相类似的一系列设备，都远远没有达到人类的水平，在许多方面必须要把人类的信息进行变形之后才可以使用。信息只能按照单一的形态被加工处理，只能按照单一的形态被理解。可以说，在信息交互方面计算机还处于初级水平。多媒体就是要把机器处理的信息多样化或多维化，使之在信息交互的过程中具有更加广阔和更加自由的空间。多媒体的信息多维化不仅仅是指输入，而且还指输出，目前主要包括视觉和听觉两个方面。通过对多维化的信息进行变换、组合和加工，可以大大丰富信息的表现力和增强效果。

（2）交互性

长久以来，我们通过看电视、读报纸等形式单向地、被动地接收信息，而不能够双向地、主动地处理信息。在多媒体系统中，用户可以主动地编辑、处理各种信息，也就是多媒体具有人机交互功能。

多媒体的交互性将向用户提供更加有效的控制和使用信息的手段，同时也为应用开辟了更加广阔的领域。交互可以增加对信息的注意力和理解，延长信息保留的时间。但在单一的文本空间中，这种交互的效果和作用很差，只能“使用”信息，很难做到自由地控制和干预信息的处理。当交互性引入时，“活动”本身作为一种媒体介入了信息转变为知识的过程。借助于活动，我们可以获得更多的信息，改变现在使用信息的方法。因此，交互性一旦被赋予了多媒体信息空间，可以带来很大的作用。从数据库中检录出某人的照片、声音及文字材料，这是多媒体的初级交互应用；通过交互特性使用户介入到信息过程中（不仅仅是提取信息），达到了中级交互应用水平；当我们完全地进入到一个与信息环境一体化的虚拟信息空间时，才是交互式应用的高级阶段，这还有待于虚拟现实的进一步研究和发展。

（3）集成性

多媒体技术产生于 20 世纪 80 年代。进入 20 世纪 90 年代以来，个人计算机技术的迅猛发展使得其编辑、处理多媒体信息成为可能。多媒体的集成性应该说是计算机系统的一次飞跃。多媒体技术集成了许多单一的技术，如图像处理技术、声音处理技术等。多媒体能够同时表示和处理多种信息，但对用户而言，它们是集成一体的。这种集成包括信息的统一获取、存储和组织等方面。

多媒体的集成性主要表现在两个方面，即多媒体信息媒体的集成和处理这些媒体的设备的集成。对于前者而言，各种信息媒体尽管可能会是多通道的输入或输出，但应该成为一体。这种集成包括信息的多通道统一获取，多媒体信息的统一存储与组织，多媒体信息表现合成等各方面。对于后者而言，指的是多媒体的各种设备应该成为一体。从硬件来说，应该具有能够处理多媒体信息的高速及并行的 CPU 系统、大容量的存储、适合多媒体多通道的输入输出能力及外设和宽带通信网络接口。对于软件来说，应该有集成一体化的多媒体操作系统、适合于多媒体信息管理和使用的软件系统和创作工具、高效的各类应用软件等。同时还要在网络的支持下，集成构造出支持广泛信息应用的信息系统。

（4）实时性

多媒体系统中的音频和视频与时间密切相关。因此，多媒体技术必须支持实时处理，如远程数字音视频监控系统、视频会议系统等。

（5）数字化

多媒体软件中的文本、图形图像、音频、视频和动画素材都以数字形式存储在计算机中。

总之，多媒体最显著的特点是具有媒体的多样性、集成性和交互性，从这个角度就可以判断什么是“多媒体”。采用计算机集成处理多种媒体（一般包括声音、图像、视频和文字等）的系统，如多媒体咨询台、交互式电视、交互式视频游戏、计算机支持的多媒体会议系统、多媒体课件及展示系统等，都属于多媒体的范畴。

8.1.2　多媒体信息处理的关键技术

1. 媒体压缩/解压缩技术

多媒体数据压缩及编码技术是多媒体系统的关键技术。研制多媒体计算机需要解决的关键问题之一是要使计算机能实时地综合处理声、文、图信息。然而，由于数字化的图像、声音等多媒体数据量非常大，而且视频、音频信号还要求快速的传输处理，这致使一般计算机产品特别是个人计算机系列上开展多媒体应用难以实现。因此，视频、音频数字信号的编码和压缩算法成为一个重要的研究课题。在研究和选用编码时，主要有两个问题：一是该编码方法能用计算机软件或集成电路芯片快速实现；二是一定要符合压缩编码/解压缩编码的国际标准。

数据压缩问题的研究已进行了 50 年。从 PCM 编码理论开始，到如今已成为多媒体数据压缩标准的 JPEG、MPEG，已经产生了各种各样针对不同用途的压缩算法、压缩手段和实现这些算法的大规模集成电路或者计算机软件。在波形编码理论之后，近几年提出的小波变换等技术正在受到学术界的重视。人们还在继续寻找更加有效的压缩算法。

2. 多媒体专用芯片技术

多媒体专用芯片依赖于超大规模集成电路（Very Large Scale Integration，VLSI）技术，它是多媒体硬件体系结构的关键技术。要实现音频、视频信号的快速压缩、解压缩和播放处理，需大量的快速计算。而实现图像许多特殊效果、图像生成、绘制等处理以及音频信号的处理等，也都需要较快的运算处理速度，因此，只有采用专用芯片，才能取得满意效果。多媒体计算机专用芯片可归纳为两种类型：一种是固定功能的芯片；另一种是可编程的数字信号处理器 DSP 芯片。由于 VLSI 技术的进步使得生产价格低廉的数字信号处理器（DSP）芯片成为可能。DSP 芯片是为完成某种特定信号处理设计的，在通用计算机上需要多条指令才能完成的处理，在 DSP 芯片上可用一条指令完成。DSP 的价格虽然较低，但完成特定处理时的计算能力却与普通中型计算机相当。

最早推出的固定功能的专用芯片是图像处理的压缩处理芯片，即将实现静态图像的数据压缩/解压缩算法做在一个专用芯片上，从而大大提高其处理速度。之后，许多半导体厂商或公司又推出执行国际标准压缩编码的专用芯片，例如支持用于运动图像及其伴音压缩的 MPEG 标推芯片，芯片的设计还充分考虑到 MPE6 标准的扩充和修改。由于压缩编码的国际标准较多，一些厂家和公司还推出了多功能视频压缩芯片以及高效可编程芯片。除专用处理器芯片外，多媒体系统还需要其他集成电路芯片支持，如数/模（D/A）和模/数（A/D）转换器、音频、视频芯片、彩色空间变换器及时钟信号产生器，等等。

3. 多媒体输入输出技术

多媒体输入/输出技术包括媒体变换技术、识别技术、媒体理解技术和综合技术。目前，前两种技术相对比较成熟，应用较为广泛，后两种技术还不成熟，只能用于特定场合。输入输出技术进一步发展的趋势是人工智能输入/输出技术、外围设备控制技术和多媒体网络传输技术。

4. 多媒体存储设备与技术

多媒体的音频、视频和图像等信息虽经过压缩处理，但仍需相当大的存储空间，只有在大容量只读光盘存储器 CD-ROM 问世后才真正解决了多媒体信息存储空间问题。1996 年又推出了 DVD（Digital Video Disc）的新一代光盘标准。它使得基于计算机的数字光盘驱动器将能从单个盘面上读取 4.7～17 GB 的数据量。大容量活动存储器发展极快，1995 年推出了超大容量的 ZIP 软盘系统。另外，作为数据备份的存储设备也有了发展。常用的备份设备有磁带、磁盘和活动式硬盘等。随着存储技术的发展，活动式的激光（Magneto-Optical，MO）驱动器也将成为备份设备的主流。MO 驱动器有 5.25in 和 3.5in 两种规格，其优点是数据的写入和再生可以反复进行，速度比磁带机快。

由于存储在 PC 服务器上的数据量越来越大，使得 PC 服务器的硬盘容量需求提高很快。为了避免磁盘损坏而造成的数据丢失，采用了相应的磁盘管理技术，磁盘阵列（Disk Array）就是在这种情况下诞生的一种数据存储技术。这些大容量存储设备为多媒体应用提供了便利条件。

5. 多媒体系统软件技术

多媒体系统软件技术主要包括多媒体操作系统、多媒体编辑系统、多媒体数据库管理技术、多媒体信息的混合与重叠技术等，这里主要介绍多媒体操作系统和多媒体数据库技术。

（1）多媒体操作系统

要求该操作系统要象处理文本、图形文件一样方便灵活地处理动态音频和视频，在控制功能上，要扩展到对录象机、音响、MIDI 等声像设备以及 CD-ROM 光盘存储技术等。多媒体操作系统要能处理多任务，易于扩充。要求数据存取与数据格式无关，提供统一友好的界面。

（2）多媒体数据库技术

由于多媒体信息是结构型的，致使传统的关系数据库已不适用于多媒体的信息管理，需要从以下几个方面研究数据库。

① 研究多媒体数据模型。

② 研究数据压缩和解压缩的格式。

③ 研究多媒体数据管理及存取方法。

④ 用户界面。

8.1.3　多媒体技术应用领域及发展

多媒体技术将文本、图形图像、音频、视频和动画及通信技术融为一体，满足了信息社会的应用需求。目前多媒体技术已经应用到人类生活、学习和工作的各个方面。其典型应用包括以下几个方面。

1. 多媒体教育与培训

在多媒体技术的应用中，教育与培训领域的应用占很大比重。由文本、图形图像、音频、视频和动画组成的多媒体教学课件生动形象、图文并茂，提高了学生的学习兴趣，加深了对知识的理解能力，交互式的学习环境充分激发了学生学习的主动性。随着网络技术的发展与普及，多媒体技术在远程教育中同样扮演着重要的角色。

2. 多媒体娱乐和游戏

娱乐和游戏是多媒体的一个重要应用领域。许多最新的多媒体技术往往首先应用于游戏软件，特别是最流行的网络游戏。互联网上的在线音乐、在线影院和在线直播等也大量应用多媒体技术，可以说娱乐和游戏是多媒体技术应用最为成功的领域之一。影视制作也已充分利用多媒体技术，例如设计更为逼真的三维场景、应用各种视频特效等，极大地提高了影视制作的能力。现今几乎所有的影视作品都应用了多媒体技术。

3. 多媒体通信

多媒体技术与通信技术结合形成了新的应用领域，如视频会议、可视电话、电子商务、远程教学和远程医疗等。多媒体通信技术使计算机的交互性、通信的分布性及电视的真实性融为一体，多媒体通信技术的广泛应用将能极大地提高人们的工作效率。

4. 多媒体电子出版物

国家新闻出版署将电子出版物定义为："电子出版物是指以数字代码方式将图、文、声、像等信息存储在磁、光、电介质上，通过计算机或类似设备阅读使用，并可复制发行的大众传播媒体"。该定义明确了电子出版物的重要特点。电子出版物的内容可分为电子图书、手册、文档资料、报刊杂志、教育培训、娱乐游戏、宣传广告、信息咨询及简报等，许多作品是多种类型的混合。

随着光盘技术的发展，电子出版物已进入市场，并成为光盘软件的重要产品类型。多媒体电子出版物是计算机多媒体技术与文化、艺术、教育等多种学科完美结合的产物，它将是今后数年内影响最大的新一代信息战术之一。电子出版物与传统出版物除阅读方式不同外，更重要的特点是集成性和交互性，即使用媒体种类多，表现力强，信息的检索和使用方式更加灵活方便，特别是信息的交互性不仅能向读者提供信息，而且能接受读者的反馈。

5. 虚拟现实技术

虚拟现实是多媒体技术的一个重要应用方向。虚拟现实能够创造各种模拟的现实环境，如飞行器、汽车、外科手术等的模拟操作环境，用于军事、体育、医学、驾驶等方面培训，不仅可以使受训者在生动、逼真的场景中完成训练，而且能够设置各种复杂环境、提高受训人员对困难和突发事件的应变能力。

6. 多媒体声光艺术品的创作

专业的声光艺术作品包括影片剪接、文本编排、音响、画面等特殊效果的制作。许多本来只有专业人员才能够设计的声光艺术，现在通过多媒体系统使业余爱好者也有机会制作出接近专业水准的媒体艺术来。而专业艺术家也可以通过多媒体系统的帮助增进其作品的品质，如 MIDI 的数字乐器合成接口可以让设计者利用音乐器材、键盘等合成音响输入，然后进行剪接、编辑、制作出许多特殊效果。不难看出，多媒体技术在人类工作、学习、信息服务、娱乐及家庭生活，乃至艺术创作各领域中都表现出了非凡的能力，并在不断开拓新的应用领域，如近年多媒体技术与数据库通信技术、专家系统和知识信息处理相结合，开发出具有智能的决策系统，有效地利用多媒体信息为决策服务。

多媒体的发展包括以下几个方面。

① 多媒体从单机单点向分布、协同多媒体环境的网络及其设备的研究和网上分布应用与信息服务研究。

② 利用已较成熟的图像理解、语音识别及全文检索等技术研究多媒体基于内容的处理，开发能进行基于内容的处理系统（包括编码、创作、表现及应用）是多媒体信息管理的重要方向。

③ 多媒体标准仍是研究的重点。各类标准的研究将有利于产品规范化，使应用更方便。因为以多媒体为核心的信息产业突破了单一行业的限制，涉及到诸多行业，而多媒体系统的集成特性对标准化提出很高的要求，所以必须开展标准化研究，它是实现多媒体信息交换和大规模产业化的关键所在。

④ 以网络为中心的计算机将是信息技术中的一场新的革命，它将使计算机成为人与人交流的媒介。

⑤ 多媒体技术将与相邻技术结合以提供完善的人机交互环境。同时多媒体技术将继续向其他领域扩展，使其应用的范围进一步扩大。

综上所述，多媒体技术的应用非常广泛，它在各行各业都发挥着巨大的作用。

8.2 多媒体计算机系统

多媒体计算机系统由多媒体硬件系统和多媒体软件系统组成。多媒体计算机系统的硬件，除了需要较高配置的计算机主机硬件以外，还需要音频/视频处理设备、光盘驱动器和媒体输入/输出设备等。

8.2.1 多媒体个人计算机

多媒体计算机（Multimedia Personal Computer，MPC）在个人计算机的基础上增加了各种多媒体设备及相应软件，使其具有了综合处理声音、图像和文字等信息的能力。

为促进多媒体计算机的标准化，微软、IBM、飞利普等公司组成了多媒体个人计算机工作组，先后发布了 4 个 MPC（Multimedia Personal Computer）的技术标准。按照 MPC 工作组的标准，多媒体计算机应包含 5 个基本单元：主机、CD-ROM 驱动器、声卡、音箱和 Windows 操作系统。同时对主机的 CPU 性能、内存的容量、硬盘的容量以及屏幕显示能力也有相应的限定。特别是 MPC 4.0，它为将个人计算机升级成 MPC 提供了一个指导原则。目前市场上流行的计算机配置都大大超过了 MPC 4.0 标准对硬件的要求，硬件种类大大增加，功能也更加强大，MPC 标准已成为一种历史，但 MPC 标准的制定对多媒体技术的发展和普及起到了重要的推动作用。

在 20 世纪 80 年代末，CD-ROM 激光存储器、数据压缩技术、大规模集成电路制作技术，以及实时多任务系统取得突破性的进展，多媒体技术进入实用性阶段。之后经过多年的研究与发展，形成了现在的 MPC，其基本结构如图 8.1 所示。

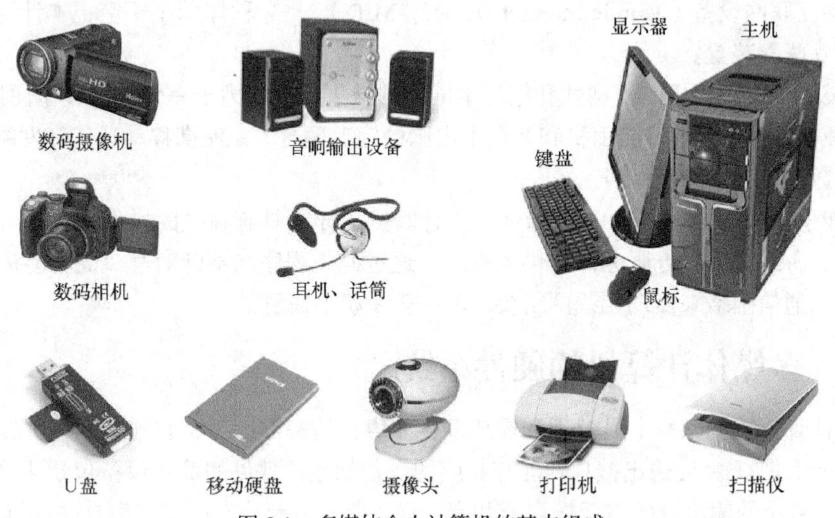

图 8.1　多媒体个人计算机的基本组成

MPC 的输入端可以接入音频信号、视频信号等。MPC 的输出端可以连接各种视频设备、音频设备和通信网络等。

随着生活环境日趋复杂，生活节奏越来越快，人们希望能保证随时随地获取信息，因此移动多媒体终端被广泛使用。移动多媒体终端是一种同时具备移动性、便携性、实时性、交互性、计算机处理能力和网络通信功能于一体的高端电子产品。它能够随时随地地接入互联网络，使用丰富的网络资源（包括视频、声音、图片和文字等数据内容），是“三网融合”业务内容呈现的载体。常见移动多媒体终端如图 8.2 所示，包括以下几种设备。

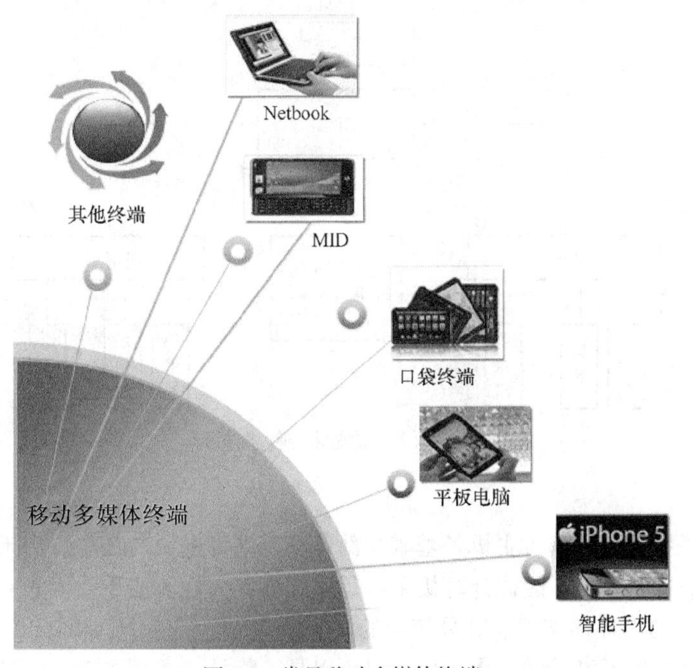

图 8.2　常见移动多媒体终端

① 便携的网络型笔记本（Notebook），是一种以上网为主的超便携移动 PC，尺寸多在 10 inch 以下，多用于在出差、旅游，甚至公共交通上的移动上网。

② 移动互联网设备（Mobile Internet Device，MID），是一种体积小于笔记本计算机，但大于手机的流动互联网装置。

③ 口袋终端，集手机的便携性和笔记本电脑的强大计算能力于一体的口袋型便携终端。

④ 平板电脑，实现了智能手机和笔记本电脑的完美融合，集便携移动通信和网络互联，以及更加强大的数据处理能力于一身。

⑤ 智能手机（Smartphone），是指像个人计算机一样，具有独立的操作系统，可以由用户自行安装软件、游戏等第三方服务商提供的程序，通过此类程序来不断对手机的功能进行扩充，并可以通过移动通信网络来实现无线网络接入的一类手机的总称。

8.2.2 多媒体计算机的硬件系统

在多媒体计算机中，声卡是处理和播放多媒体声音的关键部件，它通过插入主板扩展槽与主机相连，声卡上带有输入/输出接口，能与相应的设备相连。常见的输入设备包括话筒、收录机和电子乐器等，常见的输出设备包括扬声器和音响设备等。声卡从声源获取声音并进行模拟/数字转换与压缩，然后存入计算机中进行处理。声卡还可以将经过计算机处理的数字化声音解压缩及数字/模拟转换后送到输出设备进行播放或录制。声卡支持语音、声响和音乐的录制或播放，同时还提供了用于连接电子乐器的 MIDI 接口。

视频卡也是通过主板扩展插槽与主机连接。视频卡采集来自输入设备的视频信号并对其进行模拟/数字转换与压缩，然后以数字化形式存入计算机中，数字视频可在计算机中进行播放。

多媒体硬件系统是由计算机传统硬件设备、CD-ROM 驱动器、音频输入/输出和处理设备及视频输入/输出和处理设备等选择性组合而成，如图 8.3 所示。

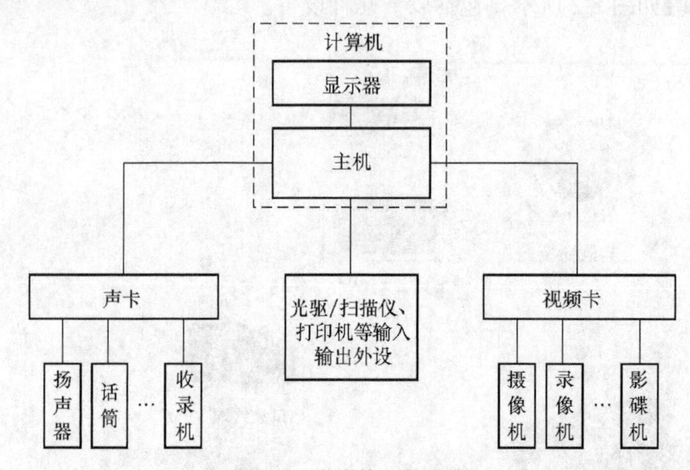

图 8.3 多媒体硬件系统

1. 主机

在多媒体硬件系统中计算机主机是基础性部件，是硬件系统的核心。由于多媒体系统是多种设备、多种媒体信息的综合，因此计算机主机是决定多媒体性能的重要因素，这就要求其具有高速的 CPU、大容量的内外存储器、高分辨率的显示设备和宽带传输总线等。

多媒体计算机主机可以是中、大型机，也可以是工作站，然而更普遍的是使用多媒体个人计算机。为了提高计算机处理多媒体信息的能力，应该尽可能地采用多媒体处理器。目前，具备多媒体信息处理功能的芯片可分为三类：第一类是采用超大规模集成电路实现的通用和专用的数字信号处理芯片；第二类是在现有的 CPU 芯片增加多媒体数据处理指令和数据类型，如 Pentium 4 微处理器包括了 144 条多媒体及图形处理指令；第三类为媒体处理器，它以多媒体和通信功能为主，具有可编程性，通过软件可增加新的功能，但它不能取代现有通用处理器，它是现有通用处理器强有力的支持芯片，二者在功能上互补，当它与通用处理器配合时可构成高档产品。

2. 多媒体接口卡

多媒体接口卡是根据多媒体系统获取、编辑音频或视频的需要插接在计算机上，以解决各种媒体数据的输入/输出问题的设备。多媒体接口卡是建立在制作和播放多媒体应用程序工作环境必不可少的硬件设施。常用的接口卡有声卡、显示卡、视频卡、光盘接口卡、人机交互设备、存储设备和通信设备等。

（1）声卡

声卡是由音频技术范围内的各类电路做成的芯片组成的，将它插入计算机主板的扩展槽内可实现计算机的声音功能。也有的多媒体计算机将声音部件直接焊接在主板上。声卡的主要功能是录制、编辑、回放数字音频文件及控制各声源的音量并加以混合，在记录和回放数字音频文件时进行压缩和解压缩，采用语音合成技术实现初步的语音合成与识别、提供 MIDI 接口和输出功率放大等。

声卡的类型主要根据声音采样量的二进制位数确定。通常分为 8 位、12 位、16 位和 32 位，位数越高，其量化精度越高，音质也越好。比较完备的多媒体计算机，还应配有视霸卡、解压卡和视频编辑卡，甚至还需要数字录像机、数字摄像机、立体声音响系统和扫描仪等。

（2）视频卡

视频卡是基于个人计算机的一种多媒体信号的处理平台。它可以汇集视频源、音频源、激光视盘机、录像机和摄像机等信息，进行编辑存储、输出等操作。多媒体视频卡按功能可以分成图像加速卡、播放卡、捕捉卡、播放／捕捉卡和电视卡等。

3. 光盘与光驱

CD-ROM 驱动器是多媒体计算机应用的关键技术之一。为了存储大量的影像、声音、动画、程序数据和高分辨率的图像信息，须使用容量大、体积小、价格低的 CD-ROM 盘片，否则多媒体无法得到推广。按 CD-ROM 驱动器的传输速率，CD-ROM 驱动器分为单倍速（150 kbit/s）、双倍速（300 kbit/s）、四倍速（600 kbit/s）、…、二十四倍速及四十八倍速等。

随着信息时代的发展，650MB 容量的 CD 光盘已经不能满足海量存储的需要了。为了解决 CD 光盘容量不够的问题，出现了新的光盘存储形式 DVD，一张 DVD 光盘存储容量可达 4.7～17 GB。

4. 人机交互设备

多媒体硬件技术的发展强调用户界面的改善，触摸屏笔记本和触摸屏技术就是用户界面的发展。随着计算机应用技术的发展和普及，多媒体计算机产品需要更复杂的图形控制功能和无键盘操作，以促进触摸屏技术的发展。

触摸屏有红外线扫描式触摸屏、电阻式触摸屏、电容式触摸屏、压感式触摸屏、电磁感应式触摸屏和表面声波式触摸屏。触摸屏技术将人机接口简单化，使人类用简单的触摸方式进行输入，输入人员无需是懂得操作系统和软件、硬件的计算机人员，只要用手去触摸屏幕即可启动计算机、查询资料、分析数据、输入数据或调出下一级菜单。

触摸屏的应用很广泛。比如：宾馆大厅的查询导游、电脑点歌、银行的资金查询、股票交易所的股票交易操作、零售商店售货及游戏厅的游戏娱乐等。人机交互设备还包含键盘、鼠标、绘图板、光笔及手写输入设备等。

5. **存储设备**

存储设备主要是大容量的磁盘、光盘等

6. **通信设备**

通信设备主要有调制解调器（Modem），它由调制器（Modulator）和解调器（DEMOdulator）两部分组成，调制解调器是电话上网的必要设备。调制部分是把计算机数字编码信号通过电波频率调制的方法转换成模拟信号，解调部分是将模拟信号还原为数字编码信号。当需要将数字信号通过电话线进行传递时，就必须配置调制解调器，完成模拟信号和数字信号之间的转换。调制解调器分为外置式调制解调器、内置式调制解调器、袖珍式调制解调器和传真式调制解调器。

8.2.3 多媒体软件系统

多媒体计算机的软件系统按功能划分为系统软件和应用软件。系统软件在多媒体计算机系统中负责资源的配备和管理、多媒体信息的加工和处理。应用软件是在多媒体创作平台上设计开发的面向应用领域的软件系统。多媒体计算机软件系统层次结构如图 8.4 所示。

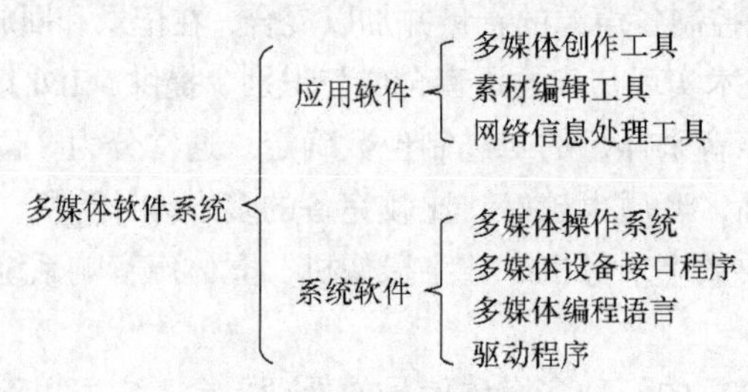

图 8.4　多媒体软件系统

1. **多媒体操作系统**

操作系统是计算机必备的系统软件之一。有了操作系统才可以方便地进行人机交互，系统硬件的功能才能正常发挥。多媒体操作系统在上述功能的基础上增加了对多媒体的支持，以实现多媒体环境下的多任务调度，保证音频、视频同步控制及信息处理的实时性，提供多媒体信息的各种基本操作和管理。另外，多媒体操作系统还具有对设备的相对独立性和可操作性、可扩展性等特点。在 PC 机上运行的多媒体操作系统，通常采用 Microsoft 公司的 Windows 操作系统。

2. **多媒体素材制作软件**

对于多媒体对象的创建和编辑，如图像、声音、动画以及视频影像等，一般需借助多媒体素材编辑工具软件。多媒体素材编辑工具包括字处理软件、绘图软件、图形图像处理软件、动画制作软件、声音编辑软件以及视频编辑软件等。常用的多媒体素材编辑工具软件如表 8.1 所示。

表 8.1　常用工具软件

软件功能	工具软件
文字处理	记事本、写字板、word、wps
图形图像处理	Photoshop、CorelDRAW、Freehand
动画制作	AutoDesk、Animator Pro、3ds max、Maya、Flash
声音处理	Ulead Media Studio、Sound Forge、Cool Edit Pro、Wave Edit
视频处理	Ulead Video Studio、Adobe Premiere

3. 多媒体创作软件

多媒体创作工具是帮助应用开发人员创作多媒体应用程序的软件。它们可以是程序设计语言，也可以是具有特定功能的多媒体著作系统。它们提供将各种类型的媒体对象集成到多媒体作品中的功能，并支持各媒体对象之间的超级链接以及媒体对象呈现时的过渡效果。

常见的多媒体创作软件主要有 PowerPoint、Director、Authorware、Visual Basic 和 Visual C++等。

8.3　多媒体信息的数字化和压缩技术

一般的电视机、收音机得到的信息是非数字化的，而多媒体计算机中的视频、音频技术是数字化技术，信号的数字化处理是多媒体技术的基础。多媒体数据压缩及编码技术是多媒体系统的关键技术。多媒体系统具有综合处理声、文、图的能力，要求面向三维图形、立体声音、真彩色、高保真、全屏幕运动画面。为了达到满意的视听效果，要求实时地处理大量数字化视频、音频信息，对计算机的处理、存储和传输能力都有较高的要求。数字化的声音和图像数据都非常大，如果不压缩，则不能应用到实际中。例如：1min 的声音信号，用 11.02 kHz 的频率采样（即每隔一定时间间隔，测量输入信号的值，然后对这个数据按某种方法进行量化），假如每个采样数据用 8 位（Bit）二进制位存储，则 1min 的声音信号的数据量约为 660 KB。一帧 A4 幅面的图片，用 12 点/毫米的分辨率采样．每个像素用 24 位（Bit）二进制存储彩色信号，该帧量化的数据量约为 25 MB。未经过压缩的视频信息存储在 650 MB 的 CD-ROM 上，只能播放 20s。随着网络时代的到来，网络已渐渐走进了人们的生活中。通过网络，人们可以接收几千公里以外的信息，包括录像、各种影片、动画、声音以及文字。网络数据的传输速率远远低于硬盘和 CD-ROM 的数据传输速率。所以要实现网络多媒体数据的传输，实现网络多媒体化，数据不进行压缩是不可能实现的。对多媒体信息必须进行实时压缩和解压缩，如果不经过数据压缩，实时处理数字化的较长声音和多帧图像信息所需要的存储容量、传输率和计算速度，都是目前普通计算机难以达到的。数据压缩技术的发展大大推动了多媒体技术的发展。

另外，进行声音和图像信息的压缩处理要求进行大量的计算，视频图像的压缩处理还要求实时完成。这样的处理，如果只通过个人计算机来完成是不可能的。高昂的成本将使多媒体技术无法推广。由于 VLSI 技术的进步，生产出了价格低廉的数字信号处理器（DSP）芯片，使通用个人计算机完成上述任务成为可能。

8.3.1　数据压缩技术

在未压缩的情况下，动态视频及立体声的实时处理对目前的微机来说是无法实现的。因此，必须对多媒体信息进行实时压缩和解压缩。数据压缩是一种数据处理的方法，它的作用是将一个文件的数据容量减小，而又基本保持原来文件的内容。数据压缩的目的就是减少信息存储的空间，缩短信息传输的时间。当需要使用这些信息时，需要通过压缩的反过程——解压缩将信息还原回来。压缩和解压缩的过程为：多媒体数据的原文件—采样—量化—压缩—存储—传输—解压缩—还原。压缩的信息经解压缩后，信息的内容能否还原或基本还原，是对压缩是否有意义的衡量标准，如果信息还原后与原来相比已面目全非，这种压缩就失去了意义。

衡量一种数据压缩技术的好坏有三个重要的指标：一是压缩比要大，即压缩前后所需的信息存储量之比要大；二是实现压缩的算法要简单，压缩、解压速度快，尽可能地做到实时压缩解压；

三是恢复效果要好，要尽可能地恢复原始数据。

随着数字通信技术和计算机技术的发展，数据压缩技术也已日臻成熟，适合各种应用场合的编码方法不断产生。目前常用的压缩编码方法可以分为两大类，一类是冗余压缩法，也称无损压缩法；另一类是熵压缩法，也称有损压缩法。

1. 无损压缩

由相关性进行数据压缩并不一定损失原信息的内容，因此可实现“无损压缩”。无损压缩具有可逆性，即经过压缩后可以将原来文件中的信息完全保存。例如：对源程序的压缩。

2. 有损压缩

经过压缩后不能将原来的文件信息完全保留的压缩，称为“有损压缩”，是不可逆压缩方式。数据经有损压缩还原后有一定的损失，但不影响信息的表达。例如电视和收音机所接收到的电视信号和广播信号，与从发射台发出时相比实际上都不同程度地发生了损失，但都不影响收看与收听，不影响使用。

由于无损压缩不会产生失真，因此在多媒体技术中一般用于文本、数据的压缩，它能保证百分之百地恢复原始数据。但这种方法压缩比较低，如 LZ 编码、游程编码和 Huffman 编码的压缩比一般在 2：1～5：1 之间。有损压缩由于允许一定程度的失真，可用于对图像、声音和动态视频等数据的压缩。如采用混合编码的 JPEG 标准，它对自然景物的灰度图像，一般可压缩几倍到十几倍，而对于自然景物的彩色图像，压缩比将达到几十倍甚至上百倍。压缩比最为可观的是动态视频数据，采用混合编码的 DVI 多媒体系统，压缩比通常可达到百倍以上。可见，数据压缩技术已经处于成熟的应用阶段。

8.3.2 图形图像处理

1. 图形和图像

（1）图形

图形是用一组命令来描述的，这些命令用来描述构成该画面的直线、矩形、圆、圆弧和曲线等的形状、位置、颜色等各种属性和参数。PC 机上产生几何图形的工具软件通常称为 Draw 或 Graph。它们可以由操作员交互式地进行绘图，或是根据数据库中的一组或几组数据画出各种几何图形来，并可很方便地对图形的各个组成部分进行移动、旋转、放大、缩小、复制、删除和涂色等各种编辑处理。但是，一个复杂的画面用图形方法来描述时，无论是描述的难度还是工作量都非常大，计算机生成其画面也需要进行大量的计算，花费许多时间。通常，图形主要用于工程制图、广告设计、装饰图案和地图等领域。

（2）图像

图像是由许多点组成的，这些点称为像素，这种图像也称位图。位图中的位（bit）用来定义图中每个像素的颜色和亮度 对于黑白线条图常用一位来表示，对灰度图常用 4 位（16 种灰度等级）或 8 位（256 种灰度等级）表示该点的亮度，而彩色图像则有多种描述方法。位图图像适合于表现比较细致、层次和色彩比较丰富且包含大量细节的图像。

图形与图像在用户看来是一样的，而对多媒体制作者来说是完全不同的，同样一幅画，例如一个圆，若采用图形媒体元素，其数据记录的信息是以圆心坐标点（x，y），半径 r 及颜色编码；若采用图像媒体元素，其数据文件则记录在哪些坐标位置上有什么颜色的像素。所以图形的数据信息要比图像数据更有效、更精确。例如，一幅图像形成之后，无论哪种显示设备上显示，也不可能变得更精确，因为它记录的就是像素及其颜色。而图形数据则不同，例如，某点坐标是（35.5,

25.5），当这个点在精度要求不同的情况下，可以近似地显示为点坐标值为（36，26），在精度要求进一步变高时，如图形放大一倍，则该点可显示坐标值为（71，51）。另外，矢量图的主要优点还在于可以分别控制处理图形的各个部分，如在屏幕上移动、旋转、放大、缩小和扭曲而不失真，不同的物体还可在屏幕上重叠而保持各自的特性，必要时仍可分开。因此，图形主要用于线型图画、工程制图及美术字等。对图形来说，数据的记录格式是很关键的内容，记录格式的好坏，直接影响到图形数据的操作方便与否。

2. 图像的数字化

图像的数字化是指将一幅图像转化为计算机能够接受和处理的数字形式。它包括图像的采样、量化以及编码等。

（1）采样

图像采样就是将连续的图像转换成离散的点的过程。采样的实质就是将一幅图划分成若干行和列而形成的“*n* 行 × *n* 列”个像素点来描述这一幅图像。“行数 × 列数”表示图像的分辨率。分辨率越高，图像就越清楚，存储量就越大。

（2）量化

量化是在图像离散后，将表示图像颜色浓度的连续变化值离散成整数值的过程。把量化时可取整数值的个数称为量化级数，表示颜色（或亮度）所需的二进制位数称为量化的字长。一般可用 8 位、16 位、24 位或 32 位等来表示图像的颜色，不同的位数可以表示不同多种颜色。例如，32 位可以表示 2^{32}=4 294 967 295 种颜色，称为真彩色。在多媒体计算机中，图像的色彩值称为图像的颜色深度，可以用黑白、灰度及 RGB24 位真彩色等多种方式表示色彩。

（3）编码

图像的分辨率和像素的颜色深度决定了图像文件的大小，计算方式为

$$行数 \times 列数 \times 颜色深度 \div 8 = 字节数$$

例如一幅分辨率为 800 × 600 的 24 位真彩色图像在存储时需要

$$800 \times 600 \times 24 \div 8 \approx 1.4\ \text{MB}$$

可见数字化后的图像数据量相当大，必须采用编码技术来压缩信息。

3. 静态图像压缩标准

（1）JPEG 标准

对于静止图像压缩，国际标准化组织（ISO）和国际电报电话咨询委员会 （CCITT）联合成立的“联合照片专家组”于 1991 年提出了“多灰度静止图像的数字压缩编码”（简称 JPEG 标准）。这是一个运用于彩色和单色多灰度或连续色调静止数字图像的压缩标准，可支持很高的图像分辨率和量化精度。它包含两部分：第一部分是无损压缩，基于 DPCM 编码，不失真，但压缩比很小；第二部分是有损压缩，基于离散余弦变换和 Huffman 编码，有失真，但压缩比大，通常压缩 20～40 倍时，人眼基本上看不出失真。

JPEG 标准一般对单色和彩色围像的压缩比通常分别为 10：1 和 15：1。常用于 CD-ROM、彩色图像传真和图文管理。许多 Web 浏览器都将 JPEG 图像作为一种标准文件格式以供欣赏。

比如用 Windows 的“画图”程序以 BMP 格式保存控制面板的界面，文件大小为 747 KB.

若以 JPEG 方式压缩成努屉名为. jpg 文件，则文件大小为 59 KB，压缩比为 12：1。

（2）JPEG 2000 标准

随着多媒体应用领域的快速增长，传统的 JPEG 压缩技术已无法满足人们对多媒体图像的要求。网上的 JPEG 图像只能一行一行地下载，直到下载完毕，才可以看到整个图像，如果只对图

像的局部感兴趣也只能将整个图片下载下来后处理。另外，JPEG 格式的图像文件体积仍然很大；JPEG 格式属于有损压缩，当被压缩的图像上有大片近似颜色时，会出现马赛克现象；同样由于有损压缩的原因，许多对图像质量要求较高的应用，JPEG 无法胜任。

JPEG 2000 的编码算法确定于 2000 年的东京会议，它之所以相对于现在的 JPEG 标准有了很大的技术飞跃，就因为它放弃了 JPEG 所采用的以离散余弦变换算法为主的区块编码方式，而改用以离散子波变换算法为主的多解析编码方式。

JPEG 2000 相对传统的 JPEG 标准有了很大的技术飞跃，其压缩率比 JPEG 高约 30%，同时支持有损和无损压缩。JPEG 2000 格式有一个极其重要的特征在于它能实现渐进传输，即先传输图像的轮廓，然后逐步传输数据，不断提高图像质量，让图像由朦胧到清晰显示。此外 JPEG 2000 还支持所谓的“感兴趣区域”特性，可以任意指定影像上感兴趣区域的压缩质量，还可以选择指定的部分先解压缩。

4. 常用图像与图形文件格式

（1）图像文件格式

① BMP 格式（*.bmp）。BMP 格式是 Windows 操作系统中的标准图像文件格式，能够被多种 Windows 应用程序所支持。这种格式的特点是包含的图像信息较丰富，几乎不进行压缩，但文件占用了较大的存储空间。BMP 格式支持 RGB、索引颜色、灰度和位图颜色模式，但不支持 Alpha 通道。基本上绝大多数图像处理软件都支持此格式。

② JPEG 格式（*.jpg/*.jpeg）。JPEG 是由联合照片专家组（Joint Photographic Experts Group）开发的，它既是一种文件格式，又是一种压缩技术。JPEG 作为一种很灵活的格式，具有调节图像质量的功能，允许用不同的压缩比例对这种文件压缩。作为先进的压缩技术，它用有损压缩方式去除冗余的图像和彩色数据，在获取极高压缩率的同时能展现十分丰富生动的图像。JPEG 应用非常广泛，大多数图像处理软件均支持此格式。

③ GIF 格式。GIF（Graphic Interchange Format）是 CompuServe 公司开发的图像文件格式，采用了压缩存储技术。GIF 格式同时支持线图、灰度和索引图像，但最多支持 256 种色彩的图像。GIF 格式的特点是压缩比高，磁盘空间占用较少，下载速度快，可以存储简单的动画。GIF 图像格式采用了渐显方式，即在图像传输过程中，用户先看到图像的大致轮廓，然后随着传输过程的继续而逐步看清图像中的细节。目前这种格式仍在网络上应用，这与 GIF 图像文件小、下载速度快且支持动画等优势是分不开的。

（2）图形文件格式

① WMF /EMF 格式（*.wmf，*.emf）。WMF（Windows Metafile Format）是 Windows 中常见的一种图元文件格式，是矢量文件格式。它具有文件短小、图案造型化的特点，整个图形常由各个独立的组成部分拼接而成，但其图形往往较粗糙。

EMF（Enhanced Metafile）文件是微软公司开发的一种 Windows 32 位扩展图元文件格式，是矢量文件格式。其总体目标是要弥补使用 WMF 的不足，使得图元文件更加易于接受。

② CDR 格式（*.cdr）。CDR 格式是著名绘图软件 CorelDRAW 的专用图形文件格式。由于 CorelDRAW 是矢量图形绘制软件，所以 CDR 可以记录文件的属性、位置和分页等。但它在兼容度上比较差，其他图像编辑软件打不开此类文件。

③ DXF 格式（*.dxf）。DXF（Autodesk Drawing Exchange Format）是 AutoCAD 中的矢量文件格式，它以 ASCII 码方式存储文件，在表现图形的大小方面十分精确。DXF 文件可以被许多软件调用或输出。

④ SVG 格式（*.svg）。SVG（Scalable Vector Graphics）可缩放的矢量图形是基于 XML，由 W3C 联盟进行开发的，是一种开放标准的矢量图形语言，可以设计高分辨率的 Web 图形页面。用户可以直接用代码来描绘图像，可以用任何文字处理工具打开 SVG 图像，通过改变部分代码来使图像具有交互功能，并可以随时插入到网页中通过浏览器来观看。

它提供了目前网页通用格式 GIF 和 JPEG 无法具备的优势：可以任意放大图形显示，但绝不会以牺牲图像质量为代价；字在 SVG 图像中保留可编辑和可搜寻的状态；一般来说，SVG 文件比 JPEG 和 GIF 格式的文件要小很多，下载速度快。SVG 格式正在成为网页图像的新标准。

8.3.3 音频处理

1. 声音的概念

多媒体计算机中由于增加了音乐、解说和一些有特殊效果的声音，这就使多媒体应用程序显得丰富多彩、充满活力。

声音（Sound）是文字、图形之外表达信息的另一种有效方式。从物理学角度来认识，空气振动而被人们耳朵所感知就是声音。通常，声音用一种连续的、随时间变化的波形来表示，该波形描述了空气的振动（见图 8.5）。

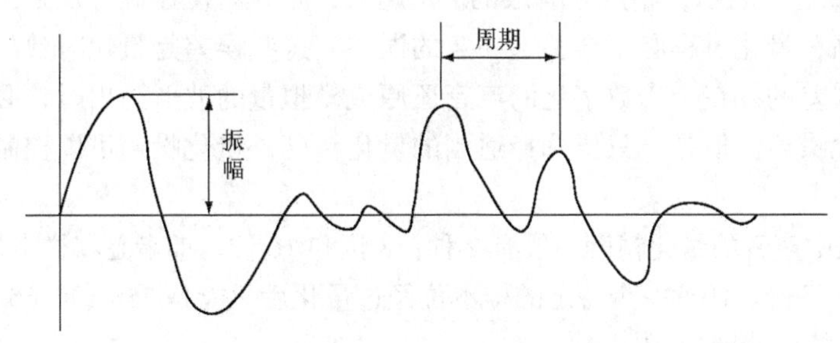

图 8.5　空气的振动

从图中可以看出，波形的最高点或最低点与基线（时间轴）之间的距离称为该波形的振幅，振幅表示声音的音量。波形中 2 个连续波峰间的距离称为周期。波形的“频率”是 1 s 内所出现的周期数目，单位是 Hz。声音按其频率的不同可分为次声、可听声和超声 3 种。次声的频率低于 20 Hz，它是一种人耳听不见的声音；可听声的频率在 20～20 000 Hz 之间。这是人耳可感受的声波；超声的振动频率高于 20 000 Hz，也是人耳听不见的声波。多媒体计算机中处理的声音信息主要是指可听声，所以也叫音频信息（Audio）。

从应用的角度来说，多媒体计算机中的声音可分为三类：第一类是语言（语音），它的作用与文字信息一样。输出的语言可作为解释、说明、叙述和回答之用，输入的语言可做命令、参数或数据；第二类是音乐，音乐的播放可烘托气氛，强调应用程序的主题；第三类是效果声（sound Efect），例如刮风、下雨、打雷和爆炸等，它们在特定的场合下起到文字、语言等无法代替的作用。

多媒体计算机中发出的声音有两种来源：一是获取法，即利用声音获取，硬件将指定的声音源所发出的声音转换成数字方式并经过编码后保存下来，输出时再进行解码和数模转换，还原成为原来的波形；另一种是合成法，计算机通过一种专门定义的语言去驱动一些预制的语言或音乐的合成器，借助于合成器产生的数字声音信号还原成相应的语言或音乐。合成法的优点是数据量大大减少，特别是音乐的合成，技术上已很成熟。

2. 声音的数字化

声音信息的计算机获取过程主要是进行数字化处理，因为只有数字化以后声音信息才能像文字、图形信息那样进行存储、检索、编辑和各种处理。声音信息的数字化过程通常如图 8.6 所示。

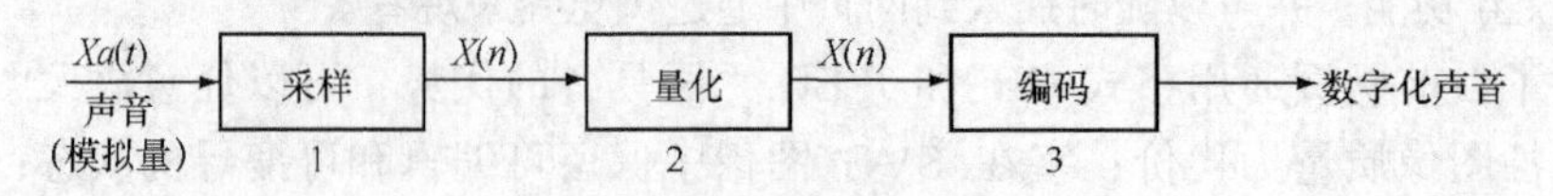

图 8.6 声音信息的数字化

（1）采样

采样指的是以固定的时间间隔在模拟声音波形上取一个幅度值。采样的时间间隔称为采样周期。采样过程最重要的参数是采样频率。采样频率越高，声音保真度越好，但要求的数据存储量也就越大。理论研究表明，采样频率为声音信号的最高频谱分量的 2 倍时，即可不失真地还原原始声音信号；若超过此采样频率，则就包含某些冗余信息；若低于此频率，则产生失真。实验表明，使用 8 kHz 采样频率时，人们讲话所产生的语言信号的处理已可以基本满足要求了。

（2）量化

声音信息数字化的第 2 步处理是量化，即把每一个样本值 $x(M)$ 从模拟量转换成为数字量，该数字量用 n 个二进位表示，精度是有限的。n 越大，量化精度越高，反之量化精度降低。不论量化精度有多高，量化过程必定会引起一定的误差，这些误差是量化时数的截尾和舍入所引起的。由于量化误差的存在，当数字化的声音还原成模拟量的波形输出时，必然会产生一定的噪声，这称为量化噪声。但是，只要选择适当的量化精度，量化噪声可以控制在人耳感觉不出的程度。

多媒体计算机中声音的量化精度一般有 2 种：8 位和 16 位。前者是将样本划分为 256 等份，后者则分为 65 536 等份。任意一个特定的样本位经过量化后只能是 256（或 65 536）个不同结果中的某一个，量化精度分别为 2^8 或 2^{16}。

（3）编码

计算机中的所有信息都是以二进制形式进行存储、传输和处理的。经过采样和量化后所得到的数字化声音信息还必须以二进制形式并按照一定的数据格式进行表示，这个过程称为编码。在不进行任何信息压缩时，多媒体计算机中的每个样本值可以用 8 位或 16 位整数来表示，前者为 1 个字节，后者为 2 个字节。

3. 音频压缩标准

声音是由不同频率的声波组合而成的，组合的波形需要通过模/数转换后用采样频率和样本量化值加以描述，这通常需要很大的数据量。而且，数据量的大小与声音所包含的频率大小关系不大。

数学中有一种称为傅里叶变换的方法，它可以将一个复杂的波形进行频谱分析，将振幅随时间的变换转换为振幅与频率的关系。

语音的压缩技术通常采用波形编码技术，或是基于语音生成模型的压缩技术。经过统计分析表明，语音过程可以近似成一个平稳的随机过程。正因为语音的这个性质，使得我们可以把语音信号划分为一帧一帧的方式进行处理，而每一帧的信号近似满足同一模型。语音的基本参数有周期、共振峰、声强及语音谱（表示不同频率范围内声强的分布）等。此模型相对应的是语音的每一个基本参数，用语音的基本参数来描述模型的每个部分。

音乐信号虽然可以用语音压缩技术进行处理，但当压缩比较高时，重构音乐信号的质量通常不能令人满意。

波形预测技术是实时语音数据压缩技术的主要方法。虽然该方法的压缩能力比较差，但是算法却比较简单，而且易于实现实时操作。另外，它的一个突出优点是能够较好地保持原有声音的特点，因而在语音数据压缩的标准化推荐方案中被优先考虑。

4. 常用的音频文件格式

（1）WAV 文件

Widows 所使用的标准数字音频称为波形文件，文件的扩展名是“wav”。它记录了对实际声音进行采样的数据，可以重现各种声音，包括不规则的噪音、CD 音质的音乐等，但产生的文件很大，不适合长时间记录，必须采用硬件或软件方法进行声音数据的压缩处理。常用的软件压缩方法主要有 ACM 和 PCM 等。

（2）MP3 文件（*.mp3）

MP3 是当前使用最广泛的数字化声音格式。MP3 是指 MPEG 标准中的音频部分，也就是 MPEG 音频层。根据压缩质量和编码处理的不同分为 3 层，分别对应*.mp1、*.mp2 和*. MP3 这 3 种声音文件。MPEG 音频文件的压缩是一种有损压缩，MPEG3 音频编码则具有 10：1～12：1 的高压缩率，它基本保持低音频部分不失真，但是牺牲了声音文件中 12～16 kHz 高音频这部分的质量来换取文件尺寸的优势。相同长度的音乐文件，用 MP3 格式来储存，一般只有 WAV 文件的 1/10，而音质要次于 WAV 格式的声音文件。由于其文件尺寸小，音质好，所以 MP3 是当前主流的数字化声音保存格式。

（3）VOC 文件

VOC 文件也是一种数字声音文件，主要用于 DOS 程序，与波形文件相似，可以方便地互相转换。

（4）MIDI 文件

MIDI 文件的扩展名为“. MID”。它与波形文件不同，记录的不是声音本身，而是将每个音符记录为一个数字，因此比较节省空间，可以满足长时间音乐的需要。

MIDI 标准规定了各种音调的混合及发音，通过输出装置就可以将这些数字重新合成为音乐，它的主要限制是缺乏重现真实自然声音的能力。此外，MIDl 只能记录标准所规定的有限种乐器的组合，回放质量受声卡上合成芯片的严重限制。采用波表法进行音乐合成的声卡可以使 MIDI 音乐的质量大大提高。

8.3.4　视频处理

1. 视频的定义

一般来说，视频是由一幅幅内容连续的图像组成的，每一幅单独的图像就是视频的一帧。当连续的图像按照一定的速度播放时，由于人眼的视觉暂留现象，就会产生连续的动态画面效果，也就是所谓的视频。常见的视频源有电视摄像机、录像机、影碟机、激光视盘 LD 机、卫星接收机以及其他可以输出连续图像信号的设备等。

2. 视频的数字化

在视频数字化过程中，计算机要对输入的模拟视频信息进行采样与量化，并经过编码才能使其变成数字化图像。

视频信息首先通过采样将模拟视频的内容进行分解．得到每个像素点的色彩组成，然后采用固定采样率进行采样，并将色彩描述转换成 RGB 颜色模式，生成数字化视频。数字化视频和传统视频相同，由帧的连续播放产生视频连续的效果，在大多数数字化视频格式中，播放速度为每秒钟 24 帧。

3. 视频压缩标准

数字化以后的视频信号数据量大得惊人。如果没有高效率的压缩技术，是很难传输和存储的。目前，由 ISO 和 ITU-T 正式公布的视频压缩编码标准中，有 MPEG 标准系列和 H.26X 标准系列。

（1）MPEG 标准系列

MPEG 标准分成 MPEG 视频、MPEG 音频和视频音频同步三个部分。MPEG 算法除了对单幅图像进行编码外（帧内编码），还利用图像序列的相关特性去除帧间图像冗余，大大提高了视频图像的压缩比。在保持较佳的图像视觉效果的前提下，压缩比可以达到 60 ~ 100 倍左右。MPEG 压缩算法复杂、计算量大，其实现一般要有专门的硬件支持。

目前已经开发的 MPEG 标准有 MPEG-1（1992 年正式发布的数字电视标准）、MPEG-2（数字电视标准）、MPEG-4（1999 年发布的多媒体应用标准）、MPEG-7（多媒体内容描述接口）和 MPEG-21（多媒体框架、管理多媒体商务）。

（2）H.26X 标准系列

ITU-T（国际电信联盟）制定的视频编码标准包括 H.261、H.262、H.263 和 H.264，主要应用于实时视频通信领域，如会议电视。

H.261 是为在综合业务数字网（ISDN）上开展双向声像业务（可视电话、视频会议）而制定的。H.262 标准等同于 MPEG-2 视频编码标准。H.263 是在 H.261 基础上开发的电视图像编码标准，是最早用于低码率视频信号压缩编码的标准，目前它是可视电话中应用最广泛的视频压缩标准。H.264 是由 ISO/IEC 与 ITU-T 组成的联合视频组制定的新一代视频压缩编码标准，相对于先期的视频压缩标准，它引入了很多先进的技术，在提高编码率的同时，计算的复杂度也增加了。

4. 视频文件格式

视频文件的格式一般与标准有关，主要有 AVI、MOV、MPG、DAT 及 DIR 等。

（1）AVI 文件

AVI 文件是目前较为流行的视频文件格式，它将视频和音频信号混合交错地存储在一起。其文件扩展名为“AVI”，采用了 Intel 公司的 Indeo 有损视频压缩技术，较好地解决了音频信息与视频信息同步的问题。

（2）MOV 文件

MOV 是 Macintosh 计算机专用的影视文件格式。与 AVI 文件格式相同，它也采用了 Intel 公司的 Indeo 有损视频压缩技术，以及视频信息与音频信息混排技术。

（3）MPG 文件

PC 机上的全屏幕活动视频的标准文件为“. MPG”格式文件，是使用 MPEG 方法进行压缩的全运动视频图像。在适当的条件下，可于 1024×768 的分辨率下以每秒 24、25 或 30 帧的速率播放包含 128 000 种颜色的全运动视频图像和 CD 音质的同步伴音。

（4）DAT 文件

DAT 是 Video CD 或 Karaoke CD 数据文件的扩展名，也是基于 MPEG 压缩方法的文件格式。

（5）DIR 格式

DIR 是 Macromedia 公司推出/出品的 Director 多媒体著作工具产生的电影文件格式。

8.4　动画制作

8.4.1　动画制作基础

1. 动画的产生

人眼具有“视觉滞留效应”，即观察物体后，物体的影像将在人眼视网膜上保留一段短暂的时间。与视频类似，动画正是利用人类眼睛的“视觉滞留效应”，由很多内容连续但各不相同的画面组成。由于每幅画面中的物体位置和形态不同，如果每秒更替 24 个或更多画面，那么，前一个画面在人脑中消失之前，下一个画面就进入人脑，从而形成连续的影像。

2. 动画的分类

按制作技术和手段分类，可以将动画分为以手工绘制为主的传统动画和以计算机制作为主的计算机动画。

计算机动画从制作上可分为两大类：一是由绘图软件形成的动画，由于只能产生平面效果，这类动画被称为平面动画，或者二维动画；二是利用计算机辅助设计技术创建的，具有三维空间效果物体形成的动画，被称为三维动画。

8.4.2　动画的文件格式

1. GIF 文件格式（*.gif）

GIF 动画是网页中最常用的动画格式，除了文件尺寸较小以外，在 GIF 图像中可指定透明区域，能够无缝地与网页背景融合在一起。GIF 文件格式不能存储声音信息。

2. FLC 文件格式（*.fli/*.flc）

FLC 文件格式是 Autodesk 公司的动画制作软件中采用的文件格式。最初的 FLI 是基于 320×200 分辨率的动画文件格式，而 FLC 则是 FLI 的进一步扩展，采用更高效的数据压缩技术，其分辨率也不再局限于 320×200。FLC 文件仍然不能存储声音信息，也是一种“无声动画”格式。

3. SWF 文件格式（*.swf）

SWF 是一种矢量动画格式，由于其采用矢量图形记录画面信息，因此这种格式的动画在缩放时不会失真，非常适合描述由几何图形组成的动画。Macromedia 公司的二维动画制作软件 Flash，专门用于生成 SWF 文件格式的动画，由于这种格式的动画可以与 HTML 充分结合，并能添加音乐，因此被广泛应用在网页上。其特点是数据量小，动画流畅，但不能进行修改和加工。

8.4.3　动画软件简介

1. Flash

Flash MX 动画软件由 Macromedia 公司出品，它是目前制作网络交互动画最好的软件工具之一，支持动画、声音及交互功能，具有强大的多媒体编辑功能，并可直接生成网页代码，使得用 Flash 进行电子商务处理时得心应手。Flash MX 主要用于进行矢量图形编辑和动画制作，基于 Flash 制作的动画文件尺寸非常小，适合在网络上传输，而且 Flash 文件的在线播放能够运用流技术。Flash 动画文件的扩展名为.swf，它可以单独成为网页，也可以插入到 HTML 文件中，具有良好的交互性。

启动 Flash MX 后可以看到如图 8.7 所示的界面，它由菜单栏、工具箱、标准工具栏、时间线、图层栏、舞台和浮动面板等组成。

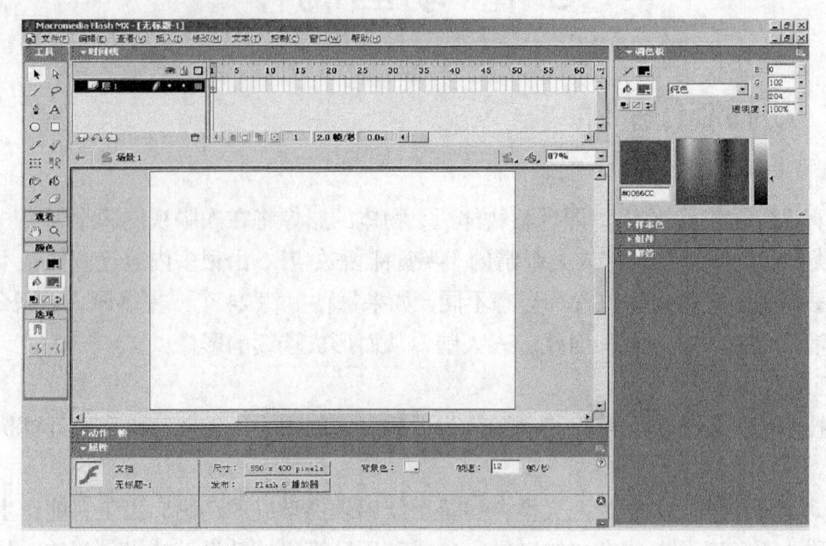

图 8.7　FlashMX 界面

Flash 主要应用于动画设计制作、网页制作、课件制作、多媒体演示、电子贺卡和网页游戏等领域。它的特点是应用领域广，动画占用空间少，缩放不变形，下载时间短，交互性好，易于跨平台播放。

2. ImageReady

ImageReady 用于创建动态 Web 图像，设计专业的 Web 页面和高级的 Web 处理过程，能够轻松地对图层进行选择、编组、对齐和排列等。

习 题 8

一、判断题

1. JPEG 是用于视频图像的编码标准。（　　）
2. 视频采集卡能完成数字视频信号的 D/A 转换和回放。（　　）
3. 多媒体技术是对多种媒体进行处理的技术。（　　）
4. 在多媒体计算机中，CD-ROM 是指只写一次的光盘。（　　）
5. 一个完整的多媒体计算机系统由硬件和软件两部分组成。（　　）
6. 目前广泛使用的触摸屏技术属于计算机技术中的多媒体技术。（　　）
7. 图像数据压缩的主要目的是提高图像的清晰度。（　　）
8. 扩展名为“.wav”的文件属于图像文件。（　　）
9. 计算机在存储波形声音之前，必须对其进行模拟化处理。（　　）
10. BMP 格式文件是无损压缩的。（　　）

二、单项选择题

1. 请根据多媒体的特性判断以下哪些属于多媒体的范畴？（　　）

（1）交互式视频游戏；（2）有声图书；（3）彩色画报；（4）彩色电视。

A. 仅（1） B.（1）（2） C.（1）（2）（3） D. 全部

2. 要把一台普通的计算机变成多媒体计算机要解决的关键技术是？（ ）

（1）视频/音频信号的获取；（2）多媒体数据编码和解码技术；

（3）视频/音频数据的实时处理和特技；（4）视频/音频数据的输出技术。

A.（1）（2）（3） B.（1）（2）（4） C.（1）（3）（4） D. 全部

3. 多媒体技术未来的发展方向是？（ ）

（1）高分辨率，提高显示质量；（2）高速度化，缩短处理时间；

（3）简单化，便于操作；（4）智能化，提高信息识别能力。

A.（1）（2）（3） B.（1）（2）（4） C.（1）（3）（4） D. 全部

4. 多媒体技术的主要特性有（ ）。

（1）多样性；（2）集成性；（3）交互性；（4）实时性。

A. 仅（1） B.（1）（2） C.（1）（2）（3） D. 全部

5. 以下（ ）不是数字图形、图像的常用文件格式。

A. .BMP B. .TXT C. .GIF D. .JPG

6. 在多媒体计算机系统中，内存和光盘属于（ ）。

A. 感觉媒体 B. 传输媒体 C. 表现媒体 D. 存储媒体

7. 用下面（ ）可将图片输入到计算机。

A. 绘图仪 B. 数码照相机 C. 键盘 D. 鼠标

8. 多媒体 PC 是指（ ）。

A. 能处理声音的计算机

B. 能处理图像的计算机

C. 能进行文本、声音、图像等多种媒体处理的计算机

D. 能进行通信处理的计算机

9. 只读光盘 CD-ROM 的存储容量一般为（ ）。

A. 1.44 MB B. 512 MB C. 4.7 GB D. 650 MB

10. 多媒体计算机系统的两大组成部分是（ ）。

A. 多媒体器件和多媒体主机

B. 音箱和声卡

C. 多媒体输入设备和多媒体输出设备

D. 多媒体计算机硬件系统和多媒体计算机软件系统

11. 多媒体计算机中的媒体信息是指（ ）。

A. 数字、文字 B. 声音、图形

C. 动画、视频 D. 上述所有信息

12. 计算机显示器、彩电等成像显示设备是根据（ ）三色原理生成的。

A. RVG（红黄绿） B. WRG（白红绿）

C. RGB（红绿蓝） D. CMY（青品红黄）

13. 以下（ ）不是常用的声音文件格式。

A. JPEG 文件 B. WAV 文件

C. MIDI 文件 D. VOC 文件

14. 在下列软件中，不能用来播放多媒体的软件是（　　）。

A. QQ 影音播放器　　B. Windows Meidia Player

C. Real Player　　D. Authorware

15. 多媒体技术发展的基础是（　　）。

A. 数字化技术和计算机技术的结合　　B. 数据库与操作系统的结合

C. CPU 的发展　　D. 通信技术的发展

三、思考题

1. 什么是多媒体和多媒体技术？
2. 多媒体技术的特征有哪些？
3. 多媒体技术的应用领域有哪些？
4. 多媒体计算机系统应该包含哪些部分？
5. 多媒体计算机和个人计算机在硬件方面有何区别？
6. 图形和图像的区别是什么？
7. 声音如何进行数字化？音频文件格式有哪些？
8. 什么是有损压缩和无损压缩？
9. 视频压缩的标准有哪些？
10. 动画的文件格式有哪些？至少列举 3 种动画设计软件。

第9章 信息安全基础

9.1 信息安全概述

9.1.1 信息安全概述

信息安全是指信息网络的硬件、软件及其系统中的数据受到保护，不受偶然的或者恶意的因素而遭到破坏、更改和泄露，确保系统连续、可靠、正常地运行，信息服务不中断。

信息安全问题涉及很多方面。信息安全不仅涉及到加密、防黑客、反病毒等专业技术问题，而且涉及到法律政策问题和管理问题。

1. 技术问题

计算机网络环境下影响信息安全的技术问题包括通信安全技术和计算机安全技术两方面。通信安全所涉及的技术有以下几个方面。

① 信息加密技术。是保障信息安全的最基本、最核心的技术措施和理论基础。

② 信息确认技术。通过严格限定信息共享范围来防止信息被非法伪造、篡改和假冒。

③ 网络控制技术。其中包括防火墙技术、审计技术、访问控制技术和安全技术。

2. 法律政策问题

信息安全运行和传递需要必要的法律支持，以法制来强化信息安全。这涉及网络规划与建设的法律、网络管理与运营的法律、信息安全的法律、计算机犯罪和刑事立法等法律问题。

3. 管理问题

管理问题包括组织建设、制度建设和人员意识三个方面的内容。

4. 其他安全问题

信息安全产业的发展问题、信息安全产品和技术的标准及其标准化问题等。

9.1.2 信息安全技术

1. 信息加密技术

加密技术是电子商务采取的主要安全保密措施。加密机制是安全机制中最基础最核心的机制。加密就是把可理解的明文消息通过密码算法变换成不可理解的密文的过程；解密是加密的逆操作。加密算法在这中间起着重要的作用。加密算法一般分为两类：对称密码算法和公开密钥密码算法（也称非对称密码算法）。

（1）对称密码算法

对称密码算法也称为单密钥密码算法。对称加密体制的特征是加密与解密的密钥是一样的或可以彼此推导，算法流程如图 9.1 所示。

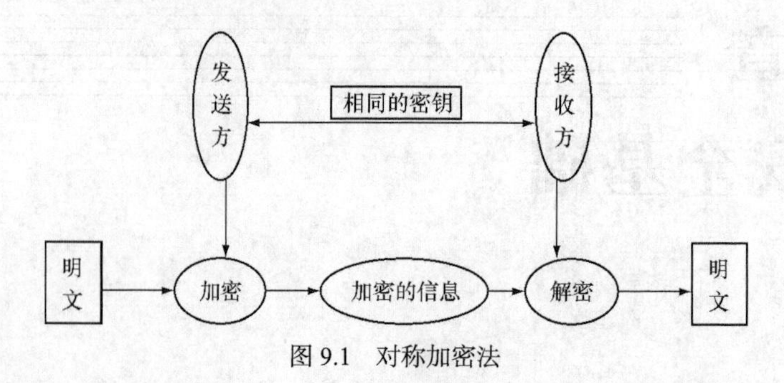

图 9.1　对称加密法

对称加密体制分为序列密码体制和分组密码体制两大类。在序列密码中，将明文消息按字符逐位地加密；在分组密码中，将明文消息分组，逐组进行加密。常见的对称密钥密码体系中最著名的算法有以下几类。

① 美国数据加密标准（DES）。为了实现同一水平的安全性和兼容性，提出了数据加密标准化。标准化便于联网、训练操作维护人员、降低生产成本和推广使用。为此，美国商业部所属的国家标准局（NBS）在 1972 年开始了一项计算机数据保护标准的发展规划。NBS 在 1973 年 5 月 13 日的联邦记录（FRl973）中公布了一项公告，征求在传输和存储数据过程中保护计算机数据的密码算法的建议，这一举措最终导致了数据加密标准（DES）的研制。DES 是迄今为止世界上使用和流行最为广泛的一种分组密码算法。

② 高级加密标准（AES）。随着密码分析水平、芯片处理能力和计算技术的不断进步，专家们普遍认为：以前广泛使用的 DES 及其变形算法的安全强度已经难以适应新的安全需要，其实现速度、代码大小和运行平台均难以继续满足新的应用需求。在这种形势下，迫切需要设计一种更强有力的算法作为新一代的分组加密标准，因此 AES 应运而生。作为 AES 的候选者，国际上提出了多个分组密码算法，如 Rijndael、RC6、Twofish、Serpent 和 MARS 等，经过几年的专家评审、测试和反复论证，于 2000 年 10 月决定选用 Rijndael 算法作为 AES。

AES 的算法和实现特性主要有以下几点。第一个是多功能性，即在不同平台上都能高效实现的能力。一方面，AES 必须适合 8 位微处理器和智能卡，它们仅有有限的程序存储空间，即非常有限的工作内存；另一方面，AES 的专用硬件需要在通信链路上实现 1000 Mbit/s 的加/解密速度。第二个特性是密钥快捷性。在大多数的分组密码中，密钥建立需要占用处理时间。在使用相同密钥加密大量数据的应用中，这个处理过程相对而言无足轻重。但是在密钥经常更换的应用中，密钥建立所带来的花销将是非常关键的。显然，在这些应用中快速的密钥建立将是一个优势。

③ 国际数据加密标准（IDEA）。1990 年，由瑞士联邦技术学院来学嘉 X.J.Lai 和 Massey 提出的建议标准算法称为 PES。Lai 和 Massey 在 1992 年对其进行了改进，强化了抗差分分析的能力，并改称为 IDEA。它基于“相异代数群上的混合运算”设计思想算法，用硬件和软件实现都很容易且比 DES 在实现上快的多。自 IDEA 问世以来，已经经历了大量的详细审查，对密码分析具有很强的抵抗能力，在多种商业产品中被使用。

对称密钥体制使用方便，加密/解密速度较高，具有较低的错误扩散。这是因为明文和密文是逐位对应加密/解密的，因此，传输过程中的每比特错误只能影响该比特的明文。对称密码体制最大的缺陷是密钥分发问题。例如：三个人相互进行保密通信，需要分配三个密钥；而六个人相互保密通信就需要分配 15 个密钥。如果信息系统中有 n 个人需要相互保密通信，就得分发 $n(n-1)/2$ 个密钥。

（2）非对称密码算法

1976 年，Diffie 和 Hell man 提出了非对称密码体制的概念，又称公钥密码体制。在非对称加密体系中，密钥被分解为一对（即公开密钥和私有密钥）。这对密钥中任何一把都可以作为公开密钥（加密密钥）通过非保密方式向他人公开，而另一把作为私有密钥（解密密钥）加以严格保密。公开密钥用于加密，私有密钥用于解密且只能由生成密钥的交换方掌握，公开密钥可广泛公布，但它只对应于生成密钥的交换方。非对称加密方式可以使通信双方无须事先交换密钥就可以建立安全通信，广泛应用于身份认证、数字签名等信息交换领域。非对称加密体系一般是建立在某些已知的数学难题之上，是计算机复杂性理论发展的必然结果。最具有代表性是 RSA 公钥密码体制。其算法流程如图 9.2 所示。

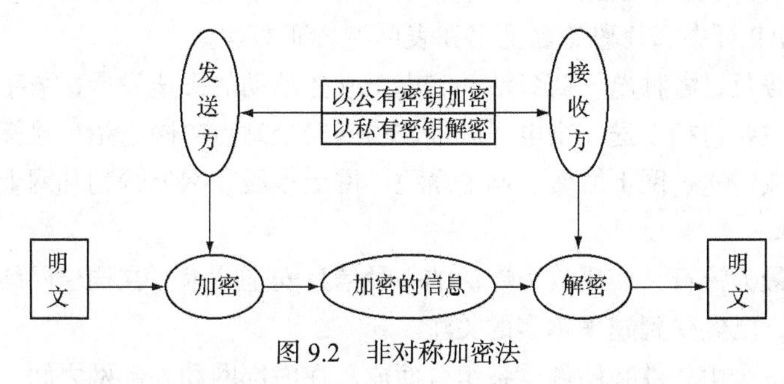

图 9.2　非对称加密法

由于加密钥匙是公开的，密钥的分配和管理就很简单，比如对于具有 n 个用户的网络，仅需要 $2n$ 个密钥。公开密钥加密系统还能够很容易地实现数字签名。在实际应用中，公开密钥加密系统并没有完全取代对称密钥加密系统，这是因为公开密钥加密系统是基于尖端的数学难题，计算非常复杂，虽然安全性更高，但实现速度却远赶不上对称密钥加密系统。在实际应用中可利用二者的各自优点，采用对称加密系统加密文件，采用公开密钥加密系统加密“加密文件”的密钥（会话密钥），这就是混合加密系统，它较好地解决了运算速度问题和密钥分配管理问题。因此，公钥密码体制通常被用来加密关键性的、核心的机密数据，而对称密码体制通常被用来加密大量的数据。

2. 数字签名与数字证书

（1）数字签名

在金融和商业等系统中，许多业务都要求在单据上进行签名或加盖印章，证实其真实性，以备日后检查。相应地，在利用计算机网络传送报文时，可以采用数字签名的方法代替传统的签名。

① 数字签名的概念。所谓数字签名（Digital Signature）就是附加在数据单元上的一些数据，或是对数据单元所作的密码变换的结果。这种数据或变换允许数据单元的接收者用以确认数据单元的来源和数据单元的完整性并保护数据，防止被人进行伪造。

② 数字签名的实现。基于公钥密码体制和私钥密码体制都可以获得数字签名，目前主要是基于公钥密码体制的数字签名。目前应用较为广泛的方法是 Hash 签名和 RSA 签名。

③ 数字签名带来的问题。首先数字签名需要相关法律条文的支持，需要立法机构对数字签名技术有足够的重视，并且在立法上加快脚步，迅速制定有关法律，以充分实现数字签名具有的特

殊鉴别作用。其次，如果发送方的信息已经添加了数字签名，那么接收方就必须要有数字签名软件，进行鉴定这要求软件具有很高的普及性。

（2）数字证书

数字证书是一种权威性的电子文档，它提供了一种在因特网上验证身份的方式。它由一个认证授权（Certificate Authority, CA）中心发行，可以用于互联网中识别对方的身份。在数字证书认证的过程中，认证授权中心作为权威的、公正的和可信赖的第三方，其作用是至关重要的。

数字证书颁发的过程一般为：用户首先产生自己的密钥对，并将公共密钥及部分个人身份信息传送给认证中心；认证中心在核实身份后，将执行一些必要的步骤，以确信请求确实由用户发送而来，然后，认证中心将发给用户一个数字证书，该证书内包含用户的个人信息和他的公钥信息，同时还附有认证中心的签名信息。用户就可以使用自己的数字证书进行相关的各种活动，认证自己的真实身份。

目前的数字证书类型主要包括个人数字证书、单位数字证书、单位员工数字证书、服务器证书、VPN 证书、WAP 证书、代码签名证书和表单签名证书等。

随着因特网的普及，各种电子商务活动和电子政务活动的飞速发展，数字证书开始广泛应用于各个领域，目前主要包括发送安全电子邮件、访问安全站点、网上招标投标、网上签约、网上订购、安全网上公文传送、网上缴费、网上缴税、网上炒股、网上购物和网上报关等。

3. 防火墙技术

防火墙是目前最为流行、使用最为广泛的一种信息安全技术。在构建网络环境时，防火墙作为第一道安全防线，已经受到越来越多的关注。

防火墙指的是一个由软件和硬件设备组合而成、在内部网和外部网之间、专用网与公共网之间构造的保护屏障。它是外部进入内部网的唯一通道，使 Internet 与 Intranet 之间建立起一个安全网关，从而保护内部网免受非法用户的侵入。

目前的防火墙产品主要有堡垒主机、包过滤路由器、应用层网关（代理服务器）、电路层网关、屏蔽主机防火墙，以及双宿主机等类型。虽然防火墙是目前保护网络免遭黑客袭击的有效手段，但也有明显不足。

① 无法防范通过防火墙以外的其他途径的攻击。

② 不能防止来自内部变节者和不经心的用户们带来的威胁。

③ 不能完全防止传送已感染病毒的软件或文件。

④ 无法防范数据驱动型的攻击。

自从 1986 年美国 Digital 公司在 Internet 上安装了全球第一个商用防火墙系统，并提出了防火墙概念后，防火墙技术得到了飞速发展，国内外已有数十家公司推出了功能各不相同的防火墙产品系列。

防火墙处于网络安全体系中的最底层，属于网络层安全技术范畴。在这一层上，企业对安全系统提出的问题是：是否所有的 IP 都能访问企业的内部网络系统？如果答案是“是”，则说明企业内部网络还没有在网络层采取相应的防范措施。作为内部网络与外部公共网络之间的第一道屏障，防火墙是最先受到人们重视的网络安全产品之一。虽然从理论上看，防火墙处于网络安全的最底层，负责网络间的安全认证与传输，但随着网络安全技术的整体发展和网络应用的不断变化，现代防火墙技术已经逐步走向网络层之外的其他安全层次，不仅能完成传统防火墙的过滤任务，同时还能为各种网络应用提供相应的安全服务。另外，还有多种防火墙产品正朝着数据安全与用户认证、防止病毒与黑客侵入等方向发展。

9.2　计算机病毒

9.2.1　计算机病毒的概念

自计算机问世以来，计算机犯罪也随之出现。随着计算机技术的高速发展，计算机的安全问题也显得越来越突出，人类在尽情享受计算机技术带来的优越性的同时，也不得不接收计算机犯罪的困扰。1983 年，计算机病毒（virus）在美国被首次确认。至今为止，世界上已发现的计算机病毒超过了数万种，它对计算机系统的安全性威胁极大。全球每年因计算机病毒造成的经济损失达到数十亿美元，尽管几乎每一个国家都建立了完善的反计算机病毒体系，国际化的计算机病毒防范网络也在反毒杀毒战役中屡建奇功，但计算机病毒还是防不胜防。时至今日，我们依然谈“毒”色变，依然面临一场持久的反计算机病毒的战争。

那么，究竟什么是“计算机病毒”呢?

美国计算机安全专家 Frederick Cohen 博士 1987 年在《计算机与安全》杂志上发表文章，将计算机病毒定义为：计算机病毒是一个能传染其他程序的程序，病毒是靠修改其他程序，并把自身的拷贝嵌入到其他程序而实现传染的。

美国国家计算机安全中心出版的《计算机安全术语汇编》一书对计算机病毒的定义是：计算机病毒是一种自我繁殖的特洛伊木马，它由任务部分、触发部分和自我繁殖部分组成。

1994 年 2 月 28 日颁布的《中华人民共和国计算机安全保护条例》中，对病毒的定义如下：计算机病毒是指编制、或者在计算机程序中插入的、破坏计算机功能或者毁坏数据、影响计算机使用、并能自我复制的一组计算机指令或者程序代码。公安部于 2000 年 4 月 26 日已颁布的《计算机病毒防治管理办法》中，沿用了这一定义。

关于计算机病毒的说法还有许多，我们认为，比较科学的定义应该是：计算机病毒是隐藏在计算机系统中，利用系统资源进行繁殖并生存，能够影响计算机系统的正常运行，并可通过系统资源共享的途径进行传染的程序。

9.2.2　计算机病毒产生的原因

计算机病毒产生的原因有以下几点。

① 开个玩笑，一个恶作剧。某些爱好计算机并对计算机技术精通的人士为了炫耀自己的高超技术和智慧，凭借对软硬件的深入了解，编制这些特殊的程序。这些程序通过载体传播出去后，在一定条件下被触发。如显示一些动画，播放一段音乐，或提一些智力问答题目等，其目的无非是自我表现一下。这类病毒一般都是良性的，不会有破坏作用。

② 来自于个别人的报复心理。每个人都处于社会环境中，但总有人对社会不满或受到不公正的待遇。如果这种情况发生在一个编程高手身上，那么他有可能会编制一些危险的程序。在国外有这样的事例：某公司职员在职期间编制了一段代码隐藏在其公司的系统中，一旦检测到他的名字在工资报表中删除，该程序立即发作，破坏整个系统。类似案例在国内也出现过。

③ 用于版权保护。计算机发展初期，由于在法律上对于软件版权保护还没有像今天这样完善，很多商业软件被非法复制。有些开发商为了保护自己的利益制作了一些特殊程序，附在产品中。如：巴基斯坦病毒，其制作者是为了追踪那些非法拷贝他们产品的用户。用于这种目的的病毒目

前已不多见。

④ 用于特殊目的。某些组织或个人为达到特殊目的，对政府机构、单位的特殊系统进行宣传或破坏，或用于军事目的。

9.2.3 计算机病毒的特征

1. 传染性

传染性是计算机病毒最重要的特征，是判断一段程序代码是否为计算机病毒的重要依据。计算机病毒的传染性是指病毒具有把自身复制到其他程序中的特性。病毒可以附着在程序上，通过磁盘、光盘和计算机网络等载体进行传染，被传染的计算机又成为病毒的生存环境及新传染源。由于目前计算机网络日益发达，计算机病毒可以在极短的时间内，通过 Internet 传遍世界。

2. 隐藏性

隐藏性是指计算机病毒进入系统后不易被发现，使之可以有更长的时间去实现计算机病毒的传染和破坏。

3. 破坏性

计算机系统被计算机病毒感染后，一旦病毒发作条件满足时，就在计算机上表现出一定的症状。即使不直接产生破坏作用的病毒程序也要占用系统资源，如占用 CPU 时间或内存空间，影响系统运行效率；危害性大的病毒将删除文件、加密磁盘中的数据，甚至摧毁整个系统和数据，使之无法恢复，造成无可挽回的损失。病毒程序的破坏性体现了病毒设计者的真正意图，病毒破坏的严重程度取决于病毒制造者的目的和技术水平。

4. 触发性

计算机病毒一般是有控制条件的，当外界条件满足计算机病毒发作要求时，计算机病毒就开始传染或破坏。触发的条件可以是键入了特定的字符，使用了特殊的文件，或者是病毒内部计数器达到了一定的次数，或者是某个特定的日期或特定的时刻。如“黑色星期五病毒”（每逢星期五发作）、CIH 病毒（每逢 4 月 26 日发作）等。

5. 潜伏性

计算机病毒的潜伏性是指计算机病毒具有依附其他媒体而寄生的能力。计算机病毒可能会长时间潜伏在计算机中，病毒的发作是由触发条件来确定的，在触发条件不满足时，系统没有异常症状。病毒的潜伏性越好，它在系统中存在的时间也就越长，病毒传染的范围也越广，其危害性也越大。

9.2.4 计算机病毒的分类

自从计算机病毒第一次出现以来，在病毒编写者和反病毒软件作者之间就存在着一个连续的竞争赛跑。当针对已经存在的病毒开发出了有效的对策时，新的病毒又被开发出来了。

在 Internet 普及以前，病毒攻击的主要对象是单机环境下的计算机系统，一般通过软盘或光盘来传播，病毒程序大都寄生在文件内，这种传统的单机病毒现在仍然存在并威胁着计算机系统的安全。随着网络的出现和 Internet 的迅速普及，计算机病毒也呈现出新的特点，在网络环境下病毒主要通过计算机网络来传播。病毒可分为传统单机病毒和现代网络病毒两大类。

1. 传统单机病毒

根据病毒寄生方式的不同，可将传统单机病毒分为以下四种主要类型。

（1）引导型病毒

引导型病毒就是用病毒的全部或部分逻辑取代正常的引导记录，而将正常的引导记录隐藏在磁盘的其他地方，这样只要系统启动，病毒就获得了控制权，例如“大麻”病毒和“小球”病毒。

（2）文件型病毒

文件型病毒一般感染可执行文件（例如 DOS 环境下的 exe 和.com），病毒寄生在可执行程序体内。只要程序被执行，病毒也就被激活。病毒程序会首先被执行，并将自身驻留在内存，然后设置触发条件，进行传染。

例如“CIH 病毒”，该病毒主要感染 Windows95/98 下的可执行文件，病毒会破坏计算机硬盘和改写计算机基本输入/输出系统（BIOS），导致系统主板的破坏，CIH 病毒已有很多的变种。

（3）宏病毒

宏病毒是一种寄生于文档或模板宏中的计算机病毒，一旦打开带有宏病毒的文档，病毒就会被激活，驻留在 Normal 模板上，所有自动保存的文档都会感染上这种宏病毒。如果其他用户打开了感染宏病毒的文档，病毒就会转移到其他计算机上。凡是具有写宏能力的软件都有可能感染宏病毒，如 Word、Excel 等 Office 软件。

例如“TaiWanNO.1”宏病毒，病毒发作时会出一道连计算机都难以计算的数学乘法题目，并要求输入正确答案，一旦答错，则立即自动开启 20 个文件，并继续出下一道题目，一直到耗尽系统资源为止。

（4）混合型病毒

混合型病毒就是既感染可执行文件又感染磁盘引导记录的病毒，只要中毒，一开机病毒就会发作，然后通过可执行程序感染其他的程序文件。由于兼有文件型病毒和引导型病毒的特点，所以它的破坏性更大，传染的机会也更多。

2. 现代网络病毒

根据网络病毒破坏机制的不同，一般将其分为以下两大类。

（1）蠕虫病毒

1988 年 11 月，美国康奈尔大学的学生 Robert.Morris（罗伯特·莫里斯）编写的“莫里斯蠕虫”病毒蔓延，造成了数千台计算机停机，蠕虫病毒开始现身于网络。蠕虫病毒以计算机为载体，以网络为攻击对象，利用网络的通信功能将自身不断地从一个结点发送到另一个节点。并能够自动地启动病毒程序，这样不仅消耗了大量本土资源，而且大量占用了网络的带宽，导致网络堵塞，最终造成整个网络系统瘫痪。

另一个著名的例子是“冲击波（Worm.MSBLast）”，该病毒利用 Windows 远程过程调用协议中存在的系统漏洞，向远端系统上的 RPC 系统服务所监听的端口发送攻击代码，从而达到传播的目的。感染该病毒的机器会莫名其妙地死机或重新启动计算机，IE 浏览器不能正常地打开链接，不能进行复制粘贴操作，有时还会出现应用程序异常（如 Word 无法正常使用），上网速度变慢，在任务管理器中可以找到一个“msblast.exe”的进程在运行。一旦出现以上现象，可以先用杀毒软件将该病毒清除，然后“www.microsoft.com/china/security/Bulletins/msblaster.asp”下载并安装补丁程序，再升级本机病毒库。

（2）木马病毒

特洛伊木马（TrojanHorse）原指希腊士兵藏在木马内进入敌方城市从而攻占城市的故事。木马病毒是指在正常的程序、邮件附件或网页中包含了可以控制用户计算机的程序，这些隐藏的程序非法入侵并监控用户的计算机，窃取用户的账号和密码等机密信息。木马病毒一般通过电子邮件、即时通信工具（如 MSN 和 QQ 等）和恶意网页等方式感染用户的计算机，多数都是利用了操作系统中存在的漏洞。

例如“QQ 木马”，该病毒隐藏在用户系统中，发作时寻找 QQ 窗口，给在线上的 QQ 好友发送诸如：“快去看看，里面有……好东西”之类的假消息，诱惑用户点击一个网站，如果有人信以为真点击该链接的话，就会被病毒感染，然后成为毒源，继续传播。

现在有少数木马病毒加入了蠕虫病毒的功能，其破坏性更强。

9.2.5 计算机病毒的预防和清除

1. 网络工作站防病毒的措施

所谓“道高一尺，魔高一丈”，完全可以采取一定的手段从以下几个方面来防范不安全因素对计算机系统的威胁。

① 基于工作站的防治技术。工作站就像是计算机网络的大门。只有把好这道关，才能有效防止不安全因素的侵入。工作站防治的方法有三种：一是软件防治，即定期不定期地用反病毒软件检测工作站的病毒感染情况；二是在工作站上安装防病毒卡；三是在网络接口卡上安装防病毒芯片，它将工作站存取控制与病毒防护合二为一，可以更加实时有效地保护工作站及通向服务器的桥梁。

② 基于服务器的防治技术。网络服务器是计算机网络的中心，网络服务器一旦被击垮，造成的损失是灾难性、难以挽回和无法估量的。目前，基于服务器的防治方法大都采用防病毒可装载模块（NLM），以提供实时扫描病毒的能力。有时也结合利用在服务器上安装防毒卡等方法，目的在于保护服务器不受病毒的攻击，从而切断病毒进一步传播的途径。

③ 云安全技术。“云安全（Cloud Security）”计划是网络时代信息安全的最新体现，它融合了并行处理、网格计算和未知病毒行为判断等新兴技术和概念，通过网状的大量客户端对网络中软件行为的异常监测，获取互联网中木马、恶意程序的最新信息，推送到服务端进行自动分析和处理，再把病毒和木马的解决方案分发到每一个客户端。

未来杀毒软件将无法有效地处理日益增多的恶意程序。来自互联网的主要威胁正在由电脑病毒转向恶意程序及木马，在这样的情况下，采用的特征库判别法显然已经过时。云安全技术应用后，识别和查杀病毒不再仅仅依靠本地硬盘中的病毒库，而是依靠庞大的网络服务，实时进行采集、分析以及处理。整个互联网就是一个巨大的“杀毒软件”，参与者越多，每个参与者就越安全，整个互联网就会更安全。

云安全是一群探针的结果上报、专业处理结果的分享，其好处是理论上可以把病毒的传播范围控制在一定区域内。云安全的杀毒效果与探针的数量、存活、及病毒处理的速度有关。

传统的上报是人为手动的，而云安全的上报则是系统自动在几秒钟内就完成的，这一种上报是最及时的，人工上报就做不到这一点。理想状态下，从一个盗号木马攻击某台计算机，到整个“云安全”（Cloud Security）网络对其拥有免疫、查杀能力，仅需几秒的时间。

云安全的概念提出后，曾引起了广泛的争议，许多人认为它是伪命题。但事实胜于雄辩，云安全的发展像一阵风，360 杀毒、360 安全卫士、瑞星杀毒软件、趋势、卡巴斯基、MCAFEE、SYMANTEC、江民科技、PANDA、金山毒霸和卡卡上网安全助手等都推出了云安全解决方案。云安全技术是 P2P 技术、网格技术和云计算技术等分布式计算技术混合发展、自然演化的结果。

④ 加强计算机网络的管理。单纯依靠技术手段不可能完全有效地杜绝和防止计算机病毒蔓延，只有把技术手段和管理机制紧密结合起来，提高人们的防范意识，才有可能从根本上保护网络系统的安全运行。应从硬件设备及软件系统的使用、维护、管理和服务等各个环节制定出严格的规章制度、加强法制教育和职业道德教育，规范工作程序和操作规程，严惩从事非法活动的集

体和个人，尽可能采用行之有效的新技术、新手段，建立“防杀结合、以防为主、以杀为辅、软硬互补、标本兼治”的最佳网络病毒安全模式。

2. 个人计算机病毒的预防

当然，绝对防止病毒感染似乎是一件不可能的事情。但是，采取以下方法可以有效地降低系统感染病毒的概率，减少病毒带来的损失。

① 一定要安装杀毒软件，而且最好选择知名厂商的产品，并且要及时更新病毒库，保证能够及时查杀最新出现的病毒。

② 通过网络下载软件时要从正规站点下载，降低下载的软件中包含病毒的可能性。

③ 打开邮件附件时要三思而后行，不论它是来自你的好友，还是陌生人，建议将那些主题莫名其妙的邮件直接删除。因为统计，数据表明病毒经常潜伏在垃圾邮件的附件中。

④ 打开可执行文件、Word 文档和 Excel 文档之前，最好仔细检查。尤其是第一次在你的系统中访问这些文件时，一定要先检查一下。

⑤ 对于重要的数据，一定要定期备份，对于十分重要的数据，最好在其他计算机上再备份一次，特别重要的数据，即使进行多次备份也是值得的。

⑥ 在使用从外面拿来的 U 盘时，要先对其进行检查。

⑦ U 盘在使用完成后，应及时拔出，避免计算机在下次启动时从该 U 盘启动。

⑧ 系统安装建议采取如下安装顺序：操作系统→杀毒软件→其他软件，这样可以最大限度地减小病毒感染的概率。

⑨ 上网前先打开病毒防火墙。

⑩ 及时安装操作系统的补丁程序。

⑪ 局域网用户共享文件夹的权限一定要设为“只读”。

随着计算机的快速普及，以及网络的快速发展，人们日常上网的安全问题越来越重要，一些与网站防护、个人信息保护及计算机系统防护等相关的技术也正在逐步走进人们的生活。因此，掌握防火墙和基本的计算机防护技术是非常有用的。

3. 病毒的清除

不同的病毒清除的办法也不尽相同，从总体上来说，主要有以下几种办法。

（1）使用杀毒软件

这是一种最简单的防毒杀毒方法，适合于所有普通的计算机用户，用户只需按照软件的提示逐步操作即可完成。现在网上的杀毒软件有很多种，不同软件所包含的功能也不一样，除了具备基本的查杀功能，一般还包括实施监控、在线升级功能。

（2）使用病毒专杀工具

对于一些比较流行、影响较大的病毒，大部分反病毒的公司网站上还提供了许多针对各种特定病毒的专杀工具，用户可以免费下载并使用。

（3）手动清除

虽然绝大部分的病毒都可以通过杀毒软件来解决，但是杀毒软件的防毒杀毒能力是有限的，这是由杀毒软件的性质决定的。杀毒软件一般是要有病毒出现，然后才开发相应的杀毒软件，所以杀毒软件一般是滞后于病毒，而且安装杀毒软件是要付出一定的代价的，例如，占用一定的系统资源，计算机启动的速度慢。这时也可以采取手动的办法利用一些常用工具软件清除病毒。但是，这需要操作者具备计算机方面一定的专业知识，对病毒的运行机制有所了解，对一般用户不适合。

9.3 黑客手段与防范

9.3.1 黑客概述

什么是黑客？黑客（hacker）是指通过网络非法入侵他人系统，截获或篡改计算机数据，危害信息安全的电脑入侵者。黑客最初还是褒义词，随着各种入侵他人网络的事件增多，造成的危害与日俱增，Internet 上黑客的攻击已变成恐慌的代名词。黑客们非法侵入有线电视网、在线书店和拍卖站点，甚至政府部门的站点，更改内容，窃取敏感数据。今天“黑客”一词已与“破坏者”，甚至“盗贼”等同。

黑客使用黑客程序入侵网络。所谓黑客程序则是一种专门用于进行黑客攻击的应用程序，它们有的比较简单，有的功能较强。功能较强的黑客程序一般至少有服务器程序和客户机程序两部分，服务器程序实际上是一个间谍程序，客户机部分是黑客发动攻击的控制台。黑客利用病毒原理，以发送电子邮件、提供免费软件等手段，将服务器程序悄悄安装到用户的计算机中，在实施黑客攻击时，客户机与远程已安装好的服务器程序里应外合，达到攻击的目的。利用黑客程序进行黑客攻击，由于整个攻击过程已经程序化，黑客不需要高超的操作技巧和高深的专业软件知识，只要具备一些最基本的计算机知识便可，因此危害性非常大。较有名的黑客程序有：BO、YAI以及“拒绝服务”攻击工具等。

黑客分为六种，即解密者、恶作剧者、网络小偷、职业雇佣杀手、“网络大侠”和“国家特工”。对网络安全构成威胁的黑客指的是网络小偷、职业雇佣杀手和“国家特工”，他们通过有组织、有针对性的大规模攻击，破坏企业和国家信息系统，给国家和企业造成无法挽救的损失。从某种意义上说，黑客对计算机及信息安全的危害性比一般计算机病毒更为严重。

目前世界上推崇的信息系统防黑的策略是著名的防黑管理模型 PDRR。P（Protection）是指做好自身的防黑保护；D（Detection）是防黑扫描、检测；第一个 R（Response）指反应，即反应要及时；第二个 R（Recovery）指恢复，如果万一被黑客攻击，就要想办法立即恢复。一个信息系统要尽量做到 P>D+R，也就是黑客攻击的过程时间尽量长，而系统对黑客攻击行为的侦测和反应的时间尽量短。如果这样，这个系统就是安全的。这也就是防黑站点的标准：保护严密，检测迅速，反应及时。

9.3.2 防止黑客攻击的策略

防止黑客入侵的措施包括以下几点。

① 加强对控制机房、网络服务器、线路和主机等实体的防范，除了做好环境的保卫工作外，还要对系统进行整体的动态监控。

② 身份认证。通过授权认证的方式来防止黑客和非法使用者进入网络，为特许用户提供符合身份的访问权限和控制权限。

③ 数据加密。对信息系统的数据、文件、密码和控制信息加密，提高数据传输的可靠性。

④ 在网络中采用行之有效的防黑产品，如防火墙、防黑软件等。目的在于阻止无关用户闯入网络，以及不允许把本公司的有用信息传送给网外竞争对手等特殊人员。

⑤ 制定相关法律，以法治黑。

9.4　网络道德与计算机法规

9.4.1　网络道德

1. 网络道德概念及现状

所谓网络道德，是指以善恶为标准，通过社会舆论、内心信念和传统习惯来评价人们的上网行为，调节网络时空中人与人之间以及个人与社会之间关系的行为规范。网络道德是时代的产物，与信息网络相适应，人类面临新的道德要求和选择，于是网络道德应运而生。网络道德是人与人、人与人群关系的行为法则，它是一定社会背景下人们的行为规范，赋予人们在动机或行为上的是非善恶判断标准。

随着计算机网络的迅速普及，Internet 的应用已经遍及全球的每个角落，而且由于 Internet 的开放性与自由性，不存在一个统一的管理机构来对 Internet 网上的信息资源进行统一有效的管理，这样做当然是有利有弊：一方面只要用户接 Internet，就可以共享网络上无穷的信息资源和数据资源，同时还可以把自己的信息资源共享给别人使用，可以在网上自由地发表自己的意见和看法，这样可以充分利用已有的信息资源。另一方面由于网络是一个虚拟的电子空间，所以具有很大的隐蔽性。例如，在网上交谈的双方一般都看不到对方，也不清楚对方身在何处，更无法验证对方提供的信息是否真实可靠，这样便很容易造成欺骗的发生。

由于 Internet 上的信息缺乏规范的管理，导致一些不负责任的网站在网上发布虚假的信息，甚至有黄色网站在网上传播不健康的色情信息，严重影响了青少年的健康成长，还有一些人打着“言论自由”的幌子在 Internet 上散布政治谣言，从事邪教或恐怖活动等。网络病毒日益泛滥，黑客入侵事件也屡见不鲜，某些心怀不轨的人利用计算机网络进行犯罪也频频发生，如盗取他人信用卡的账号与密码，黑客攻击银行或证券交易所的网络系统盗取他人钱款，攻击国家政府部门网站或某些商业网站，造成其不能提供正常的信息服务等。

以上存在的种种问题并不是说我们不能使用 Internet，而是需要我们在发展 Internet 的应用过程中去更好地规范它，加强网络道德的宣传与教育，使其更好地为我们服务。

2. 网络道德建设

当前网络道德建设的主要问题在于处理好以下关系。

（1）虚拟空间与现实空间的关系

现实空间是大家熟悉并生活在其中的空间，虚拟空间是由于电子技术尤其是计算机网络的兴起而出现的，是人类交流信息、知识、情感的另一个空间。其信息传播方式具有数码化或非物体化的特点，信息传播的范围具有时空压缩的特点，取得信息模式具有互动化和全面化的特点。这两种空间共同构成人们的基本生存环境，它们之间的矛盾与网络空间内部的矛盾是网络道德形成与发展的基础。

（2）网络道德与传统道德的关系

在虚拟空间中人的社会角色和道德责任都与在现实空间中有很大不同，人将摆脱各种现实直观角色等制约人们的道德环境，而在超地域的范围内发挥更大的社会作用，这意味着在传统社会中形成的道德及其运行机制在信息社会中并不完全适用，而且不能为了维护传统道德而拒斥虚拟空间闯入人们的生活，但也不能听任虚拟空间的道德无序状态，或消极等待其自发的道德机制的形成，因为它将由于网络道德与传统道德的密切联系而导致传统道德失范。如何在虚拟空间中引入传统道德的优秀成果和富有成效的运行机制，如何在充分利用信息高速公路对人的全面发展和道德文明的促进的同时抵御其消极作用，如何协调既有道德与网络道德之间的关系，使之整体发展为信息社会更高水平的道德，这些均是网络道德建设的重要课题。

（3）个人隐私与社会安全的关系

在网络社会中，个人隐私与社会安全出现了矛盾：一方面，为了保护个人隐私，磁盘所记录的个人生活应该完全保密，除网络服务提供商作为计费的依据外、不能作其他利用，并且收集个人信息应该受到严格限制，另一方面，个人要为自己的行为负责，因此，每个人的网上行为应该记录下来，供人们进行道德评价和道德监督，有关机关也可以查询，作为执法的证据，以保障社会安全。这就提出了道德法律问题：大众和政府机关在什么情况下可以调阅网上个人的哪些信息？如何协调个人隐私与社会监督之间的平衡？这些问题不解决，网络主体的权益和能力就不能得到充分发挥，网络社会的道德约束机制就不能形成，社会安全也得不到保障。

总而言之，网络道德的建设仅靠行政部门的干涉、大众媒体的呼吁是远远不够的。在日常生活中有许多约定俗成的东西在深深制约着人们的道德意识与行为规范，网络空间中也应有自己独特的价值体系和行为模式，每一个上网的人都应参与网络道德的建设。现在对于网络道德这样相对抽象的问题还没有给予足够的重视，但毫无疑问，只有具有了一个成熟的网络道德体系，网络这个虚拟世界才会朝着健康有序的方向发展。许多人对网络的认识出现了一个误区，把网络看成是一个不需要任何约束的公共场所。因此，网络道德建设中需要一些强制性的法律手段。

9.4.2 保护软件知识产权

1990 年以前，我国软件市场基本呈无序状态。计算机用户从别人那里复制软件来使用好像是天经地义的，花钱购买软件倒成为不可思议，以至有的单位还规定购买计算机软件不能计入成本。计算机软件的研制工作量大，商品化又较难，尤其是大型软件，其研制开发周期很长，开发成本高。软件盗版的猖獗，使软件的知识产权得不到应有的尊重和保护，软件的真正价值不被人们所接受，严重地挫伤了软件开发者的积极性，同时也阻碍了大批国外优秀软件进入中国。计算机软件知识产权保护，关系到软件产业和软件企业的生存和发展，也是多年来软件从业者十分关注的重要问题。计算机软件知识产权保护已成为必须重视和解决的技术问题和社会问题。

各国版权法都严厉禁止任何人在未经版权人许可的情况下对其作品复制、演绎。同时，对软件的保护不断扩大到开发软件所用的思想、概念、发现、原理、算法、处理过程和运行方法。我国在 1991 年公布的软件保护条例明确规定以下 8 种情况属侵犯版权行为，要负法律责任。

① 未经软件著作权人同意，发表其软件作品。

② 将他人开发的软件当作自己的作品发表。

③ 未经合作者同意，将与他人合作开发的软件当作自己单独完成的作品发表。

④ 在他人开发的软件上署名或者涂改他人开发的软件上的署名。

⑤ 未经软件著作权人或者其合法受让者的同意，修改、翻译、注释其软件作品。

⑥ 未经软件著作权人或者其合法受让者的同意，复制或部分复制其软件作品。

⑦ 未经软件著作权人或者其合法受让者的同意，向公众发行、展示其软件的复制品。

⑧ 未经软件著作权人或者其合法受让者的同意，向任何第三方有其软件的许可使用或者转让事宜。

同时，明确以下情况除外：软件合法持有者为存档、备份而复制，或者在应用中对其作必要修改，以及因课堂教学、科学研究、国家机关执行公务等非商业性目的的需要对软件进行少量的复制。当然，该复制品使用完毕应当妥善保管，收回或者销毁，不可用于其他目的或者向他人提供。

2002 年 1 月 1 日开始实施的新的《计算机软件保护条例》在原有的条例上作了一些修订和补充。

由此可见，我国已经把计算机软件作为一种知识产权（著作权）列入法律保护的范畴。保护计算机软件著作权人的权益，调整计算机软件开发、传播和使用中发生的利益关系，鼓励计算机软件的开发和流通，对促进计算机应用事业的发展起到重要的作用。我国立体交叉式的保护计算机软件的法律体系和执法体系已基本形成。软件受著作权法保护，又可申请专利保护，已为广大计算机用户所熟知。我国软件市场也开始出现兴旺发达的景象。我们也应看到，虽然我国的软件知识产权保护工作取得了显著的成绩，但盗版侵权仍然比较猖獗，仍是我国软件产业健康成长的最大敌人。面临知识经济的挑战，我们一方面应该加大执法力度，另一方面为了适应急剧变化的技术与环境，应该进一步完善机关法律法规。

9.4.3　计算机法规

我国政府对计算机软件产权的保护非常重视，从 1990 年起，陆续出台了有关计算机软件知识产权保护的一系列政策法规，到 1998 年，中国立体交叉式的保护计算机软件知识产权的法律体系已经基本建成。下面列举了中国软件知识产权保护的法律进程。

1987 年 6 月，通过《中华人民共和国技术合同法》。

1990 年 9 月，通过《中华人民共和国著作权法》，该法首次规定计算机软件作为作品，其著作权及其相关权益受本法保护。

1991 年 5 月，通过《中华人民共和国著作权法实施条例》。

1991 年 10 月，实施《计算机软件保护条例》，该条例对软件著作权人的权益及侵权人的法律责任作了详细规定。

1992 年 5 月，实施《计算机软件著作权登记》。

1992 年 7 月，我国加入“世界版权公约”。

1992 年 9 月，颁布《实施国际著作权条约的规定》，规定将外国计算机程序作为文学作品保护。

1994 年 7 月，实施“全国人民代表大会常务委员会关于惩治侵犯著作权的犯罪的决定”。

1997 年 10 月，实施《中华人民共和国刑法》（修订），该刑法新增了计算机犯罪的罪名。

1998 年 3 月，发布《计算机软件产品管理办法》，该办法明确国家对软件产品实行登记备案制度。

1991 年 10 月 1 日开始实施《计算机软件保护条例》。

2002 年 1 月 1 日开始实施新的《计算机软件保护条例》。

这些有关法规将调动广大软件工作者的积极性，加速我国软件产业的形成和发展，同时也将促进我国同世界各国经济技术的交流，有利于学习、吸收先进软件技术，有利于参与国际竞争与合作。

习　题　9

一、单项选择题

1. 下列关于计算机病毒的叙述中，有错误的一条是（　　）。

　A. 计算机病毒是一个标记或一个命令。

　B. 计算机病毒是人为制造的一种程序。

C. 计算机病毒是一种通过磁盘、网络等媒介传播、扩散、并能传染其他程序的程序。

D. 计算机病毒是能够实现自身复制，并借助一定的媒体存在的具有潜伏性、传染性、破坏性的程序。

2. 下面列出的四项中，不属于计算机病毒特征的是（ ）。

A. 免疫性 B. 潜伏性 C. 激发性 D. 传播性

3. 计算机发现病毒后最彻底的消除方式是（ ）

A. 用查毒软件处理 B. 删除磁盘文件 C. 用杀毒药水处理 D. 格式化磁盘

4. 下列叙述中，不正确的是（ ）

A. “黑客”是指黑色的病毒 B. 计算机病毒是一种破坏程序

C. CIH 是一种病毒 D. 防火墙是一种信息安全技术

5. 计算机犯罪中的犯罪行为实施者是（ ）

A. 计算机硬件 B. 计算机软件 C. 操作者 D. 微生物

6. 宏病毒是随着 Office 软件的广泛使用，有人利用高级语言宏语言编制的一种寄生于（ ）宏中的计算机病毒。

A. 应用程序 B. 文档或模板

C. 文件夹 D. 具有“隐藏”属性的文件

二、判断题

1. 计算机病毒只是对软件进行破坏，而对硬件不会破坏。（ ）

2. 若一台微机感染了病毒，只要删除所有带毒文件，就能消除所有病毒。（ ）

3. 病毒攻击主程序总会留下痕迹，绝对不留下任何痕迹的病毒是不存在的。（ ）

4. CIH 病毒是一种良性病毒。（ ）

5. 知识产权是一种无形财产，它与有形财产一样，可作为资本进行投资、入股、抵押转让、赠送等。（ ）

三、思考题

1. 什么是计算机病毒？
2. 计算机病毒主要有哪些特征？
3. 计算机病毒的传播途径有哪些？
4. 计算机病毒的分类？
5. 数据加密的主要方式是什么？
6. 防火墙的主要功能是什么？
7. 防止黑客攻击的主要方法有哪些？
8. 对称密码和非对称密码各有什么优缺点？
9. 什么是网络道德，网络道德建设要处理好哪些关系？

参考文献

1. 叶斌. 大学计算机基础教程，人民邮电出版社，2010 年 2 月.
2. 李敬兆主编. 大学计算机基础教程，中国科学技术大学出版社，2009 年 9 月.
3. 刘甘娜. 多媒体应用基础. 高等教育出版社，2003 年第 3 版.
4. 谭世语. 余建桥等. 计算机应用基础. 重庆大学出版社，2000 年.
5. 骆耀祖. 大学计算机基础教程，北京邮电大学出版社，2010 年.
6. 杨振山. 龚沛曾等. 大学计算机基础第 4 版. 高等教育出版社，2004 年 7 月.